职业教育课程改革创新规划教材

高频电子技术及应用

韩广兴　主　编
魏朝晖　韩雪涛　副主编

电子工业出版社
Publishing House of Electronics Industry
北京·BEIJING

内 容 简 介

本书可作为通信专业的必修课教材，也可作为电子与信息专业、电子技术应用专业的必修课教材。全书对高频信号的传输特性、高频信号的调制解调方法、高频电路的基本结构、特点和工作原理进行了系统的介绍，同时还对高频电子技术的应用进行了深入阐述，尤其对高频电子技术在收音机、广播电视设备、有线电视传输与接收设备、卫星转播与接收设备、移动通信终端设备中的应用实例进行了全面介绍和实体演示。另外，本书还专门对高频电路和高频电子产品的检测和调试方法进行了实操演练。

本书适合作为职业院校的教材，也适合于从事高频电子产品和相关技术研究的技术人员和电子爱好者使用。

未经许可，不得以任何方式复制或抄袭本书之部分或全部内容。
版权所有，侵权必究。

图书在版编目（CIP）数据

高频电子技术及应用/韩广兴主编．—北京：电子工业出版社，2012.8
职业教育课程改革创新规划教材
ISBN 978-7-121-17455-1

Ⅰ．①高… Ⅱ．①韩… Ⅲ．①高频－电子电路－中等专业学校－教材 Ⅳ．①TN710.2

中国版本图书馆 CIP 数据核字（2012）第 140037 号

策划编辑：张　帆
责任编辑：贾晓峰
印　　刷：北京盛通商印快线网络科技有限公司
装　　订：北京盛通商印快线网络科技有限公司
出版发行：电子工业出版社
　　　　　北京市海淀区万寿路 173 信箱　邮编 100036
开　　本：787×1092　1/16　印张：16.25　字数：416 千字
版　　次：2012 年 8 月第 1 版
印　　次：2022 年 7 月第 7 次印刷
定　　价：30.60 元

凡所购买电子工业出版社图书有缺损问题，请向购买书店调换。若书店售缺，请与本社发行部联系，联系及邮购电话：(010)88254888，88258888。
质量投诉请发邮件至 zlts@phei.com.cn，盗版侵权举报请发邮件至 dbqq@phei.com.cn。
本书咨询联系方式：(010)88254592，bain@phei.com.cn。

前　　言

随着电子技术的发展，高频电子技术得到了广泛的应用，特别是在广播电视、卫星转播、数据通信等领域，高频电子技术的应用无处不在。远距离信息的传输都借助于高频载波。发射和传输高频信号时需要对信号进行调制、编码和放大。接收射频信号完成、放大、变频、解调的电路在信息接收系统中是不可缺少的，只是在不同的系统中，处理信号的频率不同，信号调制的方式不同，信息的内容不同，因而所采用的电路结构和工艺技术也不同。

收音机、电视机、有线电视传输设备、数字电视机顶盒、卫星接收机顶盒、移动通信终端（手机）设备都设有高频信号处理电路。由于各种系统所使用的信号频带不同，调制方法、编码方法不同，所采用的电路结构和所使用的元器件也不同，因此有必要普及高频电子技术的基本知识和应用技能。这些设备的研发、生产、调试和维修涉及很多领域，关系到很多生产岗位。

高频电路和高频器件要求的技术性强，工艺要求特别，涉及很多理论和实践问题，同时涉及很多工艺问题。我国的电子行业需要大批掌握高频电子技术的技能型人才。

学习高频电子技术要理论联系实际，充分利用身边的电子产品，训练检测和调试高频电路的操作技能。

本书由韩广兴担任主编，魏朝晖、韩雪涛担任副主编，参加编写的还有张丽梅、孟雪梅、郭海滨、李雪、张明杰、孙涛、宋明芳、马楠、梁明、宋永欣、张雯乐和张鸿玉等。

为满足读者需要，数码维修工程师鉴定指导中心还提供了网络远程教学和多媒体视频自学两种培训途径，读者可以直接登录数码维修工程师官方网站进行培训或购买配套的 VCD 系列教学光盘自学（本书不含光盘，如有需要请读者按下面的地址联系购买）。

读者如果在自学或参加培训的过程中及申报国家专业技术资格认证方面遇到问题，也可通过网络或电话与我们联系。

网址：http://www.chinadse.org

联系电话：022 – 83718162/83715667/13114807267

地址：天津市南开区榕苑路 4 号天发科技园 8 – 1 – 401，数码维修工程师鉴定指导中心

邮编：300384

编　者

目　　录

第 1 章　高频电子技术基础知识 ··· 1
　1.1　高频信号的特点及应用 ··· 1
　　　1.1.1　高频信号的基本概念 ··· 1
　　　1.1.2　高频信号的应用领域 ··· 3
　1.2　高频信号的传输特性 ·· 3
　　　1.2.1　信号与电磁波的基本特点 ·· 4
　　　1.2.2　电磁波的发射和传播 ··· 7
　1.3　高频设备和高频电路 ·· 10
　　　1.3.1　高频电路 ··· 10
　　　1.3.2　高频设备 ··· 11

第 2 章　高频电子元器件及其基本电路 ·· 12
　2.1　高频 RLC 电子元件的功能特点 ··· 12
　　　2.1.1　高频电路中的电子元件 ··· 12
　　　2.1.2　RLC 组合电路的特点 ··· 13
　　　2.1.3　谐振电路 ··· 17
　2.2　RLC 组合的频率均衡电路 ·· 20
　　　2.2.1　低频提升电路 ··· 20
　　　2.2.2　高频提升电路 ··· 21
　　　2.2.3　带通滤波器 ·· 22
　　　2.2.4　带阻滤波器 ·· 23
　2.3　常用电子元器件的检测实训 ·· 24
　　　2.3.1　电阻器检测实训 ··· 24
　　　2.3.2　电容器检测实训 ··· 25
　　　2.3.3　电感器检测实训 ··· 26

第 3 章　高频放大电路的基本结构和工作原理 ··· 29
　3.1　基本放大电路的结构和特点 ·· 29
　　　3.1.1　共发射极放大电路的基本结构和工作原理 ································ 29
　　　3.1.2　共集电极放大电路的基本结构和工作原理 ································ 33
　　　3.1.3　共基极放大电路的基本结构和工作原理 ···································· 35
　3.2　多级放大电路的结构和特点 ·· 36
　　　3.2.1　多级放大器的基本结构 ·· 36
　　　3.2.2　负反馈放大电路 ··· 37
　　　3.2.3　直接耦合放大电路 ·· 40

目　录

　　3.2.4　共发射极放大电路的应用实例 ……………………………………………… 44
3.3　场效应晶体管放大电路 ………………………………………………………………… 45
　　3.3.1　典型场效应晶体管放大电路的基本结构 …………………………………… 45
　　3.3.2　场效应晶体管放大电路的应用实例 ………………………………………… 49
3.4　晶体管放大器的检测和调试方法 ……………………………………………………… 50
　　3.4.1　基本放大电路的检测和调试方法 …………………………………………… 50
　　3.4.2　专用放大器的检测和调试方法 ……………………………………………… 52

第4章　高频振荡电路

4.1　振荡电路的基本功能和工作原理 ……………………………………………………… 54
　　4.1.1　振荡现象 ………………………………………………………………………… 54
　　4.1.2　振荡电路工作原理 ……………………………………………………………… 55
4.2　振荡器的组成及振荡条件 ……………………………………………………………… 56
　　4.2.1　振荡器的组成 …………………………………………………………………… 56
　　4.2.2　振荡条件 ………………………………………………………………………… 57
4.3　LC正弦振荡电路 ………………………………………………………………………… 57
　　4.3.1　互感耦合LC振荡电路 ………………………………………………………… 57
　　4.3.2　三点式振荡电路 ………………………………………………………………… 58
4.4　石英晶体振荡电路 ……………………………………………………………………… 61
　　4.4.1　石英晶体谐振器的特性 ………………………………………………………… 61
　　4.4.2　石英晶体正弦波振荡电路 ……………………………………………………… 63
4.5　RC正弦波振荡电路 ……………………………………………………………………… 64
　　4.5.1　移相式振荡器电路 ……………………………………………………………… 64
　　4.5.2　桥式振荡电路 …………………………………………………………………… 65
4.6　多谐振荡器（脉冲信号产生电路） …………………………………………………… 66
　　4.6.1　非稳态多谐振荡器 ……………………………………………………………… 67
　　4.6.2　双稳态电路 ……………………………………………………………………… 69
4.7　实用电路——"钟声"效果发生器的电路及制作 …………………………………… 70

第5章　调制与解调电路

5.1　调制与解调电路的基本功能特点 ……………………………………………………… 72
　　5.1.1　信号的调制与发射 ……………………………………………………………… 72
　　5.1.2　信号的接收与调制 ……………………………………………………………… 73
5.2　调制的种类 ……………………………………………………………………………… 74
　　5.2.1　调制的种类及其信号波形 ……………………………………………………… 74
　　5.2.2　振幅调制（AM） ……………………………………………………………… 75
　　5.2.3　频率调制（FM） ……………………………………………………………… 77
5.3　调幅信号的检波电路 …………………………………………………………………… 79
　　5.3.1　大信号包络检波 ………………………………………………………………… 79
　　5.3.2　小信号平方律检波 ……………………………………………………………… 80
　　5.3.3　线性检波 ………………………………………………………………………… 81

- 5.4 调频信号的解调电路（鉴频器） … 81
  - 5.4.1 斜率鉴频器 … 82
  - 5.4.2 相位鉴频器 … 83
- 5.5 数字信号的调制方法 … 86
- 5.6 实用调制电路的应用与制作 … 95
  - 5.6.1 V段射频调制电路 … 95
  - 5.6.2 U段射频调制电路 … 97
  - 5.6.3 AM调制小功率发射机制作实例 … 98

第6章 收音机中的高频电路 … 100
- 6.1 收音机的结构和工作原理 … 100
  - 6.1.1 收音机的结构组成 … 100
  - 6.1.2 收音机的工作原理 … 104
- 6.2 收音机高频电路的实例分析 … 108
  - 6.2.1 收音机高频电路的基本结构 … 108
  - 6.2.2 收音机的典型单元电路 … 112
- 6.3 收音机电路的检测方法 … 116
  - 6.3.1 高频放大电路的检测方法 … 116
  - 6.3.2 本机振荡器电路的检测方法 … 118
  - 6.3.3 混频电路的检测方法 … 118
  - 6.3.4 中频放大电路的检测方法 … 118
  - 6.3.5 检波电路的检测方法 … 120
  - 6.3.6 收音机的调试方法 … 120

第7章 高频电子技术在电视广播系统中的应用 … 123
- 7.1 电视信号的发射与接收 … 123
  - 7.1.1 电视信号的发射 … 123
  - 7.1.2 电视信号的接收 … 124
- 7.2 电视信号接收电路——调谐器 … 125
  - 7.2.1 调谐器的基本结构 … 125
  - 7.2.2 调谐电路的信号处理过程 … 126
  - 7.2.3 调谐控制电路的结构 … 127
  - 7.2.4 高频调谐电路的结构和信号流程 … 128
  - 7.2.5 自动频率调整电路（AFT） … 130
  - 7.2.6 变容二极管及其特性 … 131
  - 7.2.7 UHF高频头电路实例 … 132
- 7.3 调谐器电路实例分析 … 133
  - 7.3.1 频段分离电路 … 133
  - 7.3.2 V段高通滤波器 … 133
  - 7.3.3 高放电路 … 133
  - 7.3.4 本机振荡电路 … 133

7.3.5　混频电路 ·· 135
7.3.6　UHF 频段的调谐 ·· 135
7.4　电视机中的高频电路实例 ··· 135
7.4.1　高频调谐放大器 ·· 135
7.4.2　中频放大器和解调电路 ··· 136

第 8 章　高频电子技术在有线电视系统中的应用 ··· 139
8.1　有线电视系统的功能和特点 ··· 139
8.1.1　有线电视传输系统（CATV） ·· 139
8.1.2　数字有线电视系统的特点 ·· 140
8.1.3　有线电视与网络系统 ·· 142
8.2　有线电视系统的种类及应用范围 ·· 144
8.2.1　按频带宽度分类 ·· 144
8.2.2　按传输媒介分类 ·· 145
8.2.3　数字有线传输系统（CATV）的功能和特点 ·· 149
8.3　数字有线电视接收机顶盒的结构和原理 ··· 152
8.3.1　数字有线电视接收机顶盒的整机结构和电路组成 ·· 153
8.3.2　一体化调谐解调器的结构和原理 ··· 158
8.3.3　各具特色的数字有线机顶盒 ·· 161
8.4　有线电视系统的检测和调试 ··· 164
8.4.1　干线放大器的检测和调试 ·· 164
8.4.2　建筑物内用户分配网络的测试 ··· 165
8.4.3　用户分配网络的故障检修 ·· 166
8.4.4　传输系统的调试与检测 ··· 168
8.4.5　机顶盒一体化调谐器电路的检测方法 ·· 169

第 9 章　高频电子技术在数字卫星广播系统中的应用 ······································ 172
9.1　数字卫星广播系统概述 ·· 172
9.1.1　数字卫星广播系统的构成 ·· 172
9.1.2　数字卫星广播信号的传播方式 ··· 176
9.1.3　数字广播卫星 ·· 176
9.2　数字卫星发射站的结构及基本工作流程 ··· 176
9.2.1　数字卫星发射站的基本构成 ·· 176
9.2.2　数字卫星发射站的基本工作流程 ··· 177
9.3　数字卫星接收站的组成及信号流程 ·· 179
9.3.1　数字卫星接收站的基本构成 ·· 179
9.3.2　数字卫星接收站的基本工作流程 ··· 181
9.4　卫星电视广播波段的划分 ··· 181
9.4.1　C 波段卫星广播 ··· 182
9.4.2　Ku 波段卫星广播 ··· 183
9.5　数字卫星电视接收机顶盒的整机结构和工作流程 ·· 185

目 录

  9.5.1 数字卫星电视接收机顶盒的整机结构 ……………………………………………… 185
  9.5.2 数字卫星接收机顶盒的信号流程 …………………………………………………… 187
 9.6 一体化调谐器的结构和工作原理 ………………………………………………………… 191
  9.6.1 一体化调谐器的结构 ………………………………………………………………… 191
  9.6.2 一体化调谐器的工作原理 …………………………………………………………… 192

第 10 章 高频电子技术在移动通信系统中的应用 198

 10.1 手机和移动通信技术 …………………………………………………………………… 198
  10.1.1 移动通信系统的组成 ……………………………………………………………… 198
  10.1.2 手机的通信方式 …………………………………………………………………… 200
  10.1.3 CDMA 移动通信系统 ……………………………………………………………… 201
  10.1.4 手机的制式和移动通信技术 ……………………………………………………… 202
 10.2 手机的电路结构 ………………………………………………………………………… 205
  10.2.1 手机的电路构成 …………………………………………………………………… 205
  10.2.2 手机接收和发射电路的信号处理过程 …………………………………………… 213
 10.3 手机射频电路的功能与结构 …………………………………………………………… 217
  10.3.1 手机射频电路的功能 ……………………………………………………………… 217
  10.3.2 手机射频电路的结构 ……………………………………………………………… 218
  10.3.3 典型射频电路的结构和信号流程 ………………………………………………… 221
  10.3.4 手机射频电路的实例分析 ………………………………………………………… 221
 10.4 手机射频电路的检测方法 ……………………………………………………………… 225
  10.4.1 天线功能开关的检测方法 ………………………………………………………… 225
  10.4.2 射频接收电路的检测方法 ………………………………………………………… 227
  10.4.3 射频信号处理电路的检测方法 …………………………………………………… 229
  10.4.4 射频发射电路的检测方法 ………………………………………………………… 229

第 11 章 高频信号的测量方法与实训 232

 11.1 高频信号放大器的检测方法 …………………………………………………………… 232
  11.1.1 用万用表检测高频信号放大器 …………………………………………………… 232
  11.1.2 用扫频仪测量高频放大器的频率特性 …………………………………………… 233
  11.1.3 用频谱分析仪检测高频放大器 …………………………………………………… 233
  11.1.4 电视信号的测量及仪表 …………………………………………………………… 233
 11.2 高频信号常用检测仪器 ………………………………………………………………… 235
  11.2.1 场强仪 ……………………………………………………………………………… 235
  11.2.2 有线电视分析仪 …………………………………………………………………… 238
  11.2.3 频谱分析仪的功能及应用 ………………………………………………………… 242

习题 ……………………………………………………………………………………………………… 247

第1章

高频电子技术基础知识

教学和能力目标：
- 了解不同频率高频信号的传输特性及应用范围
- 了解高频电路、高频设备及高频信号的关系；高频设备主要是由高频电路组成的，高频电路是处理高频信号的部分，高频设备的生产制造是高频电子技术的典型应用
- 掌握高频电子技术的基础知识

1.1 高频信号的特点及应用

1.1.1 高频信号的基本概念

高频信号顾名思义就是频率较高的信号，在不同的技术领域分别有不同的判断标准。

在无线电广播领域通常说的高频是频率为 3~30MHz 的信号频率，而对于电视广播、卫星广播所涉及的信号频率高达数十吉赫兹，这些信号也属于高频信号的范围。

1. 交流信号的频率

图 1-1 是一个正弦交流信号波形，该信号的频率是指信号在单位时间（1s）内交变重复的次数，频率的符号为 f，频率的单位命名为赫兹，符号为 Hz，1Hz 是表示信号 1s 完成一个周期。频率常用的单位还有千赫（kHz）、兆赫（MHz）和吉赫（GHz）。

$1kHz = 1000Hz$

$1MHz = 1000kHz$

$1GHz = 1000MHz$

频率是周期的倒数，即 $f = 1/T$，周期 T 是指一个信号变化重复一次所用的时间。例如，交流电源是一种正弦交流电，其频率为 50Hz，也就是说该信号在 1s 内完成了

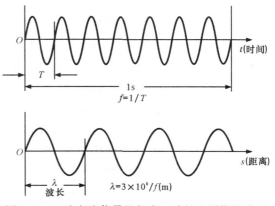

图 1-1 正弦交流信号的频率、波长和周期的关系

50 次的周期性变化。

交流信号还有一个量是波长，其符号为 λ。波长是指信号在一个周期内传输的距离，单位为米（m）。电磁波传输的速度是恒定的，每秒 30 万公里，即 3×10^8 m/s，一个特定频率信号的波长 $\lambda = 3 \times 10^8/f$(m)，例如，$f = 1$MHz，波长 $\lambda = 3 \times 10^8/1 \times 10^6 = 300$m(米)。

2. 无线电信号及其传输

图 1-2 是电视和通信信号的传输方式，为了能够在空中传播电视信号，必须把视频全电视信号调制成高频或射频（Radio Frequency，RF）信号，每个信号占用一个频道，这样才能在空中同时传播多路电视节目而不会导致混乱。我国采用 PAL 制（电视信号的编码方式），每个频道占用 8MHz 的带宽，电视信号频带共占用 40MHz 至 806MHz 的信道，有线电视 CATV（Cable Television）的工作方式类似，只是它通过电缆而不是通过空中传播电视信号。

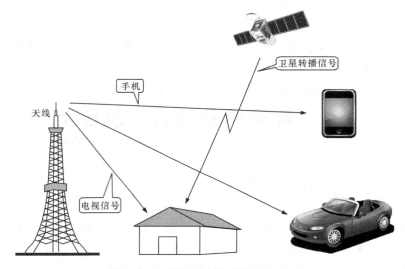

图 1-2　电视和通信信号的传输方式

电视机在接收到某一频道的高频信号后，要把全电视信号从高频信号中解调出来，这样才能在屏幕上重现视频图像。

3. 无线电信号频段的划分

在实用中将信号的频率从低到高可以细分为如下几种，从传输的角度来说也可按波长划分。

- 极低频（ELF）为 3kHz 以下（超长波）
- 甚低频（VLF）为 3～30kHz（超长波）
- 低频（LF）为 30～300kHz（长波）
- 中频（MF）为 300～3MHz（中波）
- 高频（HF）为 3～30MHz（短波）
- 甚高频（VHF）为 30～300MHz（电视 1～12 频道）（超短波）
- 特高频（UHF）为 300～3GHz（电视 13 频道以上）（微波）
- 超高频（SHF）为 3～30GHz（微波）

高频信号频段的划分和应用在不同的技术领域有一些差异。高频信号发射出去后它会在地球的外围空间传播，若在同一频率上有两个或多个信号传输就会造成互相干扰，因此频段的划分和使用在国际上应进行统一分配和统一管理。

1.1.2 高频信号的应用领域

高频信号的应用在日常工作和生活中无处不在。广播电台将音频节目通过高频无线电信号传送到千家万户，人们可以用收音机收听广播节目；电视节目通过天线或有线电缆（或光缆）将载有音频/视频节目的高频信号传送到整个城市或远郊，人们用电视机便可欣赏电视节目；载有各种数据信息的高频信号通过网络将千家万户的计算机连接起来，互通信息；手机借助特高频信号进行互相通话、互发短信息、互传数据信息；卫星借助于超高频信号进行通信和广播，这些设备都离不开高频信号。

1. 高频信号在音频广播系统中的应用

广播电台播送的广播节目是利用中波和短波无线电信号作为载波将声音信号传输出去的。中波和短波广播目前都采用幅度调制的方式，即用音频信号去调制载波信号的幅度，使载波的幅度随音频信号变化而变化。载波具有传输距离远的特点，人们可以用调幅（AM）收音机收听中波广播节目。中波（0.5~1.5MHz）信号传输的距离比较小，只能覆盖城市和郊区的范围，一般作为市区内的广播节目。短波（1.5~30MHz）可以通过电离层反射，因而可以传输得很远，可作为洲际广播。收听短波节目必须用短波收音机。在短波范围有很多节目，各国都可利用该频段进行广播节目的传输，因而需要划分成很多频段进行分配，以免造成相互干扰。

调频立体声广播就是采用频率调制（FM）的方式将音频信号调制到高频信号上进行传输的。该载波的频率比较高，通常为88~108MHz。收听该广播节目要用调频立体声收音机。

2. 电视信号的发射和传输

电视信号是由视频图像信号和伴音音频信号两部分组成的，它所具有的信号频谱比较宽，约为8MHz。传输电视信号的载频也需要很高才能满足很多频道的电视节目同时传输的需要，目前我国用于传输电视节目的频率范围为40~800MHz，其中88~108MHz用于调频立体声广播。

3. 有线电视系统

为了提高电视节目的质量，增加节目的内容，目前各大中城市都采用有线电缆系统传送电视节目，这种方式是用电缆或光缆传输电视节目，它具有信号质量好、抗干扰能力强的特点，而且传送的节目更多。

1.2 高频信号的传输特性

广播和通信都是通过无线电信号传送的，无线电波作为一种信息的载体可以通过天空或电缆传播出去。无线电波实际上就是电磁波,通常被称为无线电信号,不同频率的无线电信号具有不同的特性。例如,在卫星广播系统中会利用超高频载波,采用多种调制方式,并进行数字编码,然后进行信息发射、传输、接收和处理,如图1-3所示。

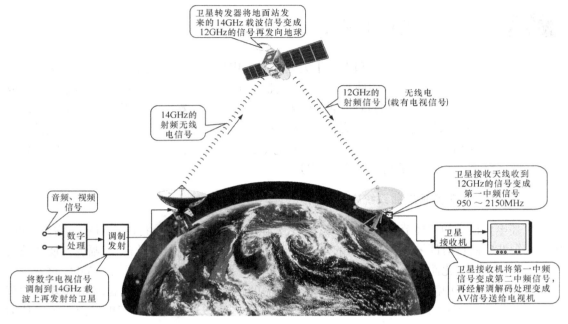

图1-3 卫星广播系统中的相关信号

1.2.1 信号与电磁波的基本特点

1. 电与磁

我们都知道电能生磁、磁能生电的基本概念。如图1-4所示,一根导体如果有电流通过则导体的周围就会产生磁场。根据右手定则,拇指的方向为电流方向,其余四指为磁场磁力线方向。当给一个电容器两极加上交变的电压时,就会有交变的电流产生,交变的电场又会感应出交变的磁场,这是很早就被人们发现和利用的自然规律。

同样,磁场也能感应出电场,如图1-5所示,变化的磁场会感应出电场。

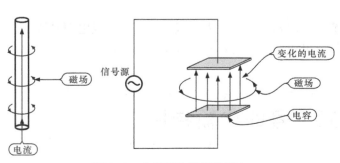
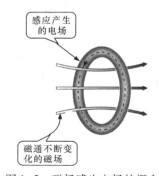

图1-4 电场感生磁场的概念　　　　　图1-5 磁场感生电场的概念

2. 电磁波的产生

从电场和磁场相互感应的特性可知，有电场就会感应出磁场，有磁场又会感应出电场，这种现象是在空间发生的，这样相互感应就会形成电磁波并传输出去，产生电磁波的导体被称为发射天线，如图1-6所示。

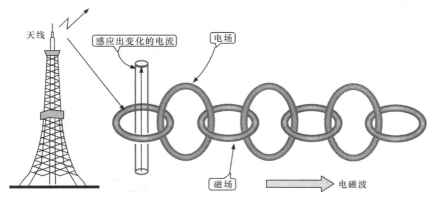

图1-6 电磁波的形成

3. 电磁波的极化

电磁波是一种交变的信号，电场的波动方向是和天线的方向有关的，并且电场和磁场的方向是互相垂直的，如图1-7所示，垂直天线产生的电磁波被称为垂直极化波，水平天线产生的电磁波被称为水平极化波。圆极化是电磁波的另一种极化形式，它是指电磁波在传送过程中以螺旋旋转方式传播，其旋转方向决定其极化方式，以顺时针方向或右旋方向旋转的电磁波称之为右旋极化，以逆时针方向或左旋方向旋转的电磁波称为左旋极化，如图1-8所示。

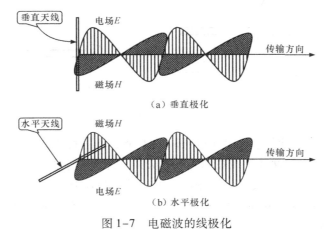

图1-7 电磁波的线极化

4. 电磁波的接收

（1）偶极子天线。天空中传输的电磁波遇到导体就会在导体上感应出电流，这个导体被称为接收天线，天线导体的尺寸与接收电磁波的频率有很大的关系，也就是说天线的尺寸和方向与接收电磁波的灵敏度有很大的关系，图1-9是半波长偶极子天线的示意图。

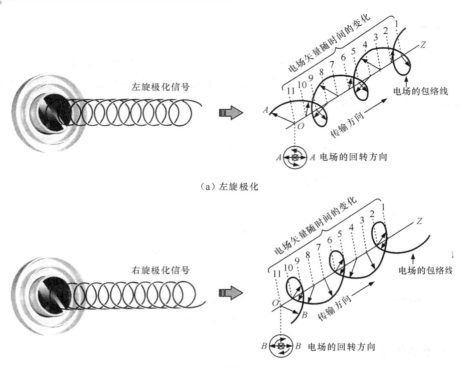

（a）左旋极化

（b）右旋极化

图1-8 电磁波的圆极化

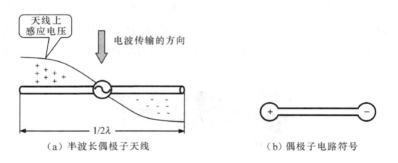

（a）半波长偶极子天线　　　（b）偶极子电路符号

图1-9 半波长偶极子天线

半波长是指天线的尺寸等于 $\lambda/2$（电磁波的 1 个波长被称为 λ），偶极子是指天线两侧具有正/负相等电荷，因而这种天线被称为双极天线，即偶极子天线。

（2）环形天线。接收电磁波的天线制成环形，被称为环形天线，这种天线的灵敏度与天线环面的方向有关，如图 1-10 所示，即天线环面与电磁波传输的方向平行时灵敏度最大，而垂直时灵敏度最小。

（3）接收天线的方向性。在电视广播系统中常使用多根导体（金属管）组成的天线（称八木天线）或抛物面天线，这些天线都具有方向性，方向不同对信号接收的灵敏度也不同，因此在安装各类天线时都应注意它的方向，将天线调整到最佳状态位置，如图 1-11 所示。

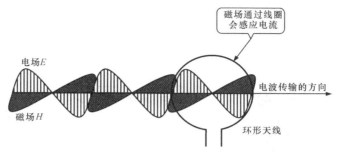

(a) 天线的环面与电磁波传输的方向平行灵敏度最大

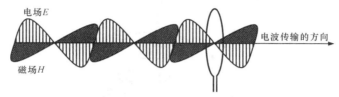

(b) 天线的环面与电磁波传输的方向成直角灵敏度最小

图 1-10　环形天线的灵敏度

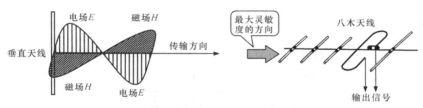

图 1-11　接收天线的灵敏度

1.2.2　电磁波的发射和传播

1. 电磁波的波长与传播方式

电磁波的波长是与传输的方式有关的，其关系如图 1-12 所示。电磁波是由天线发射出来的，不同波长的电磁波信号受到电离层的影响是不同的。

（1）中波。中波（0.5~1.6MHz）通常是由地面波（或称地上波）传输的，因此传播的距离比较小，中波广播只能覆盖城市和郊区。晚上中波也可以靠电离层（E 层）的反射束传输，因此中波广播晚上传播得比较远。

（2）短波。短波（1~30MHz）可以穿透电离层的 E 层，但是遇到电离层的 F 层便会反射回来。由于电磁波的反射可能传输到地球的侧面，由图 1-12 可知它传播的距离很大，通常用于洲际广播。

（3）VHF 频段。VHF 频段（30~300MHz）的天线电磁波，可以穿透 E 层和 F 层的电离层而不会反射回来，因此只能进行直线传输。电视节目是用此波段进行传输的，因此必须使用高塔、升高天线，来覆盖更大的面积。

（4）C 波段、Ku 波段。C 波段是 3~4GHz 的微波波段，Ku 波段是 12~14GHz 的微波波段，这两种信号的电磁波都能穿透电离层，卫星通信和广播就是利用这些波段的。

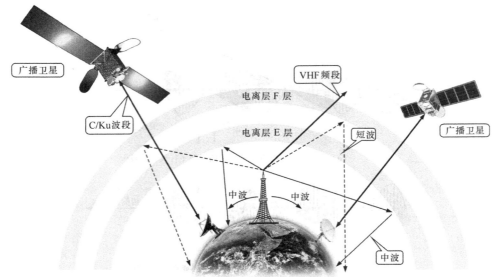

图 1-12 电磁波传输的路径

2. 广播信号的传输

（1）中波广播。中波广播电台的节目采用 525～1605kHz 的波段，它将声音信号通过调幅的方式（AM），以地面波的形式传输出去，如图 1-13 所示。

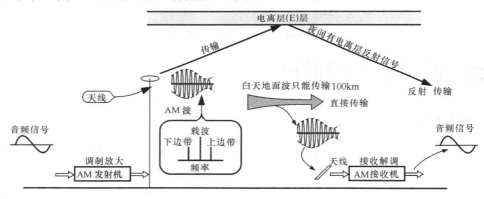

图 1-13 中波广播节目的传输

（2）短波广播。短波广播是利用电离层的反射进行传输的，它也采用调幅（AM）的方式，由于靠电离层反射会受到时间和季节的影响，因此接收往往不是很稳定。

（3）VHF 频段的 FM 广播。FM 立体声广播的频段为 98～108MHz，由于此频段的信号会穿透电离层，因此采用直线传输方式，如图 1-14 所示。

（4）电视信号的发射和传输。30～1000MHz 的无线电信号具有直线传播的特性，不能绕过物体传播。传输电视节目就使用该频段信号作为载波。

电视信号是图像和伴音的合成信号，它的载波频率高、频带宽。摄像机将景物、人物的光图像变成电信号，再经过对信号的处理及编码变成视频图像信号；传声器将声波的振动变成电信号，即音频信号。视频图像信号和音频信号不能直接进行发射传输，需要采取一些技

第 1 章 高频电子技术基础知识

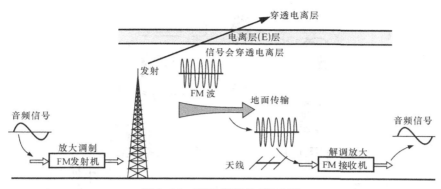

图 1-14　VHF 频段的 FM 广播

术手段，如图像信号采用调幅调制的方式，伴音信号采用调频调制的方式，然后再合成为一个信号调制到无线电载频上，由无线电载波发射出去，传输到各地，如图 1-15 所示。

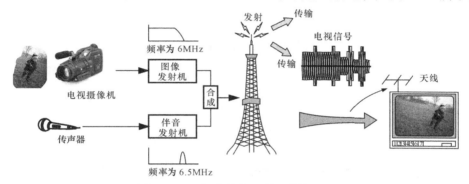

图 1-15　电视信号的发射和传输过程

目前，电视信号流行的传输方式（如图 1-16 所示）可分为如下 4 种方式。
① 地面传输方式（电视塔发射）。
② 有线传输方式。
③ 卫星传输方式（卫星转播）。
④ 宽带网络传输方式。
这些方式目前都已进入数字化的处理方式。

由于电视载波信号（VHF、UHF）具有直线传输的特性，要把节目传输到整个城市及远郊，就必须架设很高的电视发射天线，或是用有线电缆将信号传到各家各户，而电视塔建设得越高造价也就越高，有线传输距离远就会导致信号衰减，因此要加多级放大器才行。

电视节目要进行远距离传送，如从城市到偏远山区，就要使用卫星或微波接力的方法。使用微波接力的方法传输电视节目，由于微波传送的距离有限，每隔一定的距离（50km）就设一个微波接力站（中继站），这个接力站将前站发来的信号接收下来放大后再转发到下一站。

利用卫星传输电视节目，就相当于将天线架设到离地面几万千米的高空，它发射的信号所覆盖的面积就很大了，这是它的最大特点，如图 1-17 所示。在偏远的地区只要架设一个小型的卫星接收天线、一个接收机、一台监视用彩色电视机就可以了，也可以多户共用一个天线，成本很低。

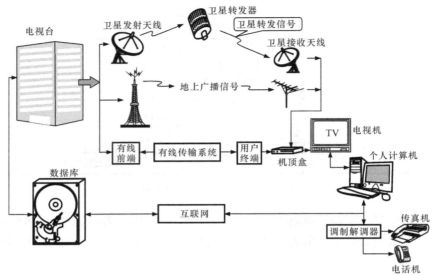

图 1-16 电视信号的传输方式

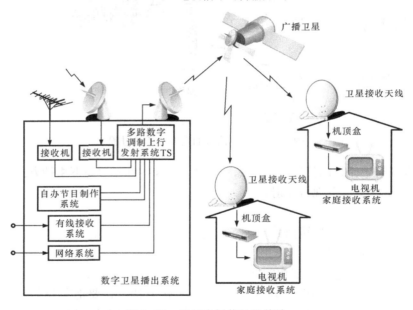

图 1-17 卫星广播信号的传输

1.3 高频设备和高频电路

1.3.1 高频电路

在电子产品中用于产生、放大和处理高频信号的电路都属于高频电路。例如，收音机中的高频放大器、本机振荡器和混频器其工作频率为 3~30MHz，都属于高频电路；电视机中的调谐器电路其工作频率为 40~800MHz，是处理甚高频信号的电路；手机的射频信号处理电路其工作频率为 800/900/1800/1900MHz，属于特高频电路；卫星接收机的高频头和调谐电路，其工作频率为 3~30GHz，属超高频（微波）电路。

1.3.2 高频设备

应用高频技术，处理和产生高频信号的设备都属于高频设备。

1. 高频信号发生器

为了对高频电路或设备进行测试或调试而制作的信号产生仪表就是高频信号发生器，应用在不同的领域所产生的信号频率范围是不同的。

2. 扫频仪

扫频仪是用于测量高频电路频率特性的仪表。例如，对网络的阻抗特性和传输特性进行测量时，需要测量信号的幅频特性、相频特性和衰减特性。

3. 频谱分析仪

频谱分析仪是测量信号频谱的仪器，主要用于测量信号的失真度、调制度、谱纯度、频率稳定度和交调失真等参数。

4. 场强仪

场强仪是测量信号电场强度的仪表，如测量电视天线所处位置电视信号的强度。

5. 高频示波器

高频示波器可用于测量高频信号的波形及相关的信号参数。

6. 广播、电视信号发射机

广播、电视信号发射机用于将广播信号或电视信号进行功率放大，然后通过天线发射出去。

7. 高频加工设备

高频加工设备中高频感应加热机是应用最广泛的加工设备，它是利用高频大电流产生的强磁场进行加热，从而实现对金属材料的热处理、热成型、焊接、金属熔炼、半导体制作等。

第 2 章

高频电子元器件及其基本电路

教学和能力目标：
- 了解常用电子元件（RLC）在高频电路中的功能和特点
- 掌握常用 RLC 组合电路的功能特点和频率特性
- 掌握 LC 谐振电路的特点
- 了解低通滤波器、高通滤波器和带通滤波器的电路结构和特性

2.1 高频 RLC 电子元件的功能特点

2.1.1 高频电路中的电子元件

电阻在电子产品中是使用最多的元件，它在电路中主要起分压和限流作用，为电路中其他的电子元器件提供所需要的电压和电流，此外电阻还可以与其他电子元件组合成滤波电路和时间常数电路。

电阻对直流信号和交流信号的阻抗作用是相同的，而电容和电感对直流信号和交流信号的阻抗则不同。电容对直流来说阻抗为无穷大，相当于断路，而对交流来说交流信号的频率越高阻抗越小。电感对直流来说阻抗很小，相当于短路，而对交流来说交流信号的频率越高阻抗越大，它与电容的频率特性相反。

应用在高频电路中的电子元件，与应用在低频电路中的元件有所不同。例如，根据制造方法和工艺不同，一个电阻元件除其阻值符合标称值之外，往往还附加有电感和电容分量，特别是线绕电阻，它的电感值与线绕的圈数成正比，而且圈与圈之间会有分布电容，这样的电阻适合应用在高频电路中，并且必须考虑电阻本身所形成的电感和电容的影响；而在低频电路中电阻的这些附加电感、电容可以忽略不计。同样电感器件也会有附加电阻和电容，电容器件也会有附加电感和电阻。实际电子元件和等效元件的关系如图 2-1 所示。

电阻是利用材料对电流的阻碍作用而制成的器件，它对直流和交流电流的阻碍作用是相同的，当电流流过时，电阻两端电压与电阻值的关系符合欧姆定律，即 $I = U/R$。

电容是由两个靠得很近的金属板制成的。电容的特点是在电容的两片极板上可以存储电荷，也就是说接上电源，电源便可给电容充电，去掉电源只要有回路，电容的电荷就可以被

第 2 章　高频电子元器件及其基本电路

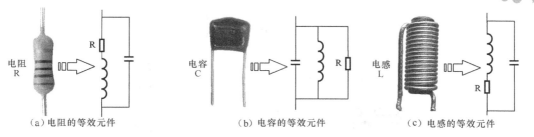

(a) 电阻的等效元件　　　　(b) 电容的等效元件　　　　(c) 电感的等效元件

图 2-1　实际电子元件与等效元件的关系

放掉，充电和放电都需要一个过程，因而电容上的电压值不会突变，而电容的电流则可以突变。充电及放电过程如图 2-2 所示。

电感是由导线绕成线圈制成的，当电流流过电感线圈时，根据电磁感应原理，线圈会产生电动势，电动势会阻碍电流的变化，即当电流流入电感线圈时，线圈产生的感应电动势有阻止电流增加的倾向，当电流减小时，感应电动势的方向相反，则有阻碍电流减小的倾向，如图 2-3 所示。因而流过线圈的电流不会突变，而线圈上的电压则可突变，这种特性与电容器相反。

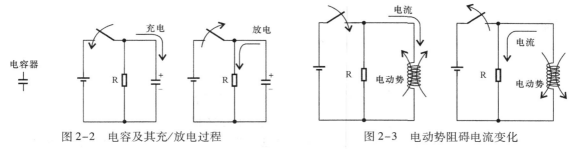

图 2-2　电容及其充/放电过程　　　　图 2-3　电动势阻碍电流变化

2.1.2　RLC 组合电路的特点

1. 电阻的串联和并联电路

（1）电阻的串联电路。把两个或两个以上的电阻依次首尾连接起来的方式称为"串联"，如图 2-4 所示。如果电阻串连接到电源的两极，由于串联电路中各处电流相等，即有 $U_1 = IR_1$，$U_2 = IR_2$，$\cdots$，$U_n = IR_n$。而 $U = U_1 + U_2 + \cdots + U_n$，所以有 $U = I(R_1 + R_2 + \cdots + R_n)$，因而串联后的总电阻 R 为 $R = U/I = R_1 + R_2 + \cdots + R_n$，即串联后的总电阻为各电阻之和。

串联电路的特点是电路中各处电流相等（大小相等且方向相同）。

（2）电阻的并联电路。把两个或两个以上的电阻（或负载）按首首和尾尾连接起来的方式称电阻的并联，如图 2-5 所示。由图可见，假定将并联电路接到电源上，由于并联电路各并联电阻两端的电压相同，因而根据欧姆定律有 $I_1 = U/R_1$，$I_2 = U/R_2$，$\cdots$，$I_n = U/R_n$，因为 $I = I_1 + I_2 + \cdots + I_n$，所以有

$$I = U\left(\frac{1}{R_1} + \frac{1}{R_2} + \cdots + \frac{1}{R_n}\right)$$

由于电路的总电阻（R）与电压（U）和总电流（I）也应满足欧姆定律，即 $I = U/R$，因而可得

$$\frac{1}{R} = \frac{1}{R_1} + \frac{1}{R_2} + \cdots + \frac{1}{R_n}$$

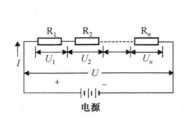

图 2-4 电阻的串联电路

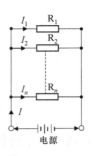

图 2-5 电阻的并联电路

说明并联电路总电阻的倒数等于各并联支路各电阻倒数之和。我们把电阻的倒数定义为"电导",用字母"G"表示。电导的单位是"西门子",用"S"表示。

规定

$$\frac{1}{1\Omega} = 1S$$

因而电导式就可改写成

$$G = G_1 + G_2 + \cdots + G_n$$

式中

$$G = \frac{1}{R}, G_1 = \frac{1}{R_1}, G_2 = \frac{1}{R_2}, \cdots, G_n = \frac{1}{R_n}$$

由上式可知,并联电阻的总电导等于各并联支路电导之和。

(3) 电阻的混联电路。既有电阻的串联又有电阻的并联的电路称为混联电路。分析混联电路可采用下面两种方法。

① 利用电流的流向及电流的分合将电路分解成局部串联和并联的方法。

实例1:在图 2-6 中,已知 $R_1 = 3\Omega$,$R_2 = 6\Omega$,$R_3 = R_4 = R_5 = 2\Omega$,$R_6 = 4\Omega$,求 A、B 两端的等效电阻。

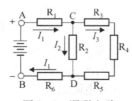

图 2-6 混联电路

解:首先假设有一电源接在 A、B 两端,且 A 端为"+",B 端为"−",则电流流向如图 2-6 所示。在 I_3 流向的支路中,R_3、R_4、R_5 是串联的,因而该支路总电阻 R'_{CD} 为

$$R'_{CD} = R_3 + R_4 + R_5 = 6\Omega$$

由于 I_3 所在支路与 I_2 所在支路是并联的,所以

$$\frac{1}{R_{CD}} = \frac{1}{R_2} + \frac{1}{R'_{CD}}$$

即

$$R_{CD} = \frac{R'_{CD} R_2}{R'_{CD} + R_2} = 3\Omega$$

R_1、R_{CD} 和 R_6 又是串联的,因而电路的总电阻为

$$R_{AB} = R_1 + R_{CD} + R_6 = 10\Omega$$

② 利用电路中等电位点分析混联电路。

第 2 章 高频电子元器件及其基本电路

实例 2：电路如图 2-7（a）所示，求 a、b 两点间的总电阻，并计算 R_1 两端的电压。

解：首先根据等电位点画出实际电路的等效电路，如图 2-7（b）所示。由图可知 R_2 和 R_3、R_4 是并联的，然后再与 R_1 串联，因而总电阻 R_{ab} 为

$$R_{ab} = R_1 + R_2 // R_3 // R_4 = 1 + \frac{1}{\frac{1}{6}+\frac{1}{2}+\frac{1}{3}} = 2\,\Omega$$

电路总电流为

$$I = E/R = \frac{2}{2} = 1\,(A)$$

由欧姆定律可知 R_1 两端的电压为

$$U_1 = IR_1 = 1 \times 1 = 1\,(V)$$

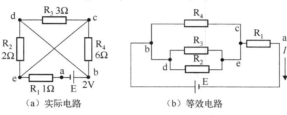

（a）实际电路　　　　　（b）等效电路

图 2-7　实际电路与等效电路

以上方法可以灵活运用，当分析电路比较熟练以后，可不必注明电流方向或等电位点。

2. 电容串联和并联电路

（1）电容的串联电路。电容是由两片极板组成的，它具有存储电荷的功能。电容所存的电荷量（Q）与电容的容量和电容两极板上所加的电压成正比，如图 2-8 所示。

图 2-9 是三个电容串联的电路示意图，串联电路中各点的电流相等。当外加电压为 U 时，各电容上的电压分别为 U_1、U_2、U_3，三个电容上的电压之和等于总电压。如果电容上的电量都为同一值 Q，即

$$U_1 = \frac{Q}{C_1},\ U_2 = \frac{Q}{C_2},\ U_3 = \frac{Q}{C_3}$$

将串联的三个电容视为 1 个电容 C，则

$$\frac{Q}{C} = \frac{Q}{C_1} + \frac{Q}{C_2} + \frac{Q}{C_3}$$

即

$$\frac{1}{C} = \frac{1}{C_1} + \frac{1}{C_2} + \frac{1}{C_3}$$

从图 2-9 和上述公式可知，串联电容的合成电容的倒数等于各电容的倒数之和。

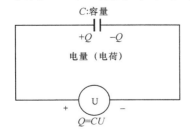

图 2-8　电容上电量与电压的关系

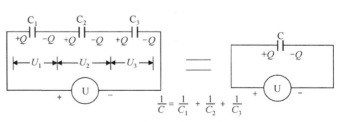

图 2-9　串联电容的电路结构

(2) 电容的并联电路。图2-10是三个电容并联的电路示意图,总电流等于各分支电流之和。给三个电容加上电压U时,各电容上所储存的电荷量分别为$Q_1=C_1U$、$Q_2=C_2U$和$Q_3=C_3U$。

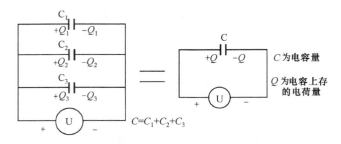

图2-10 并联电容的电路结构

如果将C_1、C_2和C_3三个电容视为一个电容C,合成电容的电荷量$Q=CU$,合成电容的电荷量等于每个电容的电荷量之和,即

$$CU = C_1U + C_2U + C_3U = (C_1 + C_2 + C_3)U$$

即

$$C = C_1 + C_2 + C_3$$

由图2-10和上述公式可知,并联电容的合成电容等于电容之和。

3. 电感的串联和并联电路

(1) 电感的串联电路。图2-11是三个电感的串联电路,串联电路的电流I都相等,电感量与线圈的匝数成正比。实际上与电阻的计算方法相同,即$L=L_1+L_2+L_3$。

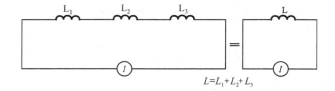

图2-11 电感串联的电路结构

(2) 电感的并联电路。图2-12是三个并联电感的电路,并联电感的倒数等于三个电感的倒数之和。即

$$\frac{1}{L} = \frac{1}{L_1} + \frac{1}{L_2} + \frac{1}{L_3}$$

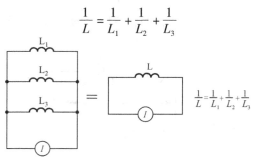

图2-12 电感并联的电路结构

2.1.3 谐振电路

1. 串联谐振电路

（1）RLC 串联电路。图 2-13 是电阻、电感及电容串联组成的电路，常称 RLC 串联电路。由图可知，电路加上电压 u 后，便有电流 i 通过，且在 R、L、C 上产生电压降 u_R、u_L 和 u_C。如前所述，R 上的压降 $u_R = iR$，且与电流同相；L 上的压降 $u_L = iX_L$，其电压超前电流 90°；电容 C 上的压降 $u_C = iX_C$，且滞后电流 90°。

由图 2-13 可以看出，电路两端的电压 u 与 u_R、u_L 和 u_C 的关系总满足
$$u = u_R + u_L + u_C$$
由于它们之间相位不同，因此不能直接进行瞬时值相加减，必须先变成向量的形式，即
$$\dot{U} = \dot{U}_R + \dot{U}_L + \dot{U}_C$$
假定以电流 I（瞬时值为 i）为参考向量，即令
$$i = \sqrt{2}I\sin\omega t$$
其向量为
$$\dot{I} = I\angle 0°$$
则有

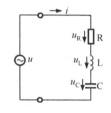

图 2-13 RLC 串联电路

$$\dot{U}_R = IR\angle 0° = U_R \angle 0°$$
$$\dot{U}_L = IX_L \angle 90° = U_L \angle 90°$$
$$\dot{U}_C = IX_C \angle -90° = U_C \angle -90°$$

当 $U_L > U_C$ 时，即 $X_L > X_C$ 时，$\phi_u > 0$，说明电压 u 超前电流 i，电路呈感性；当 $U_L < U_C$ 时，即 $X_L < X_C$ 时，$\phi_u < 0$，说明电压 u 滞后电流 i，电路呈容性；当 $U_L = U_C$ 时，即 $X_L = X_C$ 时，$\phi_u = 0$，说明电压 u 同电流 i 同相位，电路呈纯电阻性，我们说这时电路处于谐振状态。

（2）RLC 串联谐振电路。在图 2-13 所示的电路中，若满足 $X_L = X_C$，则 i 与 u 同相位。这时电路处于谐振状态，可见 $X_L = X_C$ 为谐振条件。因为 $X_L = \omega L$，$X_C = \dfrac{1}{\omega C}$，由此可推得谐振时的角频率为

$$\omega_0 = \frac{1}{\sqrt{LC}} \quad \text{或} \quad f_0 = \frac{1}{2\pi\sqrt{LC}}$$

式中 f_0 为电路的谐振频率，它仅由电路中 L 和 C 的参数决定。对一个确定的电路来说，L 和 C 都被确定了，因而 f_0 也就固定了，所以 f_0 也称为电路的固有谐振频率，它与 R 的大小基本上没有关系。

串联 RLC 电路发生谐振时具有下面几个特点。

① 谐振时电路的阻抗最小，且是纯电阻性，其值等于 R；而离开谐振频率点，其阻抗值都将增大，如图 2-14 所示。

② 谐振时电路中电阻最小，因而电流最大为 $I_0 = U/R$ 且与端电压同相。当工作频率偏

离固有频率 f_0 时，电流值都将减小，如图 2-15 所示。在接收机中，正是利用这一特点从众多不同频率的信号中选择自己需要的信号，也就是说，这种电路具有选频特性。

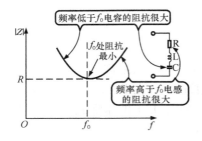
图 2-14　RLC 电路阻抗与频率的关系

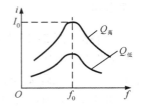
图 2-15　RLC 电路中电流与频率的关系

谐振时电感和电容的端电压大小相等，方向相反，且有 $U_{LQ} = U_{CQ} = QU$。式中，Q 称为谐振电路的品质因数，它可用下式表示

$$Q = \omega_0 L / R = \frac{1}{\omega_0 RC}$$

当电路的 Q 越大，表明电流值最大，且电流频率特性曲线尖锐；反之电流值最小，且曲线偏离 f_0 时下降较缓。由 Q 值公式可知，在 LC 确定后，Q 值与 R 成反比。R 越小，Q 值越大，电路的选择性越好，如图 2-15 所示。

2. 并联谐振电路

（1）RLC 并联电路。图 2-16 是电阻、电容和电感组成的并联电路。设所加正弦交流电压 $u = \sqrt{2} U\sin\omega t$，则向量形式为 $\dot{U} = U\angle 0°$，显然组成并联电路的各元件端电压是相等的。设总电流为 i，各支路电流分别为 i_R、i_C 和 i_L，方向如图 2-16 所示。RLC 并联谐振电路常简化为 LC 并联谐振电路（电阻值忽略不计，或 R 近似为 0），此电路在外加信号的频率很低时，L 的阻抗变小，C 的阻抗变大（可忽略），电路的阻抗主要取决于 L；当外加信号的频率很高时，L 的阻抗变得很大，而 C 的阻抗变得很小，电路的阻抗主要取决于 C。

当外加信号的频率等于固有谐振频率 f_0 时，$X_L = X_C$，电路阻抗呈最大值。

（2）RLC 并联谐振电路。在 RLC 并联谐振电路（电路中忽略电阻的分量）中，当外加电压时，由于电容上的电流超前，很快有充电电流，而电感上的电流滞后。电容上的电荷充满后就会放电，如图 2-17 所示。

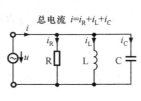
图 2-16　RLC 并联电路

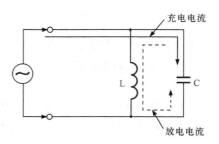
图 2-17　RLC 并联电路的充放电过程

第 2 章　高频电子元器件及其基本电路

如果电感上的滞后电流与电容放电的电流同步（谐振状态），放电电流就会给电容反向充电，反向充电后又会正向充电。LC 的值满足 $X_L = X_C$ 时，就会形成谐振状态。谐振频率为

$$\omega_0 = \frac{1}{\sqrt{LC}} \quad \text{或} \quad f_0 = \frac{1}{2\pi \sqrt{LC}}$$

上式表明谐振频率基本上是由构成电路的电感和电容决定的。

RLC 并联电路发生谐振时具有如下特点。

① 谐振时，电路的阻抗最大，且是纯电阻性，其值等于 R；而离开谐振频率点 f_0，其阻抗值都将减小，如图 2-18 所示。

② 谐振时，电路两端的电压最大，为 $U = IR$ 且与总电流 i 同相。当工作频率偏离谐振频率时，其端电压值都将减小，如图 2-19 所示。这说明 RLC 并联电路同样也具有选频特性。

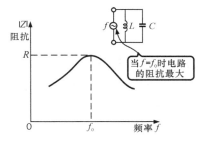
图 2-18　RLC 并联电路阻抗频率特性

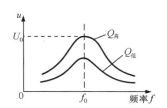
图 2-19　电压频率特性

谐振时流过电感和电容的电流大小相等，方向相反，量值为 $I_{LQ} = I_{CQ} = QI$，式中 Q 为并联 RLC 电路的品质因数，即

$$Q = \frac{R}{\omega_0 L} = \omega_0 CR$$

电路的 Q 值越大，表明并联电路的端电压越高，且电压频率特性曲线越尖锐，如图 2-19 所示。

3. 实用谐振电路

实例 3：某接收机的调谐回路（选频作用）可简化为一个线圈和一个可变电容器相连，如图 2-20 所示。设线圈的电感 $L = 0.233\text{mH}$，可变电容器 C 的容量变化范围是 42.5 ~ 360pF，求输入回路选择频率范围。

解：当 $C = C_1 = 42.5\text{pF}$ 时，谐振频率 f_{01} 为

$$f_{01} = \frac{1}{2\pi \sqrt{LC}} = \frac{1}{2 \times 3.14 \times \sqrt{0.233 \times 10^{-3} \times 4.25 \times 10^{-12}}} = 1600\text{kHz}$$

当 $C = C_2 = 360\text{pF}$ 时，谐振频率 f_{02} 为

$$f_{02} = \frac{1}{2\pi \sqrt{LC}} = \frac{1}{2 \times 3.14 \times \sqrt{0.233 \times 10^{-3} \times 360 \times 10^{-12}}} = 550\text{kHz}$$

实例 4：如图 2-21 所示，已知 $\dot{I} = 0.1 \angle 0°$，设 $\omega_0 = 2\pi \times 10^6$，求 L 的大小及谐振时流过电感和电容的电流有效值。

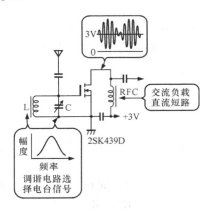

图 2-20 某接收机的调谐回路

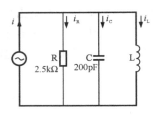

图 2-21 RLC 并联电路实例

解：（1）求 L。因为谐振时 $\frac{1}{\omega_0 L} = \omega_0 C$，所以有

$$L = \frac{1}{\omega_0^2 C} = \frac{1}{(2\pi \times 10^6)^2 \times 200 \times 10^{-12}} = 125 \mu H$$

（2）求谐振时 L 和 C 支路的电流。因为谐振时，电路总电流全部流入电阻支路，即

$$U = IR = 0.1 \times 2.5 k\Omega = 250 V$$

所以电路品质因数为

$$Q = \frac{R}{\omega_0 L} = R\omega_0 C = 2.5 \times 10^3 \times 2 \times 3.14 \times 10^6 \times 200 \times 10^{-12} = 3.14$$

$$I_{LQ} = I_{CQ} = I_Q = 0.1 \times 3.14 = 0.314 A$$

2.2 RLC 组合的频率均衡电路

交流信号的频率不同，电容和电感所呈现的特性就有很大的不同。电阻、电容和电感元件不同的组合可以构成性能不同的电路，特别在高频信号处理电路中，很多电容和电感起着非常微妙的作用。例如，电阻和电容的组合可以提升电路的高频响应，也可以提升低频特性；电感和电容组合构成的谐振电路，可以制成阻波电路，也可以制成特定频率的选通电路。

2.2.1 低频提升电路

图 2-22 是由电阻（R）和电容（C）构成的低频提升电路，信号加到输入端，经电阻和电容分压后输出。例如，低频信号输入时，电容对低频信号的阻抗较高，分压输出的信号幅度也较高；若输入高频信号，电路中电阻对高频和低频信号的阻抗相同，但电容对高频信号的阻抗降低，RC 分压后输出的信号幅度降低，因而该电路对低频信号有提升作用。

RC 电路常常制成低通滤波器，阻止高频干扰和噪波信号，其特性如图 2-23 所示。在频率特性曲线上，输出电平下降 3dB 的位置为截止频率点，超过截止频率后曲线以每倍频程下降20dB（分贝）的斜率下降。

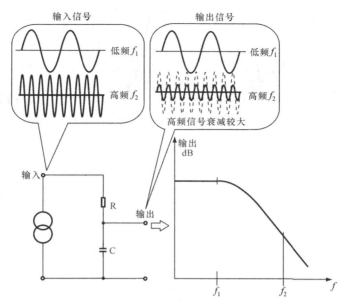

图 2-22　低频提升电路

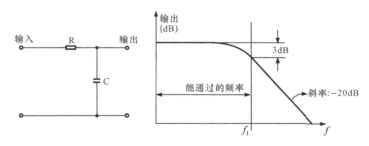

图 2-23　低通滤波器的特性

2.2.2　高频提升电路

图 2-24 是由电阻（R）和电容（C）构成的高频提升电路，信号加到输入端，经电容和电阻分压后输出。当较低频率信号输入时，由于电容的阻抗较高，因此输出端信号衰减大而幅度小。若输入信号频率较高，电容的阻抗减小，对信号的衰减量减小，使输出信号幅度增加。

图 2-25 是另一种结构的高频提升电路，输入信号经 RC 并联电路后输出。对于低频信号来说 C 相当于断路，电路中只有 R 起作用，当输入信号频率升高到一定程度时，随着信号频率的升高，电容的阻抗逐渐减小，输出呈上升的曲线，当输入信号高到一定程度时，电容相当于短路，输出信号等于输入信号。

RC 电路常常制成高通滤波器，如图 2-26 所示，高通滤波器是容许高频信号通过的滤波器，低于截止频率的信号被阻止或被削弱。它与低通滤波器的特性相反。

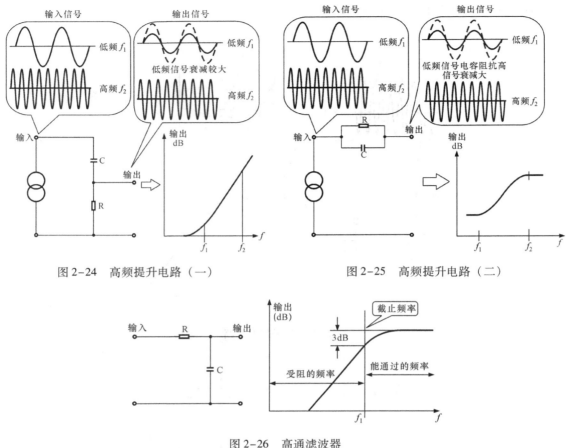

图 2-24 高频提升电路（一）　　　　图 2-25 高频提升电路（二）

图 2-26 高通滤波器

2.2.3 带通滤波器

带通滤波器是指能通过某一频率范围内的频率分量，其他频率分量则受到衰减或抑制。

1. LC 并联电路构成的带通滤波器

图 2-27 是由 LC 并联电路构成的带通滤波器，LC 并联电路在它的谐振频率附近呈现出最大的阻抗。当接近谐振频率的输入信号通过该电路时，在输出端能得到最大的输出幅度，当输入信号低于谐振频率时，电感的阻抗较低，低频信号衰减很大，输出信号很小；而当输入信号高于谐振频率时，电容的阻抗很低，高频信号衰减很大，输出信号也很小。

2. LC 串联电路构成的带通滤波器

图 2-28 是由 LC 串联电路构成的带通滤波器，LC 串联电路的特性是在谐振频率附近呈现出最小的阻抗，而在其他频率都呈现很高的阻抗。当输入信号的频率等于谐振频率时，

LC 电路的阻抗最小，因而输出接近输入，几乎无衰减。当输入信号的频率低于谐振频率时，电容的阻抗很大，使信号受到很大的衰减，因而输出信号很小。当输入信号频率高于谐振频率时，电感的阻抗很大，使信号同样受到很大的衰减，输出信号也很小。

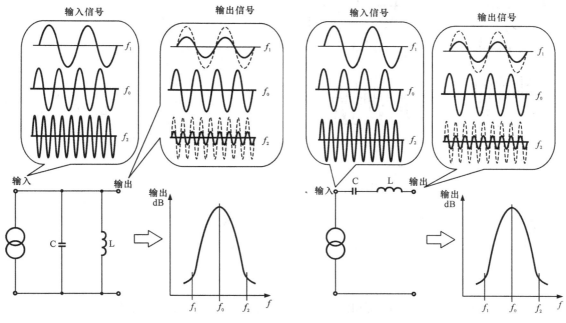

图 2-27　LC 并联电路构成的带通滤波器　　　　图 2-28　LC 串联电路构成的带通滤波器

2.2.4　带阻滤波器

带阻滤波器是指对某一段频率的信号进行阻止（衰减）的滤波器，与带通滤波器的性能相反。

1. LC 并联电路构成的带阻滤波器

图 2-29 是由 LC 并联电路构成的带阻滤波器，由于 LC 并联电路对谐振频率的信号呈现最大的阻抗，因而当输入信号频率等于谐振频率时，LC 电路对它的阻抗最大，使输入的信号受到的阻碍最大，因而输出信号最小。当输入信号频率低于谐振频率时，电感的阻抗很小，信号很容易通过；当输入信号频率高于谐振频率时，电容的阻抗很小，信号也很容易通过。

2. LC 串联电路构成的带阻滤波器

图 2-30 是由 LC 串联电路构成的带阻滤波器，由于 LC 串联电路对谐振频率的信号呈现最小的阻抗，因而当输入信号的频率等于谐振频率时，信号被 LC 串联电路短路到地，几乎无输出。当输入信号低于谐振频率时，电容呈现很大的阻抗，输入信号几乎无衰减，输出信号几乎等于输入信号。当输入信号的频率高于谐振频率时，电感呈现很大的阻抗，信号通过

该电路时几乎无衰减，输出信号近似等于输入信号。

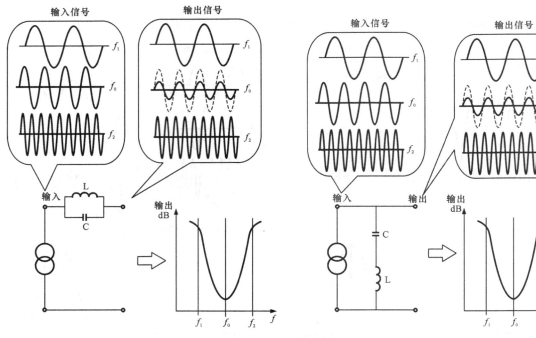

图 2-29　由 LC 并联电路构成的带阻滤波器　　　　图 2-30　由 LC 串联电路构成的带阻滤波器

2.3　常用电子元器件的检测实训

2.3.1　电阻器检测实训

下面以四环电阻器为例，来演示固定电阻器的检测方法，图 2-31 所示为待测四环电阻器实物外形图，观察待测电阻器色环，根据色环颜色定义可以识读出该电阻器的阻值为 33Ω，允许偏差为 ±5%，使用万用表对其进行检测时，首先将万用表的电源开关打开。

将万用表调至欧姆挡，根据该电阻器的阻值为 33Ω，应将数字万用表的量程调至 200Ω 挡位，如图 2-32 所示。

电阻器的引脚是无极性的，检测时将万用表的红表笔和黑表笔分别搭在待测电阻器两端的引脚上，观察万用表的读数为 33.4Ω，如图 2-33 所示。

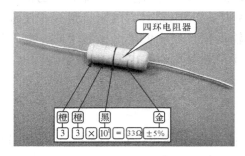

图 2-31　待测四环电阻器实物外形图

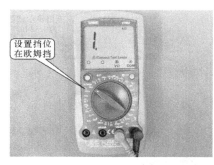
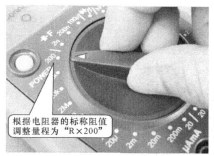

图 2-32 调整万用表的挡位

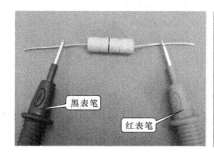
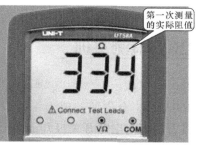

图 2-33 检测电阻器的阻值

2.3.2 电容器检测实训

下面以瓷介电容器为例,来介绍固定电容器的检测方法,图 2-34 所示为待测瓷介电容器实物外形图,观察待测电容器,该电容器的标称容量为 331pF。使用万用表对其进行检测时,首先将万用表的电源开关打开。

根据待测电容器的电容量标志,将万用表的量程调至"2nF"挡,然后将附加测试器插座插入万用表中,如图 2-35 所示。

将待测电容器的引脚插入测试插座的"Cx"电容输入插孔中,万用表显示的电容读数为 0.324nF,根据计算 0.324nF = 324pF,与标称值基本相符,如图 2-36 所示。

图 2-34 待测瓷介电容器实物外形图

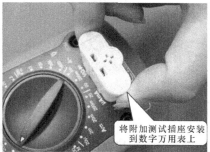

图 2-35 调整万用表的挡位

图 2-36 检测瓷介电容器的电容量

2.3.3 电感器检测实训

三环电感器的色环标志为"棕"、"红"、"棕",根据色标识别法可知,该三环电感器的标称值为"100μH",允许偏差值为±1%。首先使用万用表检测电感器的电阻值判断电感器的好坏,将万用表的电源开关打开,如图 2-37 所示。

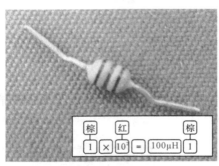
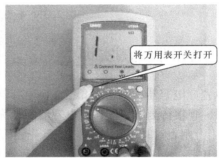

图 2-37 检测三环电感器

将万用表调至欧姆挡,应当将万用表的量程调至 200Ω 挡位,如图 2-38 所示。

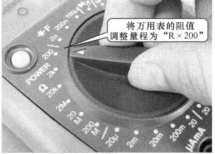

图 2-38 调整挡位

使用红、黑表笔分别接在待测电感器的两端,观察万用表的读数为 9.3Ω。若电感的阻值趋向于 0Ω,说明该电感内部存在短路的故障。如果被测电感的阻值趋于无穷大,则应选择最高阻值量程继续检测,若阻值仍趋于无穷大,则表明被测电感已断路损坏,如图 2-39 所示。

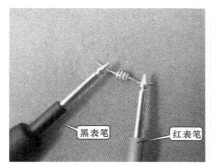
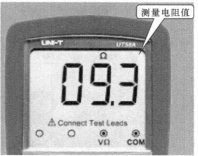

图 2-39　检测三环电感器

此外,有些数字万用表具有检测电感量的功能,如图 2-40 所示。该图中数字万用表具有检测电感量的功能,使用时将其电源开关打开。

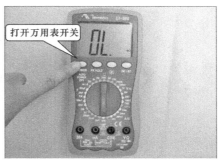

图 2-40　打开万用表电源开关

根据该电感器的电感量将万用表调至电感"2mH"挡,将万用表的电感器测试插座插入万用表的表笔插口中,如图 2-41 所示。

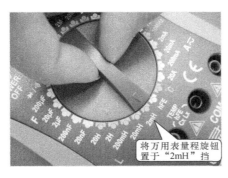
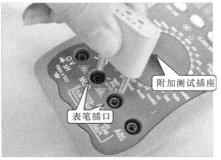

图 2-41　插入附加测试插座

将该三环电感器插入"Lx"电感量输入插孔中,对其进行检测,检测得到的电感量为"0.114mH",根据公式 $0.114\text{mH} \times 10^3 = 114\mu\text{H}$,与该电感器的标称值基本相符,如图 2-42 所示。

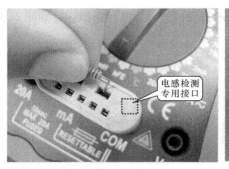 

电感检测专用接口

图 2-42　检测三环电感器

第 3 章

高频放大电路的基本结构和工作原理

教学和能力目标：
- 晶体管放大器可以应用在任何电子产品之中，在高频设备中也是不可缺少的；了解高频信号放大器应首先了解基本放大电路的结构、特点和应用环境
- 多级放大器的频率特性易于设计，掌握多级放大电路的结构、特点和应用环境
- 场效应晶体管具有噪声低、增益高和频率特性好的特点，掌握场效应晶体管放大器的结构、特点和应用环境

3.1 基本放大电路的结构和特点

由于晶体管具有放大功能，因而常用晶体管组成各具特色的交流信号放大器。无论是低频信号放大器还是高频信号放大器，其基本结构是相同的，在了解高频信号放大电路之前，首先应了解晶体管放大器的基本结构和工作特点。晶体管放大器有三种典型的结构，即共发射极放大器、共集电极放大器（射极跟随器）和共基极放大器。

3.1.1 共发射极放大电路的基本结构和工作原理

1. 共发射极放大电路的结构及关键器件

共发射极放大电路是指以发射极（e）为输入信号和输出信号的公共接地端的基本放大电路。其电路的基本结构如图 3-1 所示，它的核心器件是一个晶体管，电阻器为晶体管各极提供偏压，电容器用于传输（耦合）交流信号，隔离直流信号。

电源经偏置电阻 R_{b1} 和 R_{b2} 分压给晶体管基极（b）供电，电源经负载电阻 R_c 给晶体管集电极（c）供电，两个电容都是起到通交流隔直流作用的耦合电容，电阻 R_L 则为负载电阻。

NPN 型与 PNP 型晶体管放大器的最大不同之处在于供电电源：采用 NPN 型晶体管的放大器，供电电源是正极性电源加到晶体管的集电极（c）；采用 PNP 型晶体管的放大器，供电电源是负极性加到晶体管的集电极（c）。

输入信号是加到晶体管基极（b）和发射极（e）之间，输出信号又是取自晶体管的集

电极（c）和发射极（e）之间，由此可知发射极（e）为输入信号和输出信号的公共端，因而称为共发射极（e）晶体管放大器，常用于交流电压信号的放大。

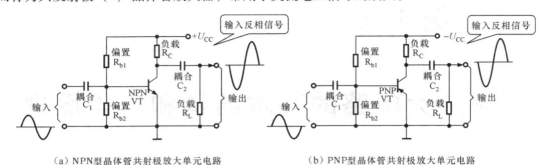

(a) NPN型晶体管共射极放大单元电路　　(b) PNP型晶体管共射极放大单元电路

图 3-1　共发射极（e）放大电路

共发射极放大电路输入与输出信号的相位关系如图 3-2 所示，对交流信号而言，电源阻抗很小可视为短路。

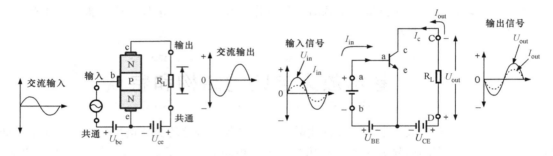

图 3-2　共发射极放大电路输入与输出信号的相位关系

2. 共发射极放大电路的基本功能

共发射极放大电路常作为电压放大器来使用，在各种电子设备中广泛使用。它的最大特色是具有较高的电压增益。由于输出阻抗比较高，因此这种电压放大器的带负载能力比较差，不能直接驱动扬声器等低阻抗的负载。

图 3-3 为晶体管电压放大器（共发射极晶体管放大器），其发射极（e）经 R_4、C_2 接地，由基极（b）输入信号，放大后由集电极（c）输出，输出信号与输入信号反相。在每个电极处都有电阻为相应的电极提供偏压，其中 $+U_{CC}$ 是电压源，交流输出信号经电容 C_3 从负载电阻上取得；电阻 R_4 是发射极（e）上的负反馈电阻，用于稳定放大器工作，该电阻阻值越大，放大器的放大倍数就越小；电容 C_1 是输入耦合电容；电容 C_3 是输出耦合电容；与电阻 R_4 并联的电容 C_2 是去耦合电容，相当于将发射极（e）交流短路，使交流信号无负反馈作用，从而获得较大的交流放大倍数。

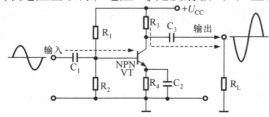

图 3-3　晶体管电压放大器（共发射极晶体管放大器）

设置晶体管基极的偏压值，可以使晶体

第 3 章 高频放大电路的基本结构和工作原理

管工作在放大区,进行线性放大。线性放大就是成正比地放大,信号不失真地放大。如果偏压失常,晶体三极管就不能进行线性放大或不能工作,如图 3-4 所示。

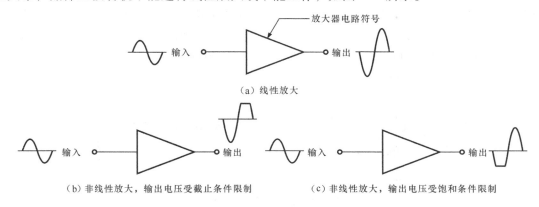

图 3-4 电压放大器线性和非线性工作情况

3. 共发射极放大电路中的直流和交流通路

对一个放大电路进行分析主要要做两方面的工作:一是确定静态工作点,即求出当没有输入信号时,电路中晶体管各极的电流和电压值,它们是 I_B、I_C、U_{BE} 和 U_{CE},如果这些值不在正常范围,放大器便不能进行正常放大;二是计算放大器对交流信号的放大能力及对其他交流参数进行动态分析,确定放大电路的电压放大倍数 A_u、输入电阻 r_i 和输出电阻 r_o 等。

由共发射极放大单元电路结构可知,该电路在工作时,既有直流分量又有交流分量,为了便于分析,一般将直流分量和交流分量分开研究,因此将放大电路划分为直流通路和交流通路。所谓直流通路,是放大电路未加输入信号时,放大电路在直流电源 E_C 的作用下,直流分量所流过的路径。

(1) 直流通路。由于电容对于直流电压可视为开路,因此当集电极电压源确定为直流电压时,可将电压放大器中的电容省去,如图 3-5 所示。

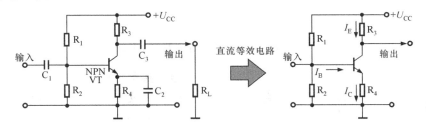

图 3-5 晶体管电压放大器直流电路

(2) 交流通路。在分析交流信号时,由于电路供电电压源的内阻很小,对于交流信号来说相当于短路,所以 U_{CC} 电源端与地线之间相当于短路,接电源也相当于接地。交流接地与实际的接地端可视为同一点,发射极 (e) 通过电容 C_2 交流接地,如图 3-6 所示。

4. 共发射极放大电路的工作原理

信号经共发射极放大单元电路后输出反相放大信号,其工作原理如图 3-7 所示。进行分析时，可以将输入信号的变化曲线，认为是输入端电流的变化曲线。在1/4周期时，输入电流呈增大状态，那么根据晶体管的放大功能 $I_C = \beta I_B$，可知电流 I_C 也呈增大的趋势，所以根据欧姆定律 $U_{R_C} = I_C R_C$，$I_C \uparrow$，则 $U_{R_C} \uparrow$，那么由负载 R_L 上的输出电压 $U_{R_L} = U_{CC} - U_{R_C}$ 可得，$I_C \uparrow$，$U_{R_C} \uparrow$，U_{CC} 不变，$U_{R_L} \downarrow$，即输出如图3-7（a）所示曲线。其他周期依次类推，如图3-7（b）、（c）、（d）所示，由此可见，输出电压与输入电压相位相反。

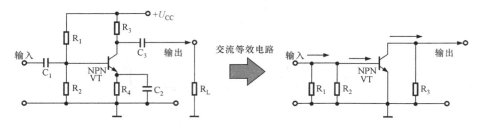

图3-6 晶体管电压放大器交流电路

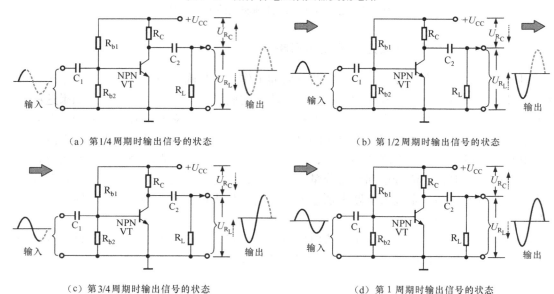

(a) 第1/4周期时输出信号的状态　　　　　　(b) 第1/2周期时输出信号的状态

(c) 第3/4周期时输出信号的状态　　　　　　(d) 第1周期时输出信号的状态

图3-7 共发射极放大单元电路的工作原理

电路实例分析。

（1）共发射极放大器的特性：基极电压升高会引起晶体管集电极电流增加，集电极负载电压增加而集电极电压下降，即晶体管集电极、发射极之间的阻抗降低。

（2）放大电路各电极电压的计算方法：典型放大器的电压关系如图3-8所示。

（3）根据电路结构，测得发射极的电压为 $U_e = 2.2V$，此时便可以求出其他电流和电压的值。

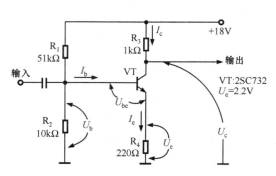

图3-8 典型放大器的电压关系

- 求发射极电流 I_e

$$I_e = U_e/R_4 = 2.2\text{V}/220\Omega = 0.01\text{A} = 10\text{mA}$$

- 求集电极电流 I_c

$$I_c = I_b + I_e$$

由于 I_b 的值很小可以忽略不计，故 $I_c \approx I_e$，因而 $I_c = 10\text{mA}$。

- 求集电极电压 U_c

U_c 等于电源电压减去 R_3 上的压降。

3.1.2 共集电极放大电路的基本结构和工作原理

1. 共集电极放大电路的结构和关键器件

图 3-9 为共集电极（c）晶体管放大器单元电路，其组成的主要器件同共发射极放大电路基本相同，不同之处有两点：一是将集电极电阻 R_c 移到了发射极（用 R_e 表示），二是输出信号不再取自集电极而是取自发射极。

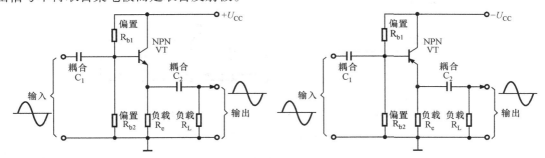

（a）NPN 型晶体管共集电极放大单元电路　　（b）PNP 型晶体管共集电极放大单元电路

图 3-9　共集电极（c）晶体管放大器单元电路

在该电路中，两个偏置电阻 R_{b1} 和 R_{b2} 分压给晶体管基极（b）供电；R_e 是晶体管发射极（e）的负载电阻；两个电容都是起到通交流隔直流作用的耦合电容；R_L 则是负载电阻。

与共发射极晶体管放大器一样，NPN 型与 PNP 型晶体管放大器的最大不同之处也是供电电源的极性不同。

由于晶体管放大器单元电路的供电电源的内阻很小，对于交流信号来说正/负极间相当于短路，交流地等效于电源，即晶体管集电极（c）接电源相当于接地。输入信号是加载到晶体管基极（b）和地之间，也就相当于加载到晶体管基极（b）和集电极（c）之间；输出信号取自晶体管的发射极（e），相当于取自晶体管发射极（e）和集电极（c）之间，因此集电极（c）为输入信号和输出信号的公共端，故称为共集电极放大电路。

2. 共集电极放大电路的基本功能

共集电极放大电路的输出是从发射极引出，其信号的相位与基极输入信号的相位相同，发射极的信号跟随基极变化，因而又称为射极输出器或射极跟随器，简称射随器，常用做缓冲器。图 3-10 为共集电极基本放大电路。共集电极晶体管放大器常作为电流放大器使用，它的特点是输入阻抗高,电流增益大,但是电压输出的幅度几乎没有放大,也就是输出电压接近输入电压,而由于输入阻抗高而输出阻抗低的特性,其带负载的能力强,也可作为阻抗转换器使用。

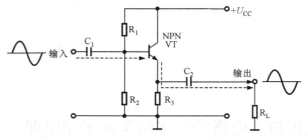

图 3-10　共集电极基本放大电路

3. 共集电极放大电路的直流和交流通路

对共集电极放大电路进行分析时,也可分为直流和交流两条通路,如图 3-11 所示。

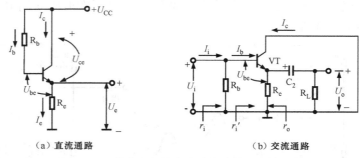

（a）直流通路　　　　　　　　　　（b）交流通路

图 3-11　共集电极放大电路的直流和交流通路

该电路的直流通路是由电源为晶体管提供直流偏压的电路,晶体管工作在放大状态还是开关状态,主要由它的偏压确定。直流电路也是为晶体管提供能源的电路。

交流通路是对交流信号起作用的电路,电容对交流信号可视为短路,电源的内阻对交流信号也视为短路。

4. 共集电极放大电路的工作原理

信号经共集电极放大电路后输出相位相同且幅度相同的信号（略小于输入信号）,其原理如图 3-12 所示。由图可知 $U_入 = U_{be} + U_出$,则 $U_出 = U_入 - U_{be}$,而晶体管基极和发射极之间的电压 U_{be},远远小于负载上的电压,因此 $U_出$ 几乎和 $U_入$ 相等。在该电路中,放大的仅为电流,因此常作为电流放大器来使用。

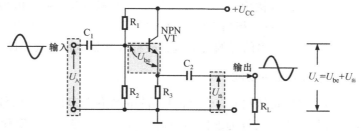

图 3-12　共集电极放大电路的工作原理

3.1.3 共基极放大电路的基本结构和工作原理

1. 共基极放大电路的结构和关键器件

图 3-13 为共基极（b）晶体管放大器单元电路，其中的主要器件有偏置电阻器、耦合电容器和放大晶体管。电路中的四个电阻都是为了建立静态工作点而设置的，其中 R_c 还兼具集电极（c）的负载电阻；电阻 R_L 是负载端的电阻；两个电容 C_1 和 C_2 都是起到通交流隔直流作用的耦合电容；去耦电容 C_b 是为了使基极（b）的交流直接接地，起到去耦合的作用，即起消除交流负反馈的作用。

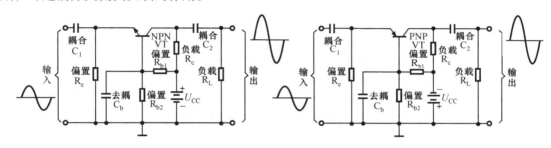

(a) NPN 型晶体管共基极放大器单元电路　　(b) PNP 型晶体管共基极放大器单元电路

图 3-13　共基极（b）晶体管放大器单元电路

输入信号加载到晶体管发射极（e）和基极（b）之间，而输出信号取自晶体管的集电极（c）和基极（b）之间，由此可知基极（b）为输入信号和输出信号的公共端，因而该电路称为共基极（b）晶体管放大器。

知识扩展：电容器通交流是指交流信号可以通过电容传输到下一级，隔直流是指直流电压不能通过电容加到输出端或输入端。

在共基极放大电路中，信号由发射极（e）输入，经晶体管放大后由集电极（c）输出，输出信号与输入信号反相。该放大器的最大特点是频带宽，常用做宽频带放大器。

2. 共基极放大电路的应用实例

图 3-14 是共基极放大器应用实例（FM 放大器），天线接收的高频信号（88~108MHz）由这个放大器进行放大。这种放大器具有高频特性好且在高频范围工作比较稳定的特点。

在该电路中，天线接收天空中的信号后，分别经 LC 组成的串联谐振电路和 LC 并联谐振电路调谐后输出所需的高频信号，经耦合电容 C_1 后送入晶体管的发射极，由晶体管（2SC2724）进行放大并由集电极输出。在集电极输出电路中设有 LC 谐振电路，进行再次选频，FM 高频载波信号经选频和放大后送往后级电路进行混频、中放和鉴频等处理，最后取出音频信号输出。

知识扩展：共发射极、共集电极和共基极放大电路是单管放大器中三种最基本的单元电路，所有其他放大电路都可以看做是它们的变形或组合，所以掌握这三种基本单元电路的性质是非常必要的。三种放大电路的特点比较如表 3-1 所示。

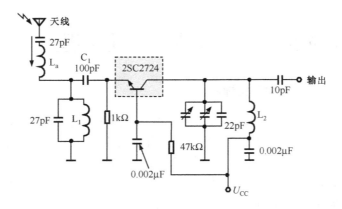

图 3-14 共基极放大器应用实例（FM 放大器）

表 3-1 三种放大电路的特点比较

参 数	共发射极电路	共集电极电路	共基极电路
输入电阻 R_i	1kΩ 左右	几十~几百欧姆	几十欧姆
输出电阻 R_o	几千欧~几十千欧	几十欧姆	几千欧~几百千欧
电流增益 A_i	几十~100 左右	几十~100 左右	略小于 1
电压增益 A_u	几十~几百	略小于 1	几十~几百
U_i 与 U_o 之间的关系	反相（放大）	同相（几乎相等）	同相（放大）

3.2 多级放大电路的结构和特点

3.2.1 多级放大器的基本结构

多级放大器是将两个及两个以上的基本晶体管放大器经过连接而成的放大电路，一般可分为电容耦合多级放大器和直接耦合多级放大器两种。构成多级放大器的关键器件多是两个或两个以上的晶体管放大器，以及一些相关的元件，如电阻器、电容器等。

1. 电容耦合多级放大器

图 3-15 为两个共发射极（e）晶体管放大器连接而成的电容耦合二级放大器，可以获得较高的放大倍数。前级共发射极（e）晶体管放大器的输出通过电容 C_2 耦合到后级共发射极（e）晶体管放大器的输入端。电容的耦合作用是通交流隔直流，使用电容耦合，就可以防止两级放大器的直流偏压互相影响，但是交流信号却能够直接通过耦合电容送入下一级放大器。

第 3 章 高频放大电路的基本结构和工作原理

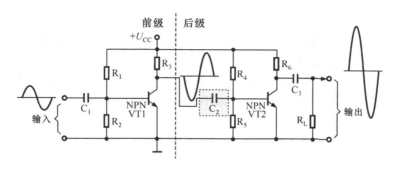

图 3-15 共发射极（e）晶体管电容耦合二级放大器

2. 直接耦合多级放大器

图 3-16 为两个共发射极（e）晶体管放大器连接而成的直接耦合二级放大器。在电路中没有耦合电容，前级共发射极（e）晶体管放大器输出的直流电压直接作为后级共发射极（e）晶体管放大器的基极偏压。

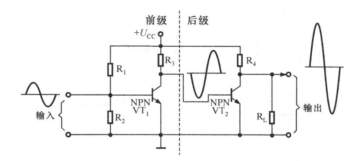

图 3-16 共发射极（e）晶体管直接耦合二级放大器

与电容耦合多级放大器相比，直接耦合多级放大器具有较好的低频响应。但是如果电源供电发生很小的变化，也会被电路放大，从而造成电路明显的偏移。两极放大器的工作点互相影响致使电路工作失常。

3.2.2 负反馈放大电路

所谓反馈，就是指将放大电路的输出量（电流或电压）的一部分通过一定的方式回馈到放大器的输入端。反馈是改善放大电路性能的重要手段，如可以改变频率特性、改善电路的稳定性、减小电路的失真等。

前面介绍放大器电路工作原理时，都是信号从放大器输入端传输到输出端，而反馈电路要将放大器输出端的一部分输出信号再加到放大器的输入端，让放大器重新放大反馈回来的信号，如图 3-17 所示。电路中的负反馈元件是组成负反馈放大电路的关键器件。

反馈电路存在于放大器电路中，离开了放大

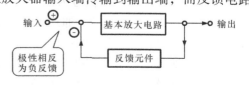

图 3-17 负反馈模型

器,就不存在反馈电路。反馈电路与单级放大器电路不同之处是要从放大器输出端取出一部分输出信号再加到放大器的输入端,让这一部分信号与原输入信号合成后,再送入放大器中,这时放大器就存在了反馈。

如果引入的反馈信号减弱了外加输入信号,也就是反馈到输入端信号的极性与输入信号的极性相反,从而引起放大器的放大倍数减小,这种反馈称为负反馈,反之就是正反馈。放大器加入负反馈系统,会使增益下降,但放大器的稳定性或频率特性会有很大的改善,也就是用牺牲掉放大器的增益方式来获得其他性能的改善。

判别放大器是否属于负反馈放大器,首先要找出负反馈元件。一般来说,任何连接输入回路与输出回路之间的元器件,都是反馈元件。然后区分放大器中的反馈元件是正反馈元件还是负反馈元件。区分正/负反馈,通常采用瞬时极性法,就是先假设信号源在某一瞬时的极性为正,然后根据电路各点的相位与信号源相位的关系,看反馈到输入端的反馈信号的极性。若与信号源假设的极性相反,则为负反馈,相同则为正反馈。

正反馈虽然能提高放大器的放大倍数,却会使放大器的稳定性变坏,甚至会产生自激振荡,因此在放大电路中较少采用,通常应用在振荡电路中。

反馈电路的工作过程如图 3-18 所示。

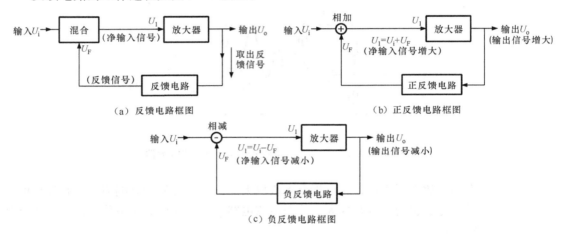

图 3-18 反馈电路的工作过程

1. 单级负反馈放大器

(1) 并联负反馈放大器。图 3-19 为常见并联负反馈放大器。其中电阻 R 为电压负反馈元件,电阻 R 的左端直接与输入端相连,右端又直接与输出端相连,将输入与输出回路联系起来了。

首先假设某瞬时输入信号为正极(+),由于共发射极晶体管放大器输出的电压极性与输入的相反,为负极(-),通过反馈元件 R,将负极性的反馈信号加到基极(b),与信号源假设极性相反,使电压减小,所以反馈元件 R 为负反馈。然后,将放大器的输出端对地交流短接,通过电容 C_2 晶体管集电极就会交流接地,此时就没有信号通过负反馈元件 R 反馈到晶体管基极上,电路就不存在负反馈信号了,所以这是电压负反馈电路。

(2) 串联负反馈放大器。图 3-20 为常见串联负反馈放大器。其中电阻 R 为电流负反馈

第 3 章　高频放大电路的基本结构和工作原理

元件，因为它既属于输入回路，又属于输出回路，将输入与输出回路联系起来了。

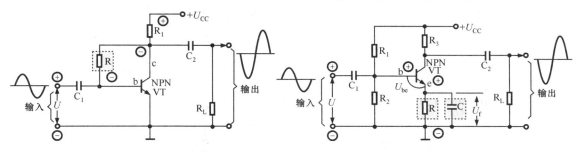

图 3-19　常见并联负反馈放大器　　　　　图 3-20　常见串联负反馈放大器

首先假设某瞬时输入信号为正极（+），由于发射极（e）的电压极性与基极（b）相同，也为正极（+），提高了晶体管发射极的电位。因为晶体管基极与发射极之间的电压等于输入电压与反馈电压之差，即 $U_{be} = U - U_f$，通过反馈元件 R，削弱输入信号 U_{be}，所以反馈元件 R 为负反馈。负反馈电阻 R 是用于稳定放大器的，该电阻阻值越大，整个放大器的放大倍数就越小。与负反馈电阻 R 并联的电容 C 是去耦合电容，相当于将发射极（e）的交流短路，使交流信号无负反馈作用，从而获得较大的交流放大倍数。

2. 多级负反馈放大器

图 3-21 为常见的多级负反馈放大器，电阻 R 为两级放大器之间的反馈元件，假设某瞬时输入信号为正极（+），晶体管 VT_1 和 VT_2 各极电压极性如图 3-21 所示。由于晶体管 VT_2 的集电极输出的信号极性为正极（+），经反馈元件 R 反馈到晶体管 VT_1 的发射极上的信号极性也为正极（+），提高了晶体管 VT_1 发射极的电压，从而削弱了净输入信号 U_{be}，故为负反馈。

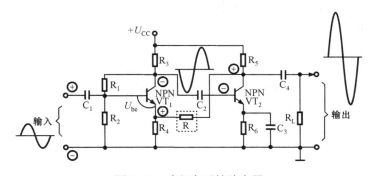

图 3-21　多级负反馈放大器

（1）多级负反馈放大器的直流/交流反馈的判断。根据反馈信号的交直流性质，可以分为直流反馈和交流反馈。如果反馈信号中只包含直流成分则称为直流反馈；若反馈信号中只有交流成分，则称为交流反馈。在很多情况下，交、直流两种反馈都有。

图 3-22 为两种多级负反馈放大器。在图 3-22（a）中，设晶体管 VT_2 发射极的旁路电容 C_2 足够大，可认为电容两端的交流信号基本为零，则从晶体管 VT_2 的发射极通过电阻 R 引回到晶体管 VT_1 基极的反馈信号中将只有直流成分，因此电路中引入的是直流反馈。在

图 3-22（b）中，从输出端通过电容 C 和电阻 R 将反馈引回到晶体管 VT_1 的发射极，由于电容的隔直流作用，反馈信号中将只有交流成分，所以这个反馈是交流反馈。

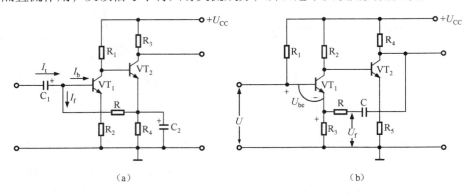

图 3-22 两种多级负反馈放大器

直流负反馈的作用是稳定静态工作点，而对于放大器的各项动态性能，如放大倍数、通频带、输入及输出电阻等则没有影响。各种不同类型的交流负反馈将对放大电路的各项动态性能产生不同的影响，是用以改善电路交流性能的主要手段。

（2）多级负反馈放大器的电流/电压反馈的判断。根据反馈信号在放大器输出端采样方式的不同，可以分为电压反馈和电流反馈。如果反馈信号取自输出电压，称为电压反馈；如果反馈信号取自输出电流，则称为电流反馈。

在图 3-22（a）中，如果去掉旁路电容 C_2，则反馈信号与输出回路的电流成正比，因此是电流反馈。在图 3-22（b）中，反馈信号与输出电压成正比，属于电压反馈。

放大器中引入电流负反馈，将使输出电流保持稳定，其结果是提高了输出电阻；引入电压负反馈，将使输出电压保持稳定，其结果是降低了电路的输出电阻。

为了判断放大电路中引入的反馈是电压反馈还是电流反馈，一般可假设将输出端交流短路，即令输出电压等于零，观察此时是否仍有反馈信号。如果反馈信号不复存在，则为电压反馈，否则就是电流反馈。

（3）多级负反馈放大器的串联/并联反馈的判断。根据反馈信号与输入信号在放大电路输入回路中求和形式的不同，可以分为串联反馈和并联反馈。

如果反馈信号与输入信号在输入回路中以电压形式求和，即反馈信号与输入信号串联，则称为串联反馈；如果两者以电流形式求和，即反馈信号与输入信号并联，则称为并联反馈。

在图 3-22（b）中，晶体管 VT_1 的基极和发射极之间的净输入电压 U_{be} 等于外加输入电压与反馈电压之差，即 $U_{be} = U - U_f$，说明反馈信号与输入信号以电压形式求和，因此属于串联反馈。在图 3-22（a）中，假设去掉旁路电容 C，晶体管 VT_1 的基极电流等于输入电流与反馈电流之差，即 $I_b = I_i - I_f$，也就是说，反馈信号与输入信号以电流形式求和，所以是并联反馈。

3.2.3 直接耦合放大电路

本节要重点掌握直接耦合放大电路的基本结构及功能，理解其基本原理，能够在实际电

第3章 高频放大电路的基本结构和工作原理

路中分析出其作用。

直接耦合放大电路也可称为直流放大电路,它不仅可用来放大交流信号而且还可放大直流信号或缓慢变化(即频率很低)的信号。也就是说,直流放大电路必须具有下限工作频率趋近于零的良好低频特性。

直接耦合放大电路中的关键器件仍为晶体管放大器,用直接耦合方式代替了电容耦合。

直接耦合放大电路具有既能放大频率很低的信号也能放大频率很高的信号的优点,易于集成化。但各级的工作点不独立,互相影响,存在零点漂移现象。

直接耦合放大电路多用于运算放大器、测量放大器和低频放大器中。

1. 单管直流耦合放大电路

所谓单管直流耦合电路是指:放大电路中只有一个晶体管,它与共发射极基本放大电路相比,仅少了两个耦合电容 C_1 和 C_2。由于没有 C_1、C_2 的隔直流作用,因而信号源和负载均对直流工作状态产生影响。图 3-23 为单管直流耦合电路,其中的关键器件为一个晶体管和提供偏压的电阻器。

电路中的偏置电阻(R_b)通过电源给晶体管基极供电;负载电阻(R_c)通过电源给晶体管集电极供电;电阻(R_S)对信号源来说是限流电阻,为晶体管提供适当的输入电流;电阻(R_L)则是放大器输出信号的负载电阻;晶体管(VT)的功能是放大基极的输入信号。

2. 两级直流耦合放大电路

两级直流耦合放大电路如图 3-24 所示,它比单管直流耦合电路多了一个晶体管。由图 3-24 可知 VT_1 的集电极电压(U_{c1})等于 VT_2 的基极电压(U_{b2}),由于 VT_2 发射极压降 U_{BEQ2} 很小(硅管为 0.7V,锗管为 0.3V),使得 VT_1 的集电极电压也很低,难以正常工作;另一方面 VT_2 的静态基极电流也会过大,使 VT_2 也不能工作在放大区。也就是说,两个基本共发射极放大电路直流耦合是不能正常放大的。

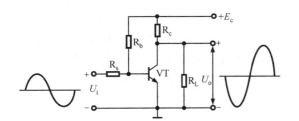

图 3-23 单管直流耦合电路

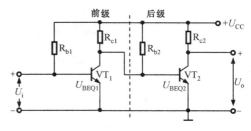

图 3-24 两级直流耦合放大电路

为了使两级直流耦合电路能正常放大,必须抬高 VT_2 的基极电压。图 3-25 是抬高 VT_2 基极电压的直流耦合电路。其中图 3-25(a)是在 VT_2 的发射极接一电阻 R_{e2},这种方法虽然抬高了基极电压使 VT_1 和 VT_2 都能正常放大,但第二级电压放大倍数却大大下降。

为了既能抬高基极电压,又能使 VT_2 的放大倍数不致下降太多,将 R_{e2} 换成一稳压管 VD_z,如图 3-25(b)所示。图中电阻 R 是确保稳压管工作在稳压区的限流电阻。

由图 3-24、图 3-25 可知,直流耦合放大电路中各级的工作点不独立,互相影响,存在零点漂移现象。

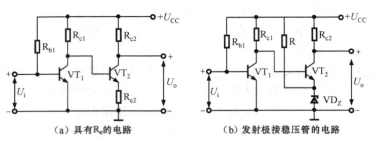

图 3-25　抬高 VT_2 基极电压的直流耦合电路

放大器的基本功能是稳定放大输入的信号。当无输入信号时或输入信号为零时（输入端接地），输出应保持一定的电压值或零值不变。但由于环境温度或供电电压的变化使放大器的输出出现波动或变化，这种现象称为零点漂移。

其实，由于温度变化、电源电压的波动和晶体管老化等原因，晶体管参数发生变化是客观存在的，因此引起各级放大电路的零点漂移是必然的。只不过在阻容耦合电路（放大器之间由电容器连接而不是直接连接的耦合电路）中，由于耦合电容的作用将这种漂移限定在本级范围内，不会影响下一级，更不会逐级放大；但在直流耦合放大电路中，第一级的微小变化（漂移）就会影响下一级甚至还会逐级放大，在输出端产生严重的漂移，如图 3-26 所示。

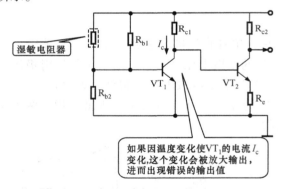

图 3-26　湿度检测电路

该电路为湿度检测电路，湿度传感器的阻抗变化会引起输出电压变化，经放大后变成电压的变化量。

放大电路的零点漂移通常是用输出端的漂移电压折合到输入端的漂移量来衡量的，即把输出端的零点漂移电压与放大电路的电压放大倍数的比值作为该放大电路的零点漂移电压指标。其值越小，电路质量越好。

零点漂移对输出产生的影响主要是第一级，因此，抑制或减小放大电路的零点漂移就是要抑制或减小第一级的零点漂移。通常采取的措施有以下几个方面。

（1）选用稳定性好的高质量硅晶体管。

（2）采用单级或级间负反馈电路，有利于减小零点漂移。

（3）利用反向变化的热敏元件去补偿放大管因温度影响引起的零点漂移。

（4）采用差动放大电路能有效地抑制零点漂移，是直流放大电路的主要形式。

3. 多级直流耦合放大电路

在由多级放大电路组成的直流耦合放大电路中，如果每级都使用 NPN 型晶体管，为了使各级都有合适的工作点，后级的基极、集电极电压需要逐级升高，以致改变了后级输出电

第3章 高频放大电路的基本结构和工作原理

压的变化范围。为了解决这个问题，在实际应用中，可采用 NPN 型和 PNP 型晶体管配合使用，以降低后级的直流电压，如图 3-27 所示。图 3-27（a）为 NPN 型晶体管（VT_1）和 PNP 型晶体管（VT_2）配合使用，用来降低后级（VT_3）的电压。此外，也可以利用射极输出器、稳压二极管等降低后级放大电路的直流电压。图 3-27（b）为使用射极输出器（VT_2）来降低后级（VT_3）的电压。

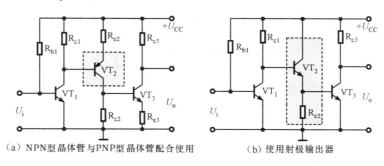

（a）NPN型晶体管与PNP型晶体管配合使用　　（b）使用射极输出器

图 3-27　多级直接耦合放大电路

耦合放大电路除有直接耦合放大电路外，还有阻容耦合放大电路和变压器耦合放大电路的形式。

（1）阻容耦合多级放大电路。图 3-28 为一个两级阻容耦合放大电路。从图中可以看出，在两个单级放大器之间，交流信号是通过耦合电容 C_2 从第 1 级向第 2 级传送的，第 1 级的"负载"就是第 2 级的"输入电阻"。交流信号经第 1 级放大后，由耦合电容 C_2 送入第 2 级，信号电压就落在了第 2 级的输入电阻两端，这就是阻容耦合的含义。

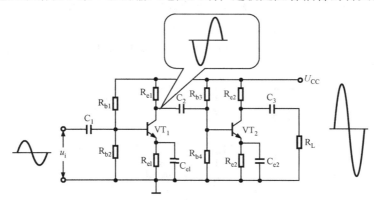

图 3-28　两级阻容耦合放大电路

阻容耦合方式有两个突出的优点：一是耦合电容有隔直作用，所以各级放大器的工作点彼此独立，给电路的设计和维修带来了很大的方便；二是在信号频率已知的条件下，适当选取容量较大的耦合电容，可以减小信号在电容上的损耗，以提高传输效率。

阻容耦合方式的缺点是不能放大频率很低的信号。因为对频率很低的信号，耦合电容的容抗很大，信号的传输效率太低。

阻容耦合方式多用于各种频率的小信号放大电路。

（2）变压器耦合多级放大电路。图 3-29 为一个两级变压器耦合中频放大电路，第 1 级和第 2 级之间通过变压器互相连接。

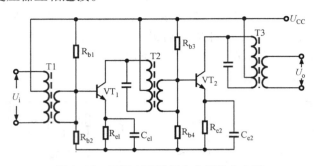

图 3-29　两级变压器耦合中频放大电路

变压器耦合有两个优点：一是因为变压器只能耦合交流信号（即只能变交流不能变直流），所以，前后两级的静态工作点也是彼此独立的；二是变压器有阻抗变换作用，利用变压器耦合，前后两级之间可以获得最佳阻抗匹配，以使前级放大器能够向后级放大器输出最大的功率。

变压器耦合方式的缺点：一是不能放大频率很低的信号；二是变压器的体积和质量都较大，不适于小型化和集成化。

变压器耦合方式可广泛用于低频功率放大器、中频放大器和高频放大器。

3.2.4　共发射极放大电路的应用实例

图 3-30 是采用两级共发射极放大器组成的宽频带实用放大器。输入、输出和极间耦合均采用电容方式，C_4、C_8 为发射极去耦电容，用于消除交流负反馈，增强交流信号放大的能力。接在 -15V 电源中的电感（10μH）和 R_6、C_3、R_{11}、C_7、C_2 等均为滤波器，用于滤除电源中的波纹。

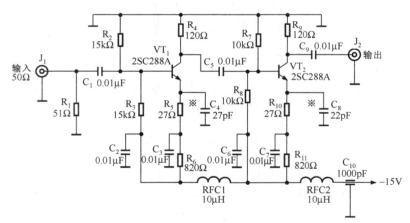

图 3-30　采用两级共发射极放大器组成的宽频带实用放大器

带"※"号的电容为高额补偿电容，调整该电容可使带内频率特性达 ±1dB。

图 3-31 为三种基本偏置电路（固定偏置电路、自偏置电路和分压偏置电路）的结构。

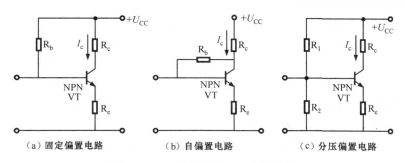

（a）固定偏置电路　　　　（b）自偏置电路　　　　（c）分压偏置电路

图 3-31　三种基本偏置电路的结构

3.3　场效应晶体管放大电路

3.3.1　典型场效应晶体管放大电路的基本结构

场效应晶体管与晶体管一样，也具有放大作用，但它与普通晶体管是电流控制型器件相反，场效应晶体管是电压控制型器件。它具有输入阻抗高、噪声小的特点。

场效应晶体管的三个电极（栅极、源极和漏极）分别相当于晶体管的基极、发射极和集电极。图 3-32 是场效应晶体管三种组态电路，即共源、共漏和共栅极放大器。图 3-32（a）是共源放大器，它相当于晶体管中的共发射极放大器，是一种最常用的电路。图 3-32（b）是共漏放大器，相当于晶体管共集电极放大器，输入信号从漏极与栅极之间输入，输出信号从源极与漏极之间输出，这种电路又称为源极输出器或源极跟随器。图 3-32（c）是共栅放大器，它相当于晶体管共基极放大器，输入信号从栅极与源极之间输入，输出信号从漏极与栅极之间输出，这种放大器的高频特性比较好。

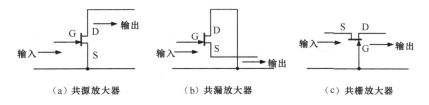

（a）共源放大器　　　　（b）共漏放大器　　　　（c）共栅放大器

图 3-32　场效应晶体管三种组态电路

绝缘栅型场效应晶体管（MOS）的输入电阻很高，如果在栅极上感应了电荷，非常不易泄放，极易将 PN 结击穿造成损坏。为了避免发生 PN 结击穿损坏，存放时应将场效应晶体管的三个极短接，不要将它在静电场很强的地方存放，必要时可放在屏蔽盒内；焊接时，为了避免电烙铁带有感应电荷，应将电烙铁从电源上拔下；焊入电路板时，不能让栅极悬空。

1. 场效应管（FET）放大电路的偏置方法

（1）固定式偏置电路。在场效应晶体管放大器中，有时需要外加栅极直流偏置电源，这种方式被称为固定式偏置电路，如图 3-33 所示。

C_1 和 C_2 分别是输入端耦合电容和输出端耦合电容。$+U_{CC}$ 通过漏极负载电阻 R_2 加到 VT 的漏极，VT 的源极接地。$-U_{CC}$ 是栅极专用偏置直流电源，为负极性电源，它通过栅极偏置电阻 R_1 加到 VT_1 的栅极，使栅极电压低于源极电压，这样就建立了 VT 正常偏置电压。

在电路中，输入信号 U_i 经 C_1 耦合至场效应晶体管 VT 的栅极，与原来的栅极负偏压叠加。场效应晶体管受到栅极的作用，使其漏极电流 I_2 相应变化，并在负载电阻 R_2 上产生压降，经 C_2 隔离直流后输出，在输出端得到放大的信号电压 U_o。I_2 与 U_i 同相，U_o 与 U_i 反相。

这种偏置电路的优点是 VT 工作点可以任意选择，不受其他因素的制约，也充分利用了漏极直流电源 $+U_{CC}$，所以可以作为低压供电放大器使用。其缺点是需要两个直流电源。

（2）自给偏压共源放大电路。图 3-34 是典型的自给偏压共源放大电路，图中 C_1 和 C_2 分别是输入、输出耦合电容，起通交流隔直流的作用；U_{CC} 为漏极直流电压源，为放大电路提供能源；R_D 是漏极电阻，它能把漏极电流的变化转变为电压的变化，以便输出信号电压；R_S 是源极电阻，其作用是产生一个源极到地的电压降，以提供源极偏压建立静态偏置，同时具有电流负反馈的作用；C_S 是源极旁路电容，给源极交流信号一条通路，以避免交流信号在 R_S 上产生负反馈。

由于场效应晶体管在漏极电流较大时具有温度上升漏极电流就减小的特点，因此热稳定性好，故在源极仅设置自偏压电路就十分稳定了。

图 3-34 所示为自给偏压的实例。"自给偏压"指的是由场效应晶体管自身的电流产生的偏置电压。由于 N 沟道结型场效应晶体管正常工作时，栅极、源极之间需要加一个负偏置电压，这一点与晶体管的发射极需要正偏置电压是相反的。为了使栅极、源极之间获得所需负偏压，设置了自生偏压电阻 R_S。当源极电流流过 R_S 时，将会在 R_S 两端产生上正下负的电压降 U_S。由于栅极通过 R_G 接地，所以栅极为零电位。这样，R_S 产生的 U_S 就能使栅极、源极之间获得所需的负偏压 U_{GS}，这就是自给偏压共源放大电路的原理。

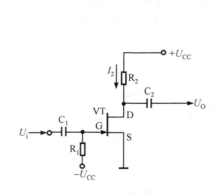

图 3-33 固定式偏置电路

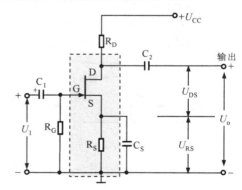

图 3-34 自给偏压共源放大电路

（3）分压式自偏压电路。图 3-35 为分压式自偏压电路，又称栅极接正电位偏置电路，它是在自给偏压共源放大电路的基础上，加上分压电阻 R_{f1} 和 R_{f2} 构成的。

图 3-35 中，电源 U_{DD}、输入耦合电容 C_1、输出耦合电容 C_2、漏极电阻 R_D、源极电阻 R_S、源极旁路电容 C_a 的作用均与自给偏压共源放大电路相同。R_{f1} 和 R_{f2} 是分压偏置电阻，R_{f1} 与 R_{f2} 的接点通过大电阻 R_f 与栅极相连。由于栅极绝缘无电流，所以 R_{f1} 与 R_{f2} 的分压点 A 与栅极同电位。由于该电路既能"分压偏置"又能"自给偏置"，所以又称为组合偏置电

第 3 章 高频放大电路的基本结构和工作原理

路。这种偏置电路既可用于耗尽型场效应晶体管，也可用于增强型场效应晶体管。

2. 场效应晶体管（FET）放大电路的工作原理

（1）源极接地放大器。源极接地放大器是场效应晶体管放大器最重要的电路形式，其工作原理如图 3-36 所示。图中，输入交流电压 u_i 在 1/4 周期内处于增大的趋势，在这段时间内，漏极电流 i_D 增加，i_D 的增大使负载上的压降增大，u_{DS} 就下降；当 u_i 在 $\frac{1}{2}$ 周期间时，处于减小状态，u_{GS} 增大，i_D 则减小，而 i_D 的减小使负载上的压降减小，u_{DS} 就上升。以此类推，其输入与输出信号波形状态如图中所示，u_i 和 i_D 的相位相同，与输出信号电压 u_{DS} 的相位相反。

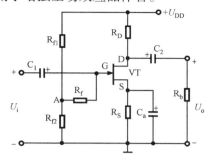

图 3-35　分压式自偏压电路

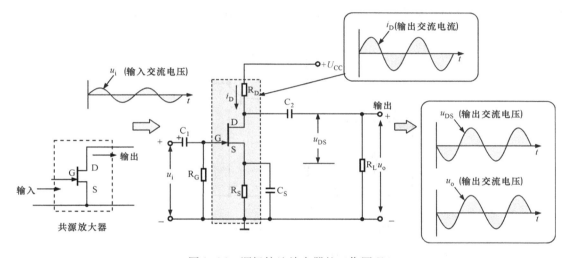

图 3-36　源极接地放大器的工作原理

（2）栅极接地放大器。栅极接地放大器电路适用于高频宽带放大器，其基本连接方式如图 3-37 所示。

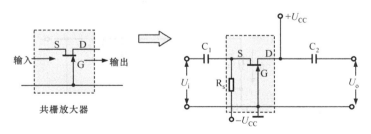

图 3-37　栅极接地放大器的电路连接形式

（3）漏极接地放大器。漏极接地放大器也称为源极跟随器或源极输出器，相当于双极性晶体管的集电极接地电路，图 3-38 为其基本连接图。源极跟随器最主要的特点是输出阻抗低。

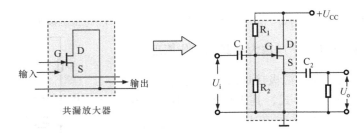

图 3-38 漏极接地放大器的电路连接形式

知识扩展：场效应晶体管与晶体管的组合电路的结构特点如下。

● 源极接地与射极跟随器（共集电极晶体管放大器）的组合

如图 3-39 所示，VT_1 为源极接地场效应晶体管放大器，VT_2 为共集电极晶体管放大器。若电路中没有设置 VT_2，而是将数千欧的负载 R_L 直接作为 VT_1 的负载，其电压增益就相当小，通过与低输出阻抗的射极跟随器进行组合，就可获得较高的电压增益，这是该电路的主要特征。

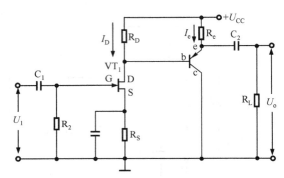

图 3-39 源极接地与射极跟随器的组合

● 源极接地与共发射极放大器的组合

共发射极放大器输入阻抗在 $10^3\Omega$ 的范围内，很难由场效应晶体管直接驱动，但是，若通过一级射极跟随器，将其作为图 3-39 中的负载 R_L，接在共发射极放大器之前，就很容易驱动了，如图 3-40 所示。该电路在输出级的前面加入了一级射极跟随器，以获得电流增益，是典型低输出阻抗的实例。

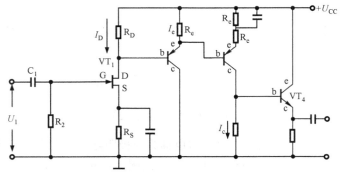

图 3-40 源极接地与共发射极放大器的组合

第3章 高频放大电路的基本结构和工作原理

- 将源极接地与共基极放大器组合成极联式放大器

如图3-41所示,将场效应晶体管的低噪声特性与共基极放大器对高频放大的适应性相结合而产生的极联式放大器,常作为宽带低噪声的前置放大器。

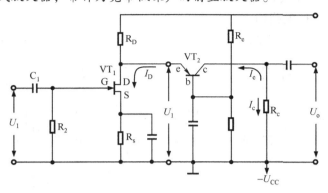

图3-41 由源极接地与共基极放大器组合而成的极联式放大器

3.3.2 场效应晶体管放大电路的应用实例

图3-42是一种超小型收音机电路,它采用两个晶体管,这种电路具有较高的灵敏度。

在该电路中,电池作为直流电源通过负载电阻R_1为场效应晶体管漏极提供偏置电压,使其工作在放大状态。由外接天线接收天空中的各种信号,交流信号通过C_1进入LC谐振电路。LC谐振电路是由磁棒线圈和电容组成的,谐振电路选频后,经C_4耦合至场效应晶体管VT的栅极,与栅极负偏压叠加,加到场效应晶体管栅极上,使场效应晶体管的漏极电流I_D产生相应变化,并在负载电阻R_1上产生压降,经C_5隔离直流后输出,在输出端得到放大了的信号电压。放大后的信号送入晶体管的基极,由晶体管放大后输出较纯净的音频信号送到耳机。

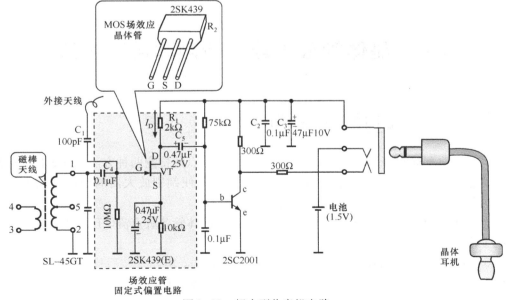

图3-42 超小型收音机电路

图 3-43 是 FM 收音机的前端电路，它是由高频放大器 VT_1、混频器 VT_3 和本机振荡器 VT_2 等部分构成的。天线感应的 FM 调频广播信号，经输入变压器 L_1 加到晶体管 VT_1 的栅极，VT_1 为高频放大器主要器件，它将 FM 高频信号放大后经变压器 L_2 加到混频电路 VT_3 的栅极，VT_2 和 LC 谐振电路构成本机振荡器，振荡信号由振荡变压器的次级送往混频电路 VT_3 的源极，混频电路 VT_3 由漏极输出，经中频变压器 IFT（L_4）输出 10.7MHz 中频信号。

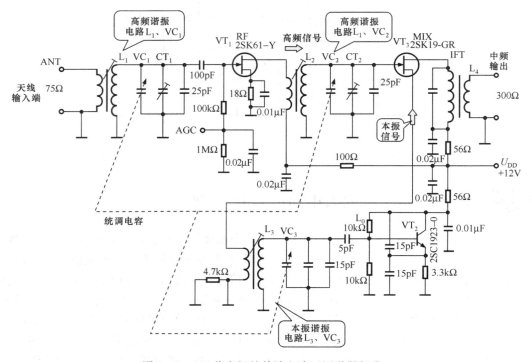

图 3-43　FM 收音机的前端电路（调谐器部分）

3.4　晶体管放大器的检测和调试方法

3.4.1　基本放大电路的检测和调试方法

放大器的检测通常分为动态信号的检测和静态工作点的检测两种方法。动态信号检测是在工作状态检测输入信号和输出信号的波形和幅度，以便判别放大器的增益（放大量）和失真，这种方法通常使用信号发生器和示波器。

静态工作点的检测是在加电的状态无信号输入时晶体管各级直流电压的检测，以判别放大器的工作状态。

图 3-44 是共发射极晶体管放大器的检测和调试方法。电路安装后检查电路元器件的安装部位和焊点，看是否有错误。测量电源供电端与接地端之间是否有短路问题，用万用表检测电源和地线之间的电阻。

共发射极放大器的调试方法如图 3-44 所示。

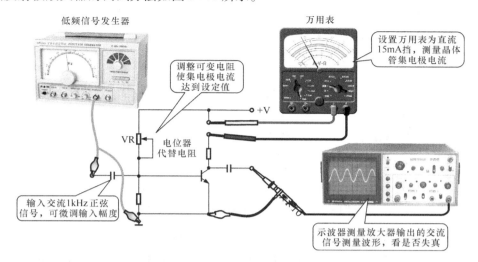

图 3-44　共发射极放大器的检测和调试方法

调试的目标是使放大器输入具有幅度变化的交流信号时，输出信号得到不失真的放大，实际上是调整最佳基极电流。该放大器对信号的不失真放大是有限度的，当输入信号幅度达到一定值时会出现如图 3-45 所示的失真，这是正常的。

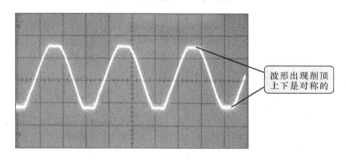

图 3-45　波形上下削顶是对称的

如果基极电流调整不当，会出现如图 3-46 所示的波形。

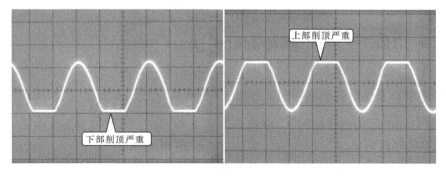

图 3-46　基极电流调整不当的输出波形

调整基极偏置电阻使输出信号波形正常时的集电极电流是放大器静态的电流值。调试后将电位器 VR 取下来，测量一下实际电阻，然后将一个等值的固定电阻器焊上，再将切断的集电极印制线断口处焊好，如图 3-47 所示。

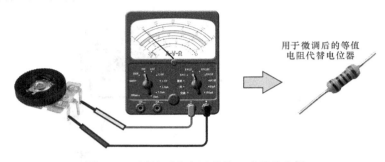

图 3-47　测量可变电阻的值、选等值电阻

共集电极放大器的调试方法如图 3-48 所示，用电位器取代放大器基极的上偏置电阻，用低频信号发生器为放大器输入 1kHz 正弦信号，将示波器探头接到放大器输出电容的一端，观测输出信号波形，调整基极偏置电位器使输出信号波形不失真，正负半轴对称。调试后用等值的电阻取代电位器。

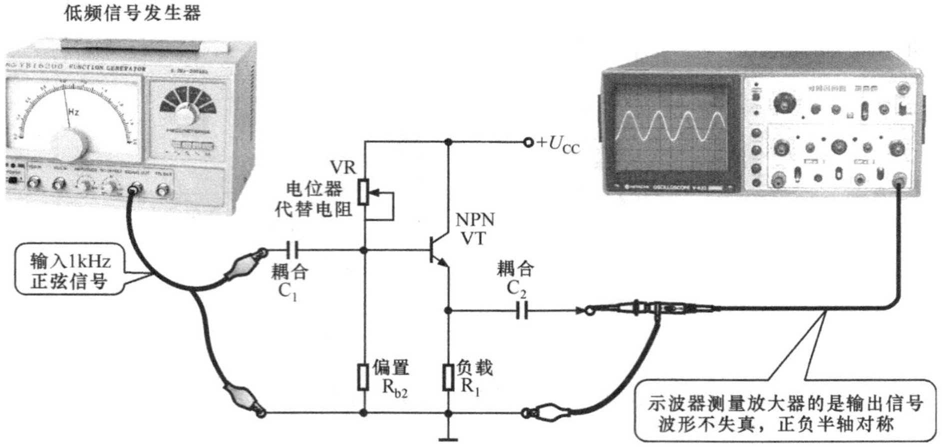

图 3-48　共集电极放大器的调试

3.4.2　专用放大器的检测和调试方法

1. AM 中频单元电路的检测和调试方法

AM 中频单元电路的调试如图 3-49 所示，它有两方面，一方面静态工作点的调整，另一方面是频率特性的调整。

静态工作点的调整是通过调整 R_1 或 R_2 的值使晶体管工作在线性区域。

频率特性的调整是通过调整中频变压器使电路的幅频特性符合整机要求。调整时用信号源为中放电路的输入端提供中频载波信号，该信号的载波频率为 465kHz，调制信号为

1000Hz 或 400Hz，将示波器和毫伏表接在中放输出，即检波电路的输出端，微调中频变压器铁芯使输出信号幅度最大且不失真。

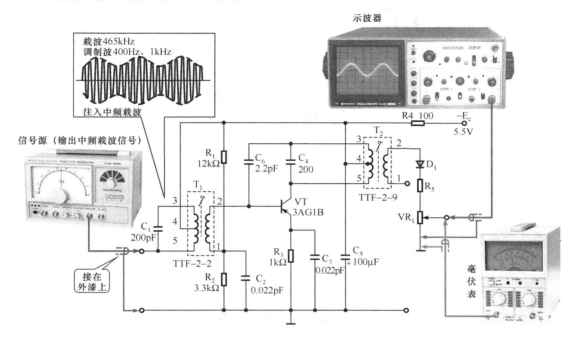

图 3-49　AM 中频单元电路的调试方法

2. FM 中放的调整方法

FM 中放的电路结构和调试仪表的连接方法如图 3-50 所示。先调静态工作点，使中放 VT_1 集电极电流为 2mA。再用扫频仪调试电路，调整中频变压器磁芯 T_1 和 T_2，使中放电路的频带中心为 10.7MHz。调整时将扫频信号输出端接到 FM 中放的输入端，FM 中放电路的输出信号再送到扫频仪的输入端。

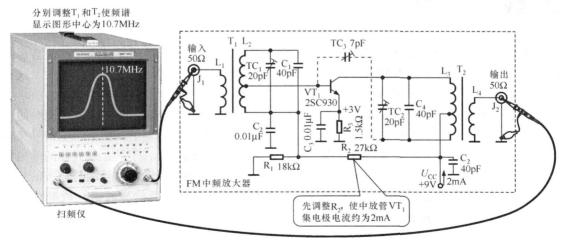

图 3-50　FM 中放的电路结构和调试仪表的连接

第 4 章

高频振荡电路

教学和能力目标：
- 了解振荡电路的功能和工作原理
- 了解振荡电路的基本结构和工作特点
- 了解晶体振荡器的结构和特点
- 熟悉实用振荡电路的结构和应用环境

4.1 振荡电路的基本功能和工作原理

高频振荡电路是产生高频信号的电路，这种电路在广播节目的发射和接收系统、电视节目的发射和接收设备、卫星广播和通信设备及移动通信设备中是不可缺少的单元电路。在不同的设备中高频振荡电路的结构、使用的元器件和所产生的振荡信号频率也是不同的，下面主要介绍一下振荡电路的基本结构、种类特点和工作原理。

4.1.1 振荡现象

在使用音响系统的场合，如报告会或卡拉OK厅，若扬声器音量调整过强，往往会出现啸叫的现象，这是因为扬声器的声音又传到扬声器中作为输入信号，形成了循环放大，这种啸叫现象就是振荡现象。振荡的产生现象如图4-1（a）所示，信号的振荡过程如图4-1（b）所示。从图4-1（b）所示的电路图中可知，扬声器将声波变成的电信号是很弱的信号，将它送到放大器中进行放大，放大后的信号驱动扬声器。扬声器的功能是将电信号又转换成声波，如果此时声波又送到扬声器，相当于增强了输入的信号，于是，放大器的输出信号也进一步增强。这样，反复循环就形成了非常强的振荡，相当于输出信号端与输入信号端之间形成了一个信号传输通道，只有通过改变扬声器的方向（切断信号通道）或减少放大器的增益，才能消除振荡。

第 4 章 高频振荡电路

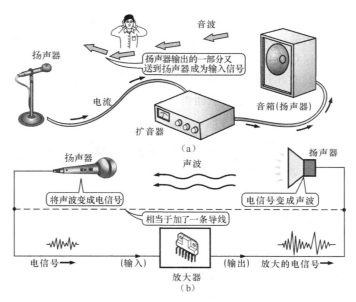

图 4-1 振荡的产生及信号的转换

4.1.2 振荡电路工作原理

根据上述的振荡现象，利用放大器可以制成振荡器，将放大器的输出通过正反馈电路送到输入端，使输入的信号有增强作用就能形成振荡电路，振荡电路的工作原理如图 4-2 所示。

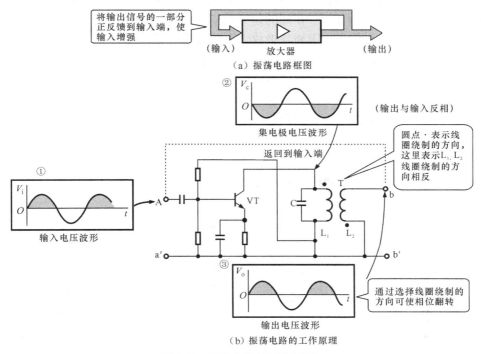

(b) 振荡电路的工作原理

图 4-2 振荡电路的工作原理

图 4-2 所示的电路主体是一个共发射极放大器,基极输入信号与集电极输出信号的相位是相反的。在放大器的输出端设置一个变压器,通过线圈 L_1 和 L_2 的绕制方向可以使变压器 T 的输出信号反相,这样就可以将变压器 T 的输出反相送到放大器的输入端,输入信号和反馈的信号相位相同就能起到信号增强的作用,从而形成振荡。在变压器的一次侧线圈上并上电容 C 就可以形成 LC 并联谐振,从而可以起到选频的作用。

4.2 振荡器的组成及振荡条件

4.2.1 振荡器的组成

我们知道,对于一个放大电路来说,有外加输入信号才可能有输出信号,没有外加输入信号就不可能有输出信号。但是,如果由于某种原因使放大电路在没有外加输入信号的情况下也有输出信号,那么就说这个电路产生了"自激振荡",简称"振荡",该电路称为"振荡电路",可见振荡电路是由放大电路转换而来的。为了说明这种转换,我们以图 4-3 为例做一简要说明。

图 4-3 是典型的小信号调谐放大电路,当在输入端 a、b 间加一输入信号 u_i 时,放大后在输出端 a′、b′间将得到一输出信号 u_o。调整放大器的增益或中频变压器 T 的匝数比和极性,总可使电路 a′、b′间的输出波形与 a、b 间的输入波形完全一样(即幅度相等、相位相同)。设想此时以极快的速度自 a、b 两点切断输入信号(u_i),而将 a、b 转接到 a′、b′上,就构成了图 4-4 的形式。由于 a′、b′间的信号与切换前 a、b 间的信号完全相同,理所当然得到与切换前一样的输出信号,因而就把放大电路转换成了振荡电路。

综上所述,振荡电路至少由两部分组成:一是要有一个具有选频特性的放大电路,二是要有一个具有正反馈性质的反馈网络。图 4-5 是正弦波振荡电路框图。由图可知,若没有反馈网络 F,就没有反馈信号 u_f,放大电路就无输入信号,当然也就无输出信号。同样,若无放大电路 A,也无输出信号 u_o,因而也就无反馈信号了。

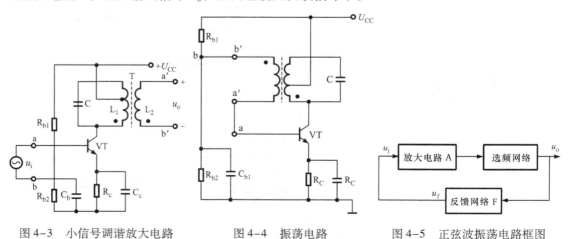

图 4-3 小信号调谐放大电路   图 4-4 振荡电路   图 4-5 正弦波振荡电路框图

4.2.2 振荡条件

实际上，任何振荡电路并不需要借助外部信号源激励，完全可以自动振荡起来。比如通电瞬间的电冲击，虽然它不是正弦信号，但它是由很多不同频率的正弦信号组合而成的。这些不同频率的正弦信号在放大和反馈过程中通过选频网络（图4-2中LC网络），只有其中一个频率（等于选频网络的谐振频率）的信号幅度最大且满足正反馈的相位条件。这个频率的信号再经过放大，输出信号会比原来更大，如此往复反馈、放大，信号的幅度越来越大，振荡就建立起来了。显然，在振荡的建立过程中，反馈信号的振幅必须大于前一次输入信号的振幅，即 $u_f > u_i$。由图4-5可知 $u_f = F u_o = AF u_i$，从而可得振荡电路的起振条件为

$$AF > 1$$

上式中的 AF 包括选频网络的传输系数。

电路起振后，信号不断增大，晶体管将逐渐工作到非线性区，放大能力减小。若再继续增大输入信号，输出幅度增加很少。当满足 $AF = 1$ 时，就得到了稳定的振荡输出，这时 $u_f = u_i$，说明振荡达到了平衡。所以振荡的振幅平衡条件是

$$AF = 1$$

前面已提到过振荡电路的相位平衡条件，即必须具有正反馈网络。相位平衡条件是电路振荡的必要条件，因此判断一种电路是否是振荡器，首先要判断它是否要满足相位条件，即是否是正反馈。

4.3 LC正弦振荡电路

以LC谐振回路作为选频网络的振荡电路称为LC正弦振荡电路，它可分为两种不同的类型，即互感耦合式振荡电路和三点式振荡电路。

4.3.1 互感耦合LC振荡电路

1. 共射互感耦合LC振荡电路

图4-6是互感耦合振荡电路。由图可知，选频回路是LC并联谐振回路，它接在晶体管的集电极作为集电极负载。L_f 与 L 通过互感耦合，并将耦合信号（L_f的信号电压 u_f）送到放大器的输入端。图中 R_b 是直流偏置电阻，用于建立静态工作点；C_b 起隔断直流并保证反馈信号送到基极的作用。

由图4-6可知，根据互感线圈同名端的含义，反馈网络接法满足正反馈的相位条件，即满足振荡的必要条件。要使这种电路起振还必须满足起振条件，即 $AF > 1$，而这个条件是很容易满足的，因而该电路能振荡，其振荡频率为

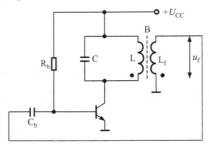

图 4-6 互感耦合振荡电路的典型结构

$$f_0 = \frac{1}{2\pi\sqrt{LC}}$$

调整 L 或 C 的大小，可改变谐振频率。

由于振荡器的技术指标在很大程度上取决于负载品质因数 Q_L，因而 L 和 C 的选择要统筹考虑。

2. 共基互感耦合振荡电路

图 4-7（a）为共基互感耦合振荡电路，它就是某些收音机中的本振电路；图 4-7（b）是它的交流通路。

从图 4-7 可以看出，它与图 4-6 的不同之处有两点：一是调谐回路置于反馈网络中；二是反馈信号由发射极馈入，基极交流接地。由于调谐回路移到了发射极与地之间，使可变电容的动片接地，从而减少人体的感应和分布电容的影响。

下面简要介绍图中各元件的作用和工作原理。

图中 R_{b1}、R_{b2} 和 R_E 是为晶体管提供直流偏置而设置的，调整 R_{b1} 可改变直流工作点。C_B 和 C_E 的值较大，对高频信号可视为短路，因而对交流信号而言，基极是直接接地的，可见是共基电路。图 4-7 中 C 是频率低端补偿电容，在大多数情况下，还在它的两端并接一小电容 C_P（如图中虚线所示）作为高端补偿。这种电路的谐振频率为

$$f_0 = \frac{1}{2\pi\sqrt{\dfrac{(C+C_P)\cdot C_D}{C+C_P+C_D}}}$$

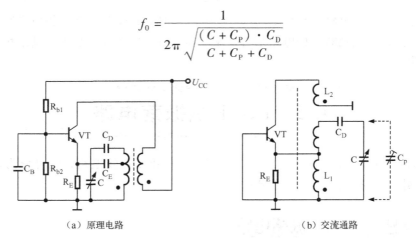

（a）原理电路　　　　　　　　　　（b）交流通路

图 4-7 共基互感耦合振荡电路

4.3.2 三点式振荡电路

1. 电感三点式振荡电路

图 4-8 是电感三点式振荡电路，其中图 4-8（a）是原理电路，图 4-8（b）是交流通路。由图可以看出电感 L_1 和 L_2 的三个引出端直接与晶体管的三个电极相接，故称为电感三点式。其谐振频率为

第 4 章 高频振荡电路

$$f_0 = \frac{1}{2\pi\sqrt{LC}}$$

式中 $L = L_1 + L_2 + 2M$，M 是两线圈的互感。与互感耦合式振荡电路不同的是，这里反馈电压取自 L_1 和 L_2 的分压。图 4-8 中 R_{b1}、R_{b2} 和 R_E 构成分压偏置电路；C_B 和 C_E 的值很大，对信号视为短路。

为了说明该电路是否能振荡，首先要看它是否满足正反馈相位条件。在图 4-8（a）中，假定某一时刻，晶体管基极有一正的跳变（图中用 ⊕ 表示），经放大倒相后，集电极（即 c 点）将有一负的跳变（用 ⊖ 号表示），而 e 端相对于 c 端为正向变化，b 端相对于 e 端又为正向变化，从而加强了基极的变化，所以是正反馈，即满足相位条件，可能产生振荡。

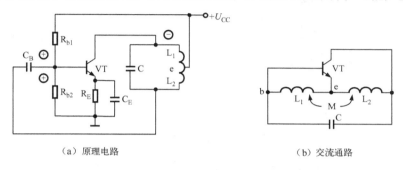

（a）原理电路　　　　　　　　（b）交流通路

图 4-8　电感三点式振荡电路

图 4-9 是实用电感三点式振荡电路。它与图 4-8 的主要不同之处在于接地点不同。

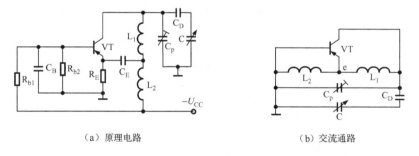

（a）原理电路　　　　　　　　（b）交流通路

图 4-9　实用电感三点式振荡电路

图 4-8 是发射极接地，因而是共射接法；图 4-9 是基极接地，因而是共基接法。从两者的交流通路看，若将图 4-9（b）中的 C、C_D 和 C_P 等效成一个电容，那它们就是完全相同的。这种电路的谐振频率为

$$f_0 = \frac{1}{2\pi\sqrt{\left(C_P + \dfrac{C \cdot C_D}{C + C_D}\right)L}}$$

2. 电容三点式振荡电路

图 4-10（a）是电容三点式振荡电路，图 4-10（b）是它的交流通路。由图可知，振荡回路的两个电容 C_1 和 C_2 的三个引出端交流分别接到晶体管的三个电极上，故称为电容三

点式。

为了说明这种电路是否满足相位条件，同样我们用瞬时极性法判断。假定基极有一正向变化，经放大倒相后，集电极为负向变化，则电感 L 的另一端 b 点相对于 c 点为正向变化，它加强了基极的正向变化，因而是正反馈，满足相位条件，其振荡频率为

$$f_0 = \frac{1}{2\pi \sqrt{\dfrac{C_1 \cdot C_2}{C_1 + C_2} L}}$$

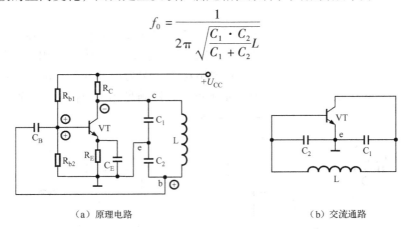

（a）原理电路　　　　　　　　（b）交流通路

图 4-10　典型电容三点式振荡电路

图 4-11 和图 4-12 是实用电容三点式振荡电路，它们与图 4-10 的区别在于电感支路的构成不同。图 4-10 中仅用一个电感构成电感支路；图 4-11 是用 LC 相并，再与 C_3 相串构成该支路；而图 4-12 则是用 L 和 C_3 相串接构成该支路。显然，为了满足相位条件，图 4-11 中 LC 相并后再与 C_3 相串的阻抗特性必须呈感性。当 C_1 和 C_2 的值都远大于 C_3 的值时，其谐振频率为

$$f_0 \approx \frac{1}{2\pi \sqrt{L(C + C_3)}}$$

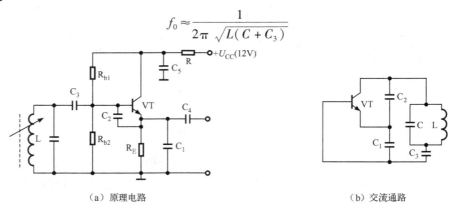

（a）原理电路　　　　　　　　（b）交流通路

图 4-11　实用电容三点式振荡电路

在图 4-12 中，L 和 C_3 相串联后也必须工作在感性区。当满足 C_1 和 C_2 的值远大于 C_3 的值时，其谐振频率为

$$f_0 = \frac{1}{2\pi \sqrt{LC_3}}$$

图 4-11 所示电路就是著名的"西勒电路"，而图 4-12 所示的电路也称"克拉泼"电路。

第 4 章 高频振荡电路

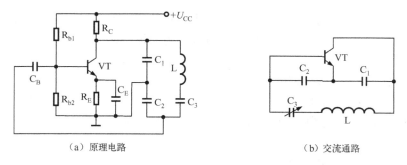

（a）原理电路 　　　　　　　（b）交流通路

图 4-12　克拉泼电路

3. 振荡器的检测和调试方法

振荡器的调试是使振荡器的振荡频率符合产品要求，主要调整电路是谐振电路中的电感或电容。调试方法如图 4-13 所示，将振荡器的输出接到频率计数器和示波器上。调整电感或电阻时监测输出信号波形和频率计数器的显示数字，通过调整使波形和频率满足产品的要求。

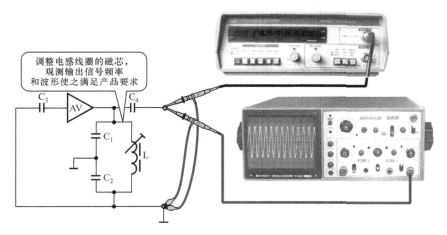

图 4-13　振荡器的调试方法

4.4　石英晶体振荡电路

4.4.1　石英晶体谐振器的特性

石英晶体的主要特性是压电效应。所谓压电效应是指：若在它的两极板上施加一个电场，晶片就发生相应的机械变形；相反，如果施以机械力又会在相应的方向产生一个电场；而如果在晶片上施以交变电压，就会产生机械变形振动和交变电场。但是在一般情况下，这种机械变形振动及其引起的电场,其振幅都很小,只有当外加交变电压的频率等于晶片的固有频率时,振幅才突然变大,我们称这个固有频率为晶体的谐振频率。

石英晶体谐振器的电路符号如图4-14(a)所示。如果用LC回路的谐振现象来等效,则石英谐振器等效电路如图4-14(e)所示。图中各等效参数都具有一定的含义,如C_0表示静态时两极板间的静态电容(数值一般为几皮法到几十皮法);L和C分别等效晶体振荡时具有的一定惯性和弹性;R表示振动时内摩擦造成的损耗,一般为数百欧姆。

由于石英晶体的等效电感很大(通常为$10^{-3} \sim 10^2 \text{H}$),而等效电容和电阻又很小,因而其Q值极高(可达$10^4 \sim 10^6$),这是任何LC谐振回路不能相比的。

从图4-14(e)的等效电路可以看出,石英晶体谐振器有一个串联支路(电阻很小,忽略)形成的串联谐振频率f_s,即

$$f_s = \frac{1}{2\pi\sqrt{LC}}$$

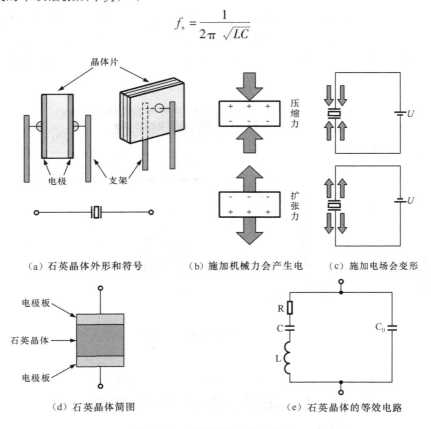

(a) 石英晶体外形和符号　　(b) 施加机械力会产生电　　(c) 施加电场会变形

(d) 石英晶体简图　　　　　　　　(e) 石英晶体的等效电路

图4-14　石英晶体和压电效应

还有一个由C_0参与的并联谐振频率f_p,即

$$f_p = \frac{1}{2\pi\sqrt{LC'}}$$

式中$C' \approx \dfrac{C_0 C}{C + C_0}$,由于C很小,因此$C'$略小于C,而$f_p$只略大于$f_s$。当工作频率小于串联谐振频率$f_s$或大于并联谐振频率$f_p$时,电路都呈容性,只有当$f_s < f < f_p$时,整个电路才呈感

第4章 高频振荡电路

性，即这时谐振器相当于一个电感，且感抗随频率的变化很大。并联晶体振荡器正是工作在这一频率范围内。

4.4.2 石英晶体正弦波振荡电路

石英晶体正弦波振荡电路主要分并联型和串联型两类。

1. 并联型晶体振荡电路

图 4-15（a）是典型的并联型晶体振荡电路，图 4-15（b）是它的等效电路，且石英晶体也用其等效电路代替。由图可知，它是一个改进的电容三点式振荡电路。为使电路谐振，晶体必须运用在感性区，因此，电路的工作频率应在 f_s 和 f_p 之间。

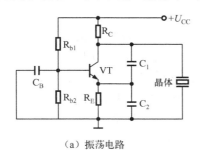
（a）振荡电路

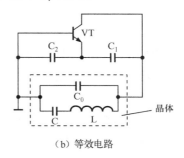
（b）等效电路

图 4-15　并联型晶体振荡电路

如果将 C_0 并入 C_1 和 C_2 的支路中，则其振荡频率为

$$f_0 = \frac{1}{2\pi\sqrt{\frac{C'_0 C}{C'_0 + C} \cdot L}}$$

式中 $C'_0 = C_0 + \frac{C_1 \cdot C_2}{C_1 + C_2}$。

由于 C_1 和 C_2 较大，因此 f_0 大于 f_s 而接近于 f_p。

2. 串联型晶体振荡电路

图 4-16 是串联型晶体振荡器的原理电路。石英晶体接在 VT_1、VT_2 组成的正反馈电路中，当工作频率等于晶体的串联谐振频率 f_s 时，晶体阻抗最小，且为纯电阻性，这时正反馈最强，相移为零，电路满足正反馈条件；而对于 f_s 以外的其他频率，晶体的阻抗增大，且还有相移存在，不满足正反馈的相位条件，因此串联型晶体振荡频率等于 f_s。调节 R 可改变正反馈的强弱，以便获得良好的正弦波输出，但 R 不能过大，否则使反馈量过小，满足不了振幅条件，不能起振；同时 R 又不能过小，R 过小，将使反馈量过大，造成输出波形失真，甚至可能得不到正弦波。

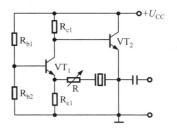

图 4-16　串联型晶体振荡电路

4.5 RC正弦波振荡电路

LC振荡电路只适合振荡频率较高的场合,对于频率较低的情况,一般用RC作为振荡器。RC振荡器是以电阻R、电容C作为选频和反馈元件的振荡器。

RC振荡器主要分两类,即移相式振荡器和桥式振荡器。

4.5.1 移相式振荡器电路

图4-17是移相式振荡器电路原理图,图中虚线右边是一共射放大电路,左边是由三节形式相同的RC电路组成的选频网络。

为了说明RC电路是如何实现选频的,我们把如图4-17所示的RC电路取一节,如图4-18所示。因为电阻R两端的电压与通过它的电流是同相的,所以电容C中的电流都超前它两端电压90°。当RC两端的输入信号u_1的频率很低时,电容的容抗远大于电阻的阻值。R对电流的影响可以忽略,于是电流超前u_1 90°,电阻两端的电压也超前u_1接近于90°,但幅度很小;反之当u_1的频率很高时,C的作用可以忽略,相当于u_1直接加在R的两端,$u_2 = u_1$,相位也基本相同。不难想象,如果u_1的频率适中,那么u_2的相位超前的角度为0~90°,与频率有关。

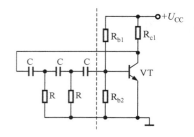
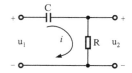

图4-17 RC移相式振荡电路   图4-18 RC电路特性

由此可以看出,只要有三节这样的RC电路,便可对某一频率的u_1移相180°。而如果把这样的三节电路作为反馈网络连接在电路中,如图4-17所示,便可能满足正反馈的相位条件,而这个频率就是振荡频率。

移相式振荡器的振荡频率不仅与每节的R和C的取值有关,而且还与放大电路的负载电阻R_C和输入电阻R_i有关。通常为了设计方便,总是使每节的R和C完全一样,且令$R_C = R$,$R \gg R_i$。当满足这些条件后,移相振荡器的振荡频率为

$$f_0 = \frac{1}{2\sqrt{6}\pi RC}$$

而为了满足起振条件,晶体管的β值必须大于或等于29(这个条件很容易满足)。β越大,起振越容易。

移相式振荡器的优点是电路简单;主要缺点是频率调节困难,波形失真大。

4.5.2 桥式振荡电路

图 4-19 是典型的桥式振荡电路，它是用 RC 串/并连接网络作为选频反馈回路的。为了说明该电路能否产生正弦波振荡，我们首先分析 RC 串/并电路的频率特性。

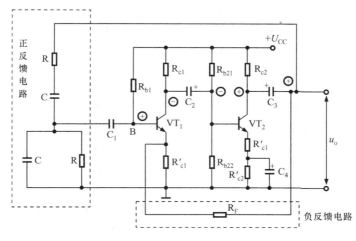

图 4-19 RC 桥式振荡电路

1. RC 串/并电路的频率特性

图 4-20（a）是 RC 串/并电路，u_i 为输入电压（对 RC 串/并电路而言），u_o 为输出电压。图 4-20（b）、（c）为反映 u_o 与 u_i 幅度相对大小与输入信号频率 f 之间关系的曲线（称幅频特性），以及 u_o 与 u_i 相位差大小与信号频率之间的关系曲线（称相频特性）。

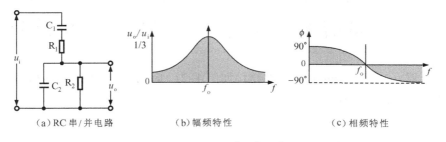

（a）RC 串/并电路　　（b）幅频特性　　（c）相频特性

图 4-20 RC 串/并电路

幅频特性表明 RC 串/并电路具有选频能力，这是因为电容的容抗是频率的函数，因而，当 u_i 的幅度固定，仅改变信号频率时，u_o 的幅度也随频率的改变而不同。当 $f=0$ 时，C_1 相当于开路，$u_o=0$；f 增大，C_1 容抗减小，出现电流 i，u_o 不等于零，即有输出，且随着 f 进一步增大，u_o 也增大。但由于 C_2 的容抗也随 f 升高而减小，因此，当 f 增大到某个值后，若继续增大 f，这时 u_o 反而下降；当 $f \to \infty$ 时，$u_o=0$。显然，在频率 u_i 从 0 变化到 ∞ 这段时间，u_o 的幅度经历了一个从无到有，再从有到无的过程，这中间存在一个幅度最大的频率点，这个频率就是振荡频率 f_0，它近似为

$$f_0 = \frac{1}{2\pi\sqrt{R_1 C_1 R_2 C_2}}$$

当 $R_1 = R_2 = R$、$C_1 = C_2 = C$ 时,上式可简化为

$$f_0 = \frac{1}{2\pi RC}$$

图 4-20（c）所示的相频特性说明：当 u_i 的频率为零时，u_o 超前 u_i 90°；当 u_i 的频率趋于∞时，u_o 滞后 u_i 90°；只有当 $f=f_0$ 时，u_o 才与 u_i 同相。综上所述，RC 串/并电路在特殊频率点上具有输出与输入同相且输出幅度最大（等于输入幅度的 1/3）的特点。

2. 桥式振荡电路的振荡条件

由前面的分析可知，RC 串/并电路具有与 LC 回路相似的频率特性，但是它却不能像 LC 回路那样用于单管放大器中构成正弦波振荡器，只能用于两级共射放大电路中，如图 4-19 所示。这是因为一级放大电路输入与输出只有 180°相移，两级共射电路才可能产生 360°的相移，而作为反馈网络的 RC 串/并电路，当 $f=f_0$ 时，输入与输出同相（即不产生相移）。因此为正反馈，满足相位平衡条件。

关于振幅平衡条件，由图 4-19 可知，假定两级放大器的总电压增益为 A_u，根据 $AF=1$，由于当 $f=f_0$ 时，$F=u_o/u_i=1/3$，因此，满足振幅平衡条件的 A_u 为

$$A_u = \frac{1}{F} = 3$$

而起振条件是 $A_u > 3$，这是不难达到的。

为了使放大器起振后 $A_u = 3$，则需要在电路中引入较大的负反馈。图中 R_F 是负反馈电阻，属电压串联负反馈。它使放大器的输入电阻提高，输出电阻降低，从而削弱放大器对选频回路的影响。

4.6 多谐振荡器（脉冲信号产生电路）

多谐振荡器（Moltivibrator）的电路结构如图 4-21 所示，它是由放大器和耦合电路构成的，是一种具有正反馈的振荡电路。

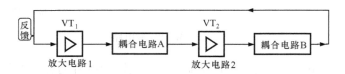

图 4-21 多谐振荡器的构成

多谐振荡器在脉冲和数字电路中使用得非常多，广泛使用在脉冲信号的产生和整形电路中。它主要有以下三种。

① 非稳态多谐振荡器：耦合电路 A、B 都是由电阻和电容构成的。
② 双稳态多谐振荡器：耦合电路 A、B 都是由电阻构成的。
③ 单稳态多谐振荡器：耦合电路 A 是由电容构成的，耦合电路 B 是由电阻构成的。

4.6.1 非稳态多谐振荡器

非稳态多谐振荡器在电子设备中使用很多，广泛用于脉冲信号产生电路，其工作原理如图4-22所示。由图可知，两个晶体管VT_1和VT_2之间用耦合电路A以C_2R_2的方式连接起来。将VT_2的输出通过耦合电路B（C_1R_1）送到VT_1的输入端形成正反馈，这样就形成了振荡器电路。

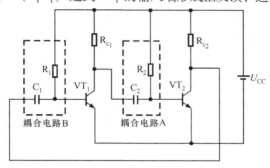

图4-22 非稳态多谐振荡器

下面介绍它的工作原理。将图4-22中的晶体管VT_1用一个开关S_1代替，省去从VT_2到VT_1的耦合电路B（C_1、R_1），就变成了图4-23。

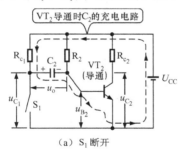 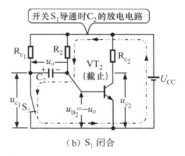

（a）S_1断开　　　　　　　　（b）S_1闭合

图4-23 多谐振荡器的工作原理

图4-22（a）是开关S_1断开的情况，VT_2的基极由电源通过R_2加上正的电压，使VT_2导通。此时，电路中的虚线是给电容C_2充电的电流。

然后使开关S_1闭合，如图4-22（b）所示。由于此时电容C_2上已充电，电压为u_0，所以在开关闭合的瞬间相当于给VT_2的基极加上了负电压，使VT_2截止。图4-22（b）中的虚线方向是电容C_2的电荷放电的方向，接着VT_2的基极电压由负向正变化，然后再次使VT_2导通。

上述过程反复进行，就得到如图4-24所示的波形。

由图4-24可知，VT_2导通时，将开关S_1闭

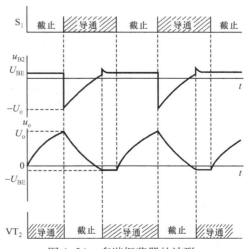

图4-24 多谐振荡器的波形

合，VT_2 必然变成截止，电容 C_2 的放电完成后 VT_2 又自动变成导通状态。

相反，将 VT_2 用开关代替，取消耦合电路 A（C_2R_2），VT_1 与耦合电路 B 连接形成电路。当 VT_1 导通时，使开关接通的瞬间 VT_1 截止。当 C_1 放电完成时，VT_1 又自动变为导通状态。

再回到多谐振荡电路，图 4-23 所示的开关实际上就是晶体管和耦合电路，它变成了自动通断的状态。

上述过程可用图 4-25 来说明。由图可知，VT_1 截止时，VT_2 导通，电流通过 R_1、C_1，VT_1 导通时，充电的 C_1 开始放电。然后给 C_1 反向充电，u_{B1} 电压变正，VT_1 变为导通。于是 u_{C_1} 接近 0，使 VT_2 的基极变负，VT_2 又变为截止。这样 VT_1 和 VT_2 交替导通和截止，形成振荡状态，其波形如图 4-26 所示。

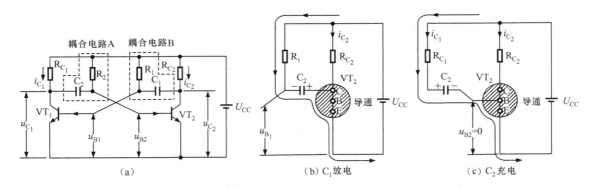

图 4-25　多谐振荡器的振荡过程

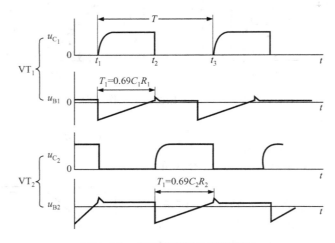

图 4-26　多谐振荡器的振荡波形

在图 4-25（a）中，如果 $R_1=R_2$，$C_1=C_2$，$R_{C_1}=R_{C_2}$ 时，u_{B1}、u_{C_1} 和 u_{C_2} 的波形相同，相位差 180°。

图 4-26 中的周期 T_1 和 T_2 可由下式求得：

$T_1 \approx 0.69 C_1 R_1$（常数 0.69 是电容的电荷变为 0 时计算时间求得的值）

$T_2 \approx 0.69 C_2 R_2$

第 4 章 高频振荡电路

因而重复周期 $T = T_1 + T_2 = 0.7(C_1R_1 + C_2R_2)$

电路实例：图 4-24 中设 $C_1 = 0.01\mu F$，$C_2 = 0.02\mu F$，$R_1 = R_2 = 100k\Omega$，求输出脉冲 u_{C_1} 的重复周期 T。

解：$T_1 = 0.69C_1R_1$
$= 0.69 \times 0.01 \times 10^{-6} \times 100 \times 10^3$
$\approx 0.7 \times 10^{-3}s = 0.7ms$

$T_2 = 0.69C_2R_2$
$= 0.69 \times 0.02 \times 10^{-6} \times 100 \times 10^3$
$\approx 0.7 \times 2 \times 10^{-3}s = 1.4\ ms$

重复周期 $T = T_1 + T_2 = 2.1ms$

4.6.2 双稳态电路

所谓双稳态是指其输出有两个稳定状态，且在输入信号作用下，可以从一个稳定状态转换到另一个稳定状态。

1. 电路的组成

双稳态电路如图 4-27（a）所示。它由两个对称的共射放大电路构成，且其集电极与基极之间经 R_{11} 和 R_{12} 相互交叉耦合。若把图 4-27（a）改成图 4-27（b）的形式，就能清楚地看出双稳态电路实质上是一个闭环的两级直流放大器。放大器的第二级输出直接反馈到第一级的输入端，根据反馈类型的判别方法可知，它是一个正反馈电路。通常电路中的两个放大器是对称的，即 $R_{11} = R_{12}$，$R_{21} = R_{22}$，$R_{C_1} = R_{C_2}$，VT_1 和 VT_2 参数也相同。

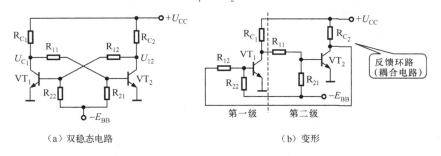

（a）双稳态电路　　　　　　　　（b）变形

图 4-27　双稳态电路

2. 电路的两个稳定状态

如图 4-27（a）所示触发器电路接通电源之后，晶体管 VT_1 和 VT_2 都将导通，于是它们的集电极电流 i_C 增加，集电极电压 u_C 下降，从而使对方晶体管的基极电压 u_B 下降。但是，由于电路不可能完全对称，因此，两个晶体管的集电极电流也就不完全相等，即 $i_{C_1} \neq i_{C_2}$。

如果 $i_{C_1} > i_{C_2}$，则 i_{C_1} 的增加将引起下列正反馈过程：

$$i_{C_1} \uparrow \to u_{C_1}(\approx U_{CC} - R_{C_1}i_{C_1}) \downarrow \to u_{B2} \downarrow \to i_{C_2} \downarrow \to u_{C_2}(\approx U_{CC} - R_{C_2}i_{C_2}) \uparrow \to u_{B1} \uparrow$$

这一正反馈过程将迅速使 i_{C_1} 达到最大，从而导致 VT$_1$ 饱和，$u_{C_1} = U_{CES1}$（饱和压降）= 0.3V，$u_{B2} < U_{CES1}$，故 VT$_2$ 管截止，电路进入稳定状态。若无外界影响，电路将维持在这一状态不再变化。

同理，如果 $i_{C_1} < i_{C_2}$，则 i_{C_2} 的增加将引起与上述类似的正反馈，而使 VT$_2$ 饱和 VT$_1$ 截止，电路又将稳定在此状态上且不再改变。

综上所述，触发器既具有 VT$_1$ 饱和且 VT$_2$ 截止这样一种稳定状态，又具有 VT$_1$ 截止且 VT$_2$ 饱和的另一种稳定状态。利用触发器不同的两种稳定状态，就可以反映某事物的两种不同状态，起着记忆的作用。

4.7 实用电路——"钟声"效果发生器的电路及制作

"钟声"效果发生器电路如图 4-28 所示。

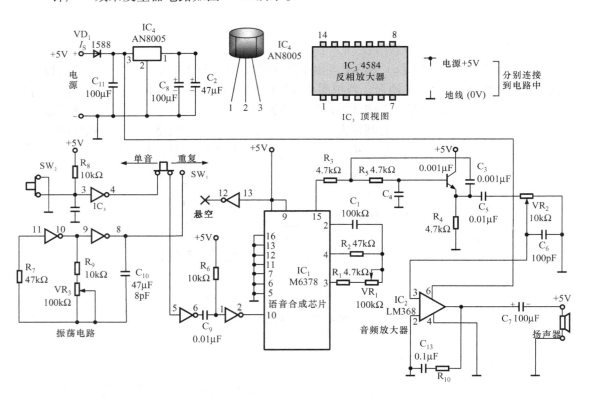

图 4-28 "钟声"效果发生器电路

"钟声"电路主要元器件外形如图 4-29 所示。

电装焊接方法如图 4-30 所示。

第4章 高频振荡电路

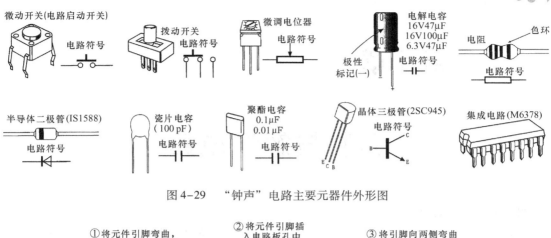

图4-29 "钟声"电路主要元器件外形图

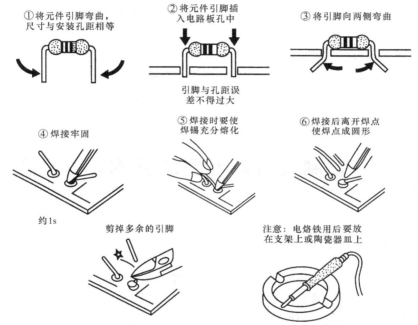

图4-30 电装焊接方法

第5章

调制与解调电路

教学和能力目标：
- 在通信和广播信号的发射和接收系统中信号的调制和解调是不可缺少的环节；应了解调制和解调电路的基本功能和特点
- 了解调制电路的种类和特点及应用环境
- 掌握调幅（AM）信号的特点及检波电路的结构和原理
- 掌握调频（FM）信号的特点及鉴频电路的结构和原理
- 了解数字调制电路的功能和特点

5.1 调制与解调电路的基本功能特点

5.1.1 信号的调制与发射

通信和广播的主要任务是传输电视节目、音乐和数据等。需要传输的这些信息不能直接通过天线传输出去，原因主要有两方面：

一是语言和图像信号的频率低传输的距离有限，发射天线的尺寸太大；

二是大家都把自己需要的声音和图像信号发射到天空中去会形成严重的互相干扰而无法正常地传输。

如果我们用不同频率的高频信号作为这些低频信号的运载工具，就能使低频信号的传送和干扰问题迎刃而解。高频信号（大于500kHz）容易发射，能量耗损小，而且所需天线较短，是理想的运载工具。把低频信号附加在高频信号上，然后将含有低频信号特征的高频信号再发射出去，以达到利用高频信号运载低频信号的目的。将低频信号附加在高频信号上的过程称为调制。被附加上的低频信号称为调制信号或调制波；运载低频信号的高频等幅正弦信号称为载波信号或载波；经调制后的高频信号称为已调波信号或已调波。

在接收端，天线接收到高频已调波信号后，通过解调器取出低频调制信号。将调制信号从已调波信号中取出来的过程称为解调。

调制与发射，有如人们外出旅行，首先要选择运载工具，是乘火车还是坐飞机，通过运载工具将我们运输到目的地。调制和发射的过程如图5-1所示。

第 5 章 调制与解调电路

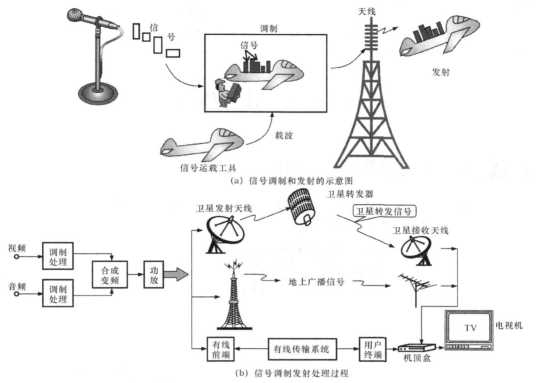

(a) 信号调制和发射的示意图

(b) 信号调制发射处理过程

图 5-1 调制和发射的过程

5.1.2 信号的接收与调制

信号的接收与解调的过程如图 5-2 所示，通常广播电台、电视台发射的信号内容很多，

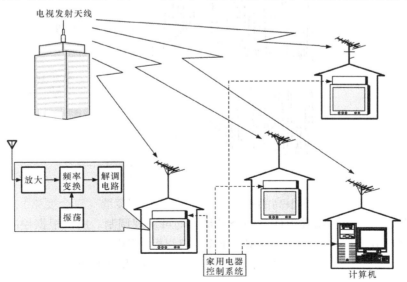

图 5-2 信号的接收与解调过程

有调幅、调频广播节目及电视节目。为了便于接收,防止互相干扰,这些信号都采用不同的载波频率和不同的调制方法,在接收设备中要采用相应的解调电路,解出所需要的节目内容。因而调制发射电路和接收解调电路是相互对应的。

5.2 调制的种类

5.2.1 调制的种类及其信号波形

常用的调制方式有幅度调制(简称调幅)、频率调制(调频)和相位调制(调相)等方式。各种方式的信号波形比较如图 5-3 所示。

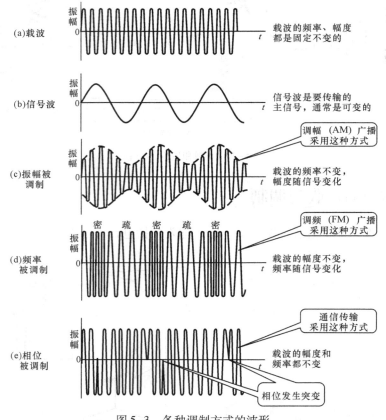

图 5-3 各种调制方式的波形

载波实际上就是一个频率很高的正弦波,它有三个电参量(三个要素),即振幅、频率和初相。用调制信号去控制其中任何一个参量,均可实现调制。所以根据控制高频信号的参数不同,调制可分为调幅(AM)、调频(FM)和调相(PM)三种方式。

对于不同形式的已调波,有不同的解调方法,因此相应的也有振幅检波、频率检波(即鉴频)、相位检波(即鉴相)等三种方式。

本节仅介绍振幅调制和解调、频率调制和解调的基本概念。

5.2.2 振幅调制（AM）

所谓振幅调制是指载波的振幅受调制信号控制，并随调制信号大小进行线性变化的一种调制，简称调幅。

通常用于调幅的调制信号是要传送的信息转换来的电信号，它可能是单一的正弦波，也可能是由声音或图像转换而来的复杂的电信号。但不管是哪种信号，其频率应远小于载波信号的频率。为了便于分析，下面用单一的正弦信号代表调制信号，如图5-4（a）所示。设调制信号的瞬时表达式为

$$u_F(t) = U_F \sin\Omega t = U_F \sin 2\pi Ft$$

式中，U_F 为调制信号的振幅；F 为调制信号的频率；Ω 为调制信号的角频率；初相为零。

同样设载波信号是初相为零的正弦波信号，如图5-4（b）所示，其瞬时表达式为

$$u_C(t) = U_C \sin\omega_C t = U_C \sin 2\pi f_C t$$

式中，U_C 为载波振幅；f_C 为载波频率；ω_C 为载波角频率。

调幅的作用就是要使载波的振幅 U_C 随调制信号 $U_{F(t)}$ 做线性变化，获得如图5-4（c）所示的调幅波 $u(t)$（已调幅信号）。调幅波包络线（即载波峰点的连线）的形状与调制信号波形一样。当调制信号 $U_{F(t)}$ 为零时，载波的振幅 $u(t)$ 仍为 U_C，已调幅波包络线的瞬时值应为

$$u(t) = U_C + au_F(t)$$

式中，a 是与调幅电路有关的一个系数。

所以已调幅波瞬时值表达式为

$$\begin{aligned} u(t) &= U(t)\sin\omega_C t = [U_C + au_F(t)]\sin\omega_C t \\ &= (U_C + aU_F\sin\Omega t)\sin\omega_C t \\ &= U_C\left(1 + \frac{aU_F}{U_C}\sin\Omega t\right)\sin\omega_C t \end{aligned}$$

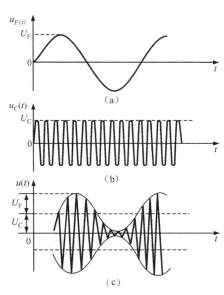

图5-4　正弦波幅度调制信号波形

上式中的 aU_F/U_C 的值是描述调幅波特征的一个重要参数，称为调幅指数也称调幅度或调制度，常用 m_a 表示，即 $m_a = aU_F/U_C$。调幅指数 m_a 越大，表明调幅波中携带的"信息"功率越大，接收机解调后得到的信号越强。但 m_a 总是小于或等于1（即 $m_a \leq 1$），超过1会造成严重失真。

虽然调幅波的包络随调制信号变化，但其载波频率并没有变化，这是调幅波的主要特点。

当然在实际应用中，调制信号并不是单一频率的信号，如语音信号和图像信号。其幅度的变化不像正弦波那样有规律，但已调幅波的包络仍将按声音或图像信号的规律变化，如图5-5所示。

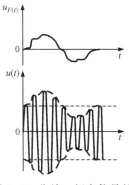

图5-5　非单一频率信号的调幅波示意图

调幅电路通常有两种，一种是基极调制电路，另一种是集电极调制电路，如图 5-6 所示。载波和信号都加到晶体管放大器的基极，从集电极负载上取得已调制的信号，就称之为基极调制电路；载波加到晶体管的基极，信号加到集电极则称为集电极调制电路。

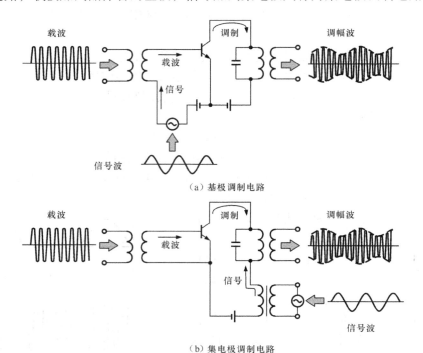

图 5-6 两种调幅电路

基极调制电路的实际电路如图 5-7 所示，调制电路各部分的信号波形如图 5-8 所示。

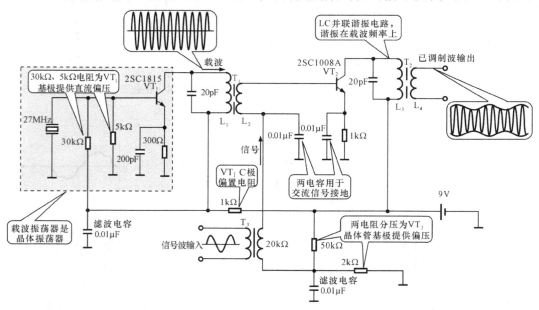

图 5-7 基极调制电路实例（AM）

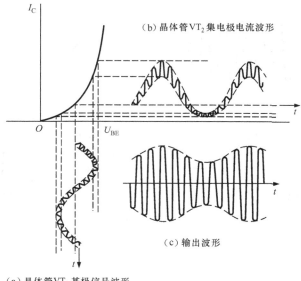

图 5-8 基极调制电路的各部分波形

5.2.3 频率调制（FM）

所谓频率调制是指载波的频率受调制信号控制，并随调制信号做线性变化的一种调制，简称调频。调频获得的已调波称调频波。

为了便于分析，我们仍假设调制信号为单一频率的正弦波，如图 5-9（b）所示，其瞬时值表达式为

$$u_S(t) = U_S \sin\Omega t = U_S \sin 2\pi f_S t$$

如图 5-9（a）所示的载波 u_C 的瞬时值表达式为

$$u_C(t) = U_C \sin\omega_C t = U_C \sin 2\pi f_C t$$

可以证明，由它们形成的调频波［如图 5-9（d）所示］的瞬时值表达式为

$$u(t) = U_C \sin\left(\omega_C t + \frac{\Delta\omega}{\Omega}\sin\Omega t\right) = U_C \sin\left(2\pi f_C t + \frac{\Delta f}{f_S}\sin 2\pi f_S t\right)$$

上式中，Δf 称为频偏，它表示调频波瞬时频率 f 与中心频率（即载波频率）f_C 的最大差值。它仅与调制信号的振幅 U_S 成正比，而与调制信号的频率 f_S 无关，即

$$\Delta f = K_f U_S$$

其中，K_f 是反映调制信号控制载波频率变化能力的比例系数，它取决于调频电路的性能。

如同在调幅波中引出调幅指数一样，在调频波中也有一个调频指数的概念。调频指数 m_f 指调频波的频偏 Δf 与调制信号频率 f_S 的比值，即

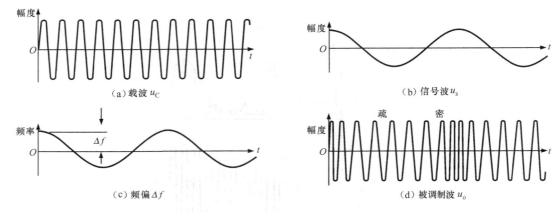

图 5-9 调频信号的波形

$$m_f = \frac{\Delta f}{f_s} = \frac{K_f U_s}{f_s}$$

由此可见，调频指数 m_f 正比于调制信号的振幅 U_s，反比于调制信号频率 f_s，而与载波频率 f_c 无关，因此前面式子可以改写成

$$u(t) = U_c \sin(2\pi f_c t + m_f \sin 2\pi f_s t)$$

与调幅指数 m_a 不同的是调频指数可以是任意值。

由图 5-9（d）可以看出，调频波的波形就像一条疏密不均的弹簧。当调制信号瞬时值为零时，调频波的瞬时频率为 f_c（即载波频率）。当调制信号瞬时值增加时，调频波的瞬时值频率随其按正比例增加。当到达正峰值时，调频波的瞬时频率最大，且 $f_{max} = f_c + \Delta f$；当调制信号从最大值向负半周变化时，调频波的瞬时频率随之减小；当调制信号为峰值时，调频波的瞬时频率最小，且 $f_{max} = f_c - \Delta f$。可见在调制信号一周内，调频波瞬时频率变化为 $2\Delta f$（以 f_c 为中心）。一般情况下（即 $m_f \gg 1$ 时），这两倍的频偏就是调频波所占据的带宽，即

$$B = 2\Delta f \qquad (m_f \gg 1)$$

频率调制方式的主要特点是：① 抗干扰能力强，这是因为一般的干扰都是使已调波的振幅发生变化（即叠加在振幅上），在调幅制中，它将与被传送的信号一起检出，而在调频制中，可由接收机的限幅器切除干扰信号，但并不丢失传送的信息内容；② 发射机功率利用率高。但是频率调制方式的最大缺点是占据的频带宽（与振幅调制比较）。

图 5-10 是一个使用压控振荡器（VCO）的频率调制电路实例。

其中，VT_2 是一个基极接地的振荡器，振荡器频率是由 LC 谐振电路决定的，谐振电路是由 L、C_1、C_2 和变容二极管 VD 的结电容构成的。当变容二极管上有一固定的反向偏压时，其结电容是一个固定值，振荡电路输出一个频率恒定的信号。

VT_1 是一个话筒信号放大器，它的基极接有一个电容式话筒（ECM）。当有声音信号时，声音信号经 VT_1 放大后，声音信号电压经耦合电容和 10kΩ 电阻加到变容二极管 VD 上，使变容二极管两端的反向偏压发生变化。于是振荡器的频率随之变化，在输出端就得到了信号频率随声音信号变化的信号，这就是调频信号。

第 5 章 调制与解调电路

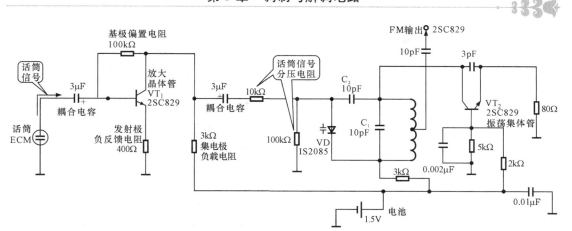

图 5-10 调频电路实例

5.3 调幅信号的检波电路

检波是指从高频调幅波中检出调制信号的过程，它是由检波器来完成的，这是收音机的基本部件。图 5-11 为检波器的输入/输出波形。

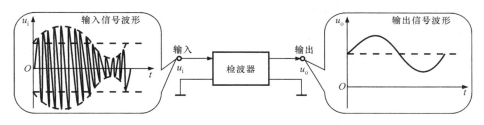

图 5-11 检波器输入/输出波形

构成检波器的核心元件是非线性器件，如半导体二极管和三极管等。根据输入信号大小的不同，二极管检波电路可分为小信号检波和大信号检波两类。

5.3.1 大信号包络检波

图 5-12 为大信号包络检波原理电路和各部分的信号波形。当加到检波器的输入调幅信号较大时（大于 0.5V），输入信号可进入二极管（锗二极管）伏安特性的直线部分，这时利用二极管导通和截止的非线性特性，检出调幅信号的包络，所以称为大信号包络检波。

图 5-12 给出了大信号检波时电容充/放电的过程。当输入高频信号为正半周时，由于电容 C 对高频阻抗很小，高频电压几乎全部加在二极管上，因此二极管导通。因为二极管导通时，其内阻很小 $r_d C$（r_d 为二极管导通时的内阻），时间常数也很小，因

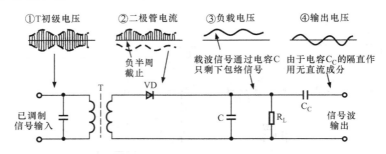

图 5-12 大信号包络检波原理

此对 C 的充电很快，使电容两端电压迅速接近输入信号的峰值。这一电压对二极管是反向电压。当输入高频信号正半周峰值逐渐减小时，只要高频信号电压小于电容上的电压，二极管就截止。电容开始向负载电阻 R_L 放电，放电电路如图 5-12 所示。由于 R_L 很大，$R_L C$ 时间常数远大于高频信号的周期，所以放电很慢，电容两端电压下降很慢。当电容上的电压下降不多时，高频载波的第二个正半周电压又超过电容上电压，二极管重新导通，电容再次充电到第二个高频信号的峰值。如此反复循环，只要适当

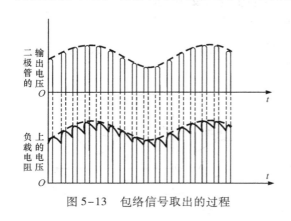

图 5-13 包络信号取出的过程

选择 $R_L C$ 和二极管 VD，使放电时间常数 $R_L C$ 足够大，充电时间常数足够小（$R_L C \gg r_d C$），就可使电容两端电压（即输出电压 u_o）的幅度与输入电压幅度相当接近，即输出电压 u_o 跟随高频信号的峰值变化。

当输入为调幅波时，输出端便得到近似于调幅波包络线的输出电压，这就是包络检波名称的由来。

检波电路中包络信号取出的过程如图 5-13 所示。

5.3.2 小信号平方律检波

图 5-14（a）为小信号平方律检波电路，它与图 5-13 的不同之处就是多了一个直流电压 E，其作用是给二极管 VD 提供一正向偏置电压。换句话说，不管有无信号，二极管始终处于导通或微导通状态。

假如检波二极管工作在图 5-14（b）中 Q 点，那么当输入一个对称的调幅波时，由于输入信号很小（幅度小于 0.2 V），因此变化范围没有进入特性曲线的死区，则通过二极管的电流呈现上大下小的不对称波形（二极管的非性形造成的），如图 5-14（c）所示。如果把各时刻电流的平均值连成一条线，可以看出它与调幅波的包络极为相似。因而利用滤波器（电容 C）把高频滤除，就可以得到类似于调制信号的电流。该电流经负载电阻 R_L，便形成了检波输出电压。由于检波输出的低频电压分量与调幅波包络线电压的平方成正比，所以小信号检波又称平方律检波。

第 5 章 调制与解调电路

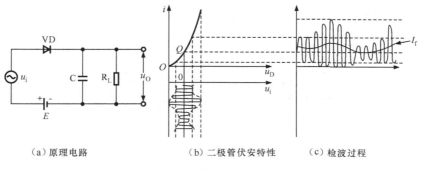

（a）原理电路　　（b）二极管伏安特性　　（c）检波过程

图 5-14　信号检波原理

5.3.3　线性检波

线性检波如图 5-15 所示，它是利用二极管的直线部分进行检波的方法。线形检波需要比平方律检波更大的已调制波的信号幅度，这样可以利用二极管特性的线性部分使信号的失真减小。

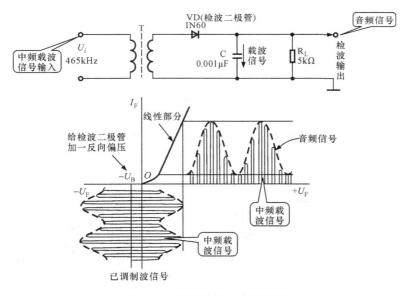

图 5-15　线性检波电路和原理

5.4　调频信号的解调电路（鉴频器）

对调频波的检波，通常是先将调频波的频率变化变换为相应的振幅变化，即先把调频波变换成调频调幅波，然后再利用振幅检波器对这种调频调幅波进行振幅检波，从而取出调制信号，这种解调方法称为鉴频。

鉴频电路由两部分组成，一部分是将调频波变成调频调幅波的电路，另一部分是振幅检

· 81 ·

波电路,如图 5-16 所示。

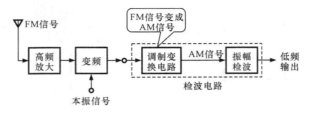

图 5-16 鉴频器组成框图

目前鉴频器有斜率鉴频器和相位鉴频器两种。

5.4.1 斜率鉴频器

斜率鉴频器原理电路如图 5-17（a）所示。图中竖直虚线左侧是一个 LC 谐振回路，谐振频率 $f_0 = 1/2\pi\sqrt{LC}$。调频信号 u_i 通过变压器耦合到调谐回路。虚线右边是一个二极管振幅检波电路。

为了实现把等幅的调频波转换为调频调幅波，必须使 LC 谐振回路工作在失谐的情况下，即保证 LC 并联电路的谐振频率 f_0 大于或小于调频信号的中心频率 f_c（即载波频率）。这样频率的变化才能转换成振幅的变化。

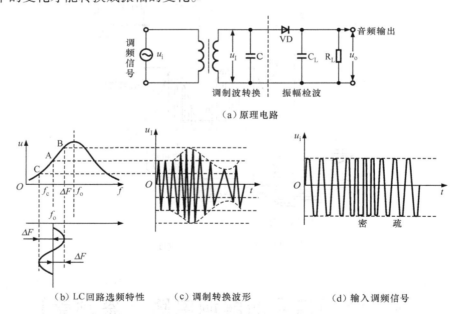

图 5-17 斜率鉴频器工作原理示意图

如图 5-17（b）所示，假定使调频波的中心频率 f_c 落在谐振曲线左边的 A 点（也可以置于右边），当调频波频率增加（大于 f_c）时，由于谐振曲线左边的斜率为正（即 $f\uparrow \to u\uparrow$），所以谐振回路两端的输出电压 u_1 也增加；当频率增加到最大 $f_c + \Delta F$ 时（ΔF 为最大频偏），电压幅度也增加到最大（如图中的 B 点）。当调频波的频率从最大逐渐减小时，u_1 大

第 5 章 调制与解调电路

小将沿着 BA 的方向减小；当 f 减小到最小值 $f_c - \Delta F$ 时，u_1 也将减小到最小值，如图中 C 点。可见 LC 回路两端的电压振幅是随调频波瞬时频率基本呈线性变化的，这就把输入的调频信号转变成了调频调幅信号，如图 5-17（c）所示。

转换后的调频调幅波再经过振幅检波电路可得到原来的调制信号，由于这种鉴频方式实际上是利用 LC 谐振曲线的倾斜部分实现的，所以称为斜率鉴频器。

5.4.2 相位鉴频器

相位鉴频器也称双调谐鉴频器，它是利用耦合谐振电路的初、次级电压的相位差随频率变化的原理，把调频波转换为调幅波从而实现检波的。

1. 电路的构成

相位鉴频器原理电路如图 5-18 所示。竖直虚线左侧部分有两个调谐回路 L_1、C_1 和 L_2、C_2。但与斜率鉴频器不同的是，两个调谐回路都调谐在调频信号的中心频率（即载波频率 f_c）上。两个谐振回路除初、次级的互感耦合外，还要通过电容 C_5 作双重耦合。虚线的右侧部分是对称的振幅检波器，也称平衡振幅检波器。

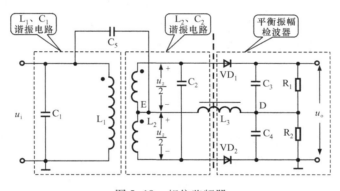

图 5-18　相位鉴频器

2. 鉴频原理

为了分析双调谐回路在不同频率的工作状态下 u_o 和 u_i 间的相位关系，我们看看如图 5-19 所示的电路。

双调谐耦合回路输出与输入的相位关系如图 5-19 所示。

当 $f = f_c$ 时（即在调频波的中心频率的情况），两调谐回路都工作于谐振状态。这时若初级回路电压为 u_i，则初级回路中流过电感 L_1 的电流 i_1 将滞后 u_i 90° 相位角（这是电感本身的特性造成的）；而次级回路的感应电动势 e 又要超前 i_1 90°（这是互感特性造成的）。而谐振时，次级回路电流 i_2 与

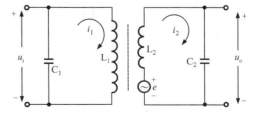

图 5-19　双调谐耦合回路输出与
输入的相位关系

e 相位相同（串联谐振呈纯电阻性）。因而 i_2 与 u_i 同相位。而 u_o（电容 C_2 两端的电压）又滞后 i_2 90°（电容本身的特性造成的），所以 u_o 滞后 u_i 90°［如图 5-20（a）所示］。

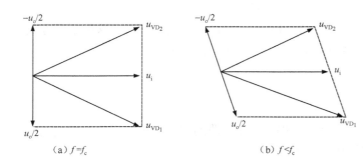
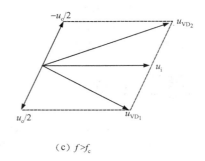

(a) $f=f_c$　　　　　　　　(b) $f<f_c$　　　　　　　　(c) $f>f_c$

图 5-20　不同频率下的 u_o 与 u_i 的相位关系

当 $f<f_c$ 时，即调频信号的瞬时频率小于中心频率时的情况。由于 u_i、i_1 和 e 相互间的相位关系并没有改变，只是次级回路中，因为 $f<f_c$ 回路呈容性失谐，所以 i_2 超前于 e。故 u_2 滞后于 u_i 的相位小于 90°，如图 5-20（b）所示。

同理，当 $f>f_c$ 时次级回路呈感性失谐，u_2 滞后 u_i 大于 90°，如图 5-20（c）所示。

我们再回到图 5-18。因为 C_5、C_3 和 C_4 的容量足够大，对高频信号相当于短路，因此加在 L_3 两端的电压（即 E、D 两点间的电压）等于 u_i。于是图 5-18 可简化为图 5-21，可见在二极管 VD_1 和 VD_2 两端的电压 u_{VD_1} 和 u_{VD_2} 分别为

$$u_{VD_1} = u_i + \frac{1}{2}u_o$$

$$u_{VD_2} = u_i - \frac{1}{2}u_o$$

根据上面的分析，由于在不同的频率下 u_2 与 u_i 之间存在不同的相位差，因而 u_{VD_1} 和 u_{VD_2} 也随频率不同其振幅和相位也各有差异。

当 $f=f_c$ 时，由于 u_o 滞后 u_i 90°，因此此时二极管 VD_1 和 VD_2 两端电压的振幅相等。即 $u_{VD_1} = u_{VD_2}$，方向不同，如图 5-20（a）所示。

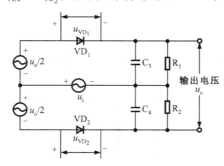

图 5-21　鉴相电路的简化

当调频波的瞬时频率 $f>f_c$ 时，u_o 滞后 u_i 大于 90°。这时由图 5-20（c）可知 u_{VD_1} 随 f 的增加而减小，而 u_{VD_2} 随 f 的增加而增大。

当调频波的瞬时频率 $f<f_c$ 时，u_o 滞后 u_i 小于 90°。这时由图 5-20（b）可知 u_{VD_1} 随 f 的减小而增大，u_{VD_2} 随 f 的减小而减小。这说明已将频率的变化转换成了 u_{VD_1} 和 u_{VD_2} 的振幅的变化，即加在二极管 VD_1 和 VD_2 两端的高频电压为调频调幅波（忽略 u_o 对二极管的反作用时）电压信号，但振幅的变化是反方向的，如图 5-22（a）、（b）所示。由于这种把调频波转换成调频调幅波是通过 u_o 与 u_i 的相位比较获得的，所以称之为鉴相器。

此后由 VD_1、VD_2、C_3、R_1、C_4 和 R_2 构成的对称振幅检波电路进行包络检波，在电容 C_3

第 5 章 调制与解调电路

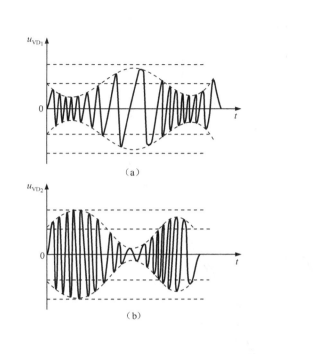
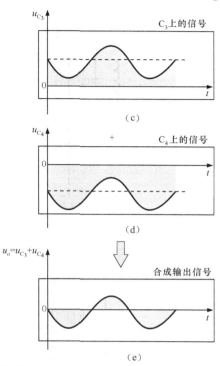

图 5-22 鉴相器主要波形

和 C_4 两端获得如图 5-22（c）、（d）所示的波形。从而得到检波输出波形，如图 5-22（e）所示。可见这种电路的检波输出不含直流成分。

在使用相位鉴频器时，为了减小杂音干扰，在它的前面应加一级限幅器，以切除叠加在振幅上的干扰。

3. 鉴频电路实例

（1）集成鉴频电路。图 5-23（a）是使用集成电路的鉴频器，调频（FM）信号首先送到 LC 谐振电路，谐振电路的频率特性如图 5-23（b）所示。它是 L_1、C_1 和 C_2 的谐振特性。从如图 5-23（b）所示的谐振特性来看，晶体管 VT_2 的基极的谐振特性为 f_1［图 5-23（b）中的ⓐ曲线］，而 VT_1 的基极的谐振特性为 f_2［图 5-23（b）中的曲线ⓑ］，输入的 FM 信号的中心频率为 f_0。由于电路采用差动放大器，实际上是将ⓐ的特性曲线反转 180°成为曲线ⓓ。这样，频率从低到高成为一个 S 特性（ⓒ曲线）。输入的信号分别由 VT_1、VT_2 放大，在 VT_3 和 VT_4 的射极设有小电容 C_3 和 C_4，这里构成检波电路，然后由 VT_5 和 VT_6 放大，VT_7 是直流电流源。这种电路可得到失真小的输出。

（2）收音机鉴频器。图 5-24 是 FM 收音机中使用的鉴频电路，FM 信号加到 a、b 端的线圈 L_1 上，变压器次级 L_2、C_2 构成谐振电路，将频率的变化变成振幅的变化。此时 L_2 线圈的上端和下端特性是反转的，其综合特性与图 5-23（b）的 S 曲线相同。FM 信号变成幅度变化的信号以后，分别由 VD_1、VD_2、R_1、R_2 和 C_3 进行幅度检波，检波的输出通过 C_4、C_5 和 C_6 后输出。这种检波电路由于利用曲线的直线部分可得到比较小的失真。C_3 是为消除幅度噪声而设的。

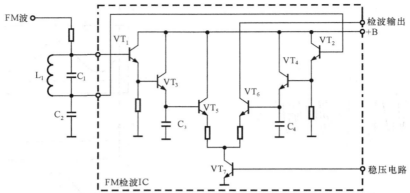

(a) 峰值差动FM鉴频电路

VT_1、VT_2：放大；VT_3、VT_4：振幅检波；VT_5、VT_6：差动放大；VT_7：恒流源

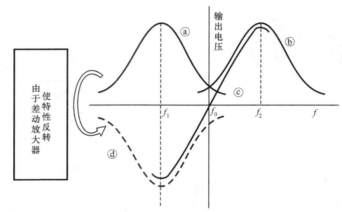

(b) 谐振电路的特性

图 5-23　集成 FM 鉴频器

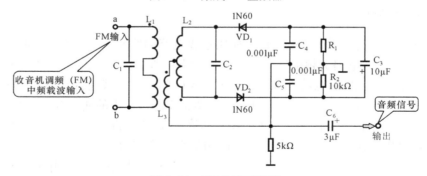

图 5-24　FM 收音鉴频器

5.5　数字信号的调制方法

前面我们介绍了在广播电台和电视台所使用的模拟信号的调制与传输方法。数字电视节目伴音和图像都是数字信号，为了进行传输先要进行数字化处理和数据压缩处理，然后再对

压缩编码后的数字音/视频信号进行调制和传输。数字电视节目可以通过卫星传输，可以通过有线电视系统进行传输，也可以通过地面电视塔发射和传输。为了提高传输速度和效率，保证信号的质量，要采用相应的技术手段。

1. 数字信号与波形

在数字系统中，数字信号是由 0 和 1 组成的信号，在电路中要通过信号波形进行传输。图 5-25 是数字信号与波形的对应关系。

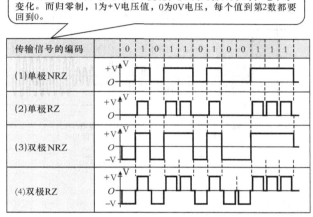

图 5-25　数字信号与波形的对应关系

从图 5-25 可知，表示数字信号的波形有以下 4 种。

（1）单极不归零制 NRZ：单极是指电压或电平的单极性，"1"由 + V 表示，"0"由 0V 表示，每个数的波形不回到零。

（2）单极归零制 RZ：单极归零制与上述不归零的区别是每个数对应的信号都回到零。

（3）双极不归零制 NRZ："1"由 + V 电压表示，"0"由 − V 电压表示，每个波形不回到零点。

（4）双极归零制 RZ：与上述双极不归零制的区别是每个码的波形回到零，再表示下一个码。

2. 数字幅度调制方式（ASK）

ASK（Amplitude Shift Keying）是幅度调制的缩写，它与模拟幅度调制 AM 的方法相对应。ASK 调制方式如图 5-26 所示。图中（1）是载波信号的波形，（2）是要传输的代码，（3）是与代码相对应的波形，该波形为单极不归零制 NRZ 波形，（4）是被调制的信号波形，"1"为载波信号，"0"为无信号，这种方法为 ON-OFF-Keying，简称 OOK 方式。（5）是 2 值 ASK 调制波形，"1"为高电平载波，"0"为低电平载波。

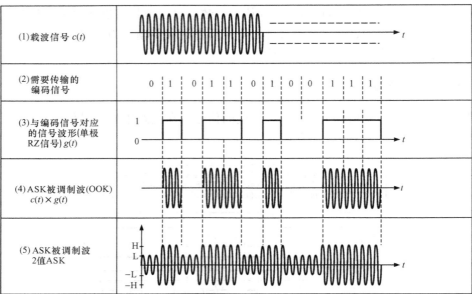

图 5-26 ASK 幅度调制方式

3. 相位调制方式（PSK）

（1）信号的相位。相位调制方式（Phase Shift Keying，PSK）在通信、卫星数字广播等领域有着广泛的应用。

信号的相位关系如图 5-27 所示，一个半径为 1 的矢量以匀角速度旋转时，该矢量在 Y 轴方向上的投影值，连续起来就形成一个正弦波，矢量与 X 轴的角度被称为相位角。矢量旋转一周所需要的时间为 1s，那么旋转 90° 则需要 0.25s，旋转 180° 则需要 0.5s。

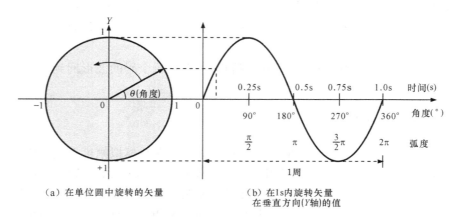

（a）在单位圆中旋转的矢量　　（b）在 1s 内旋转矢量在垂直方向（Y 轴）的值

图 5-27 信号波形与相位的关系

第 5 章　调制与解调电路

（2）QPSK 四相位调制方式。利用信号波形的 4 种相位表示数字信号的方式，即 Quadrature Phase Shift Keying 简称 QPSK。所谓相位就是指波形开始的相位。其调制方式如图 5-28 所示。

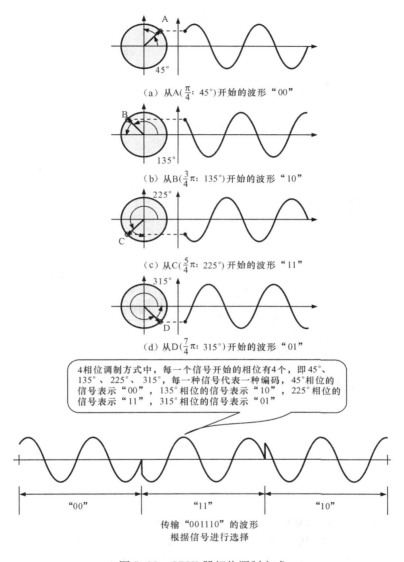

图 5-28　QPSK 器相位调制方式

在实用上还有两值相位调制方式（BPSK）、四相位调制方式（QPSK），另外，还有使用 8 种信号波形的 8PSK 方式、使用 16 种波形的 16PSK 方式及 32PSK 和 64PSK 调制方式。图 5-29 是两值、四值和 8PSK 调制方式的波形相位关系图。

（3）差动相位调制方式（Differential Phase Shift Keying，DPSK）。差动相位调制方式是以编码信号的前后相位关系为基础进行相位选择的方式，如图 5-30 所示，目前，要传输的编码为"00"则使用与前一信号相位相同的波形，也就是以前一信号波形的相位为基准，确定下一信号的相位。若是"10"，则使用基准相位前进 90°（π/2）的信号波形；若是

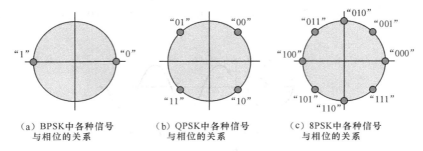

图 5-29 BPSK、QPSK 和 8PSK 调制方式的信号波形的相位关系

"01",则使用后退 90°(-π/2)的信号波形,若是"11"则使用前进 180°(π)的波形。图 5-30 中是以 A 点为起始点的编码情况。

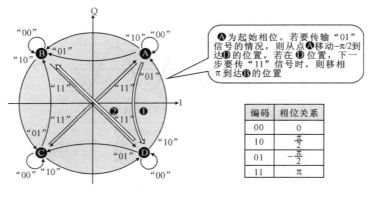

图 5-30 差动相位调制方式(DPSK)

(4)正交调幅方式(QAM)。正交调幅方式(Quadrature Amplitude Modulation,QAM)的方法如图 5-31 所示,使用成正交(互相垂直成 90°关系)关系的两个信号合成为一个信号的调制方式。这种方式使用两个载波信号,每个载波有两个幅度值进行调制,实际上是多值化 ASK 的调制方式。

QAM 调制的编码如图 5-32 所示,图中波形 a 的幅度轴为横轴,而 b 波形的幅度轴为纵轴,两波形分别为 4 值的 ASK 信号,各值分别为 -2、-1、1、2,正负之间相差 180°。每个值对应的编码为 -2:"00",-1:"01",1:"11",2:"10"。这样可同时传送 4 位(bit)信息,合计 16 种信号。前两位为 a 波形的代码,后两位为 b 波形的代码。例如 4 位编码"1011",前两位是"10",相当于 a 波形的 +2 幅度,后两位是"11",相当于 b 波形的 +1 幅度。这相当于图中 C 的位置。这种情况被称为 16QAM 方式。

第5章 调制与解调电路

成正交关系的两个信号的波形

由于两个信号波形开始有90°相位差,两个信号相位差成90°。因此两信号的波峰是不重叠的,互相干涉少,两个信号波是相互独立的

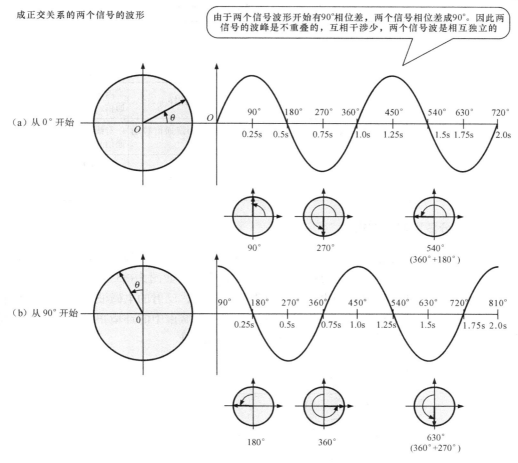

图 5-31 成正交关系的两信号波形

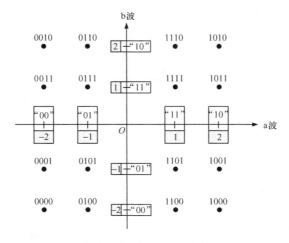

图 5-32 QAM 调制方法

(5)数字调制方式的比较。前述的几种数字调试方式各有特点,其应用领域也不同,如表 5-1 所示。

表 5-1 各种数字调制方式的特点

方式 项目	ASK	PSK	QAM
调制参数	幅度	相位	幅度和相位
特点	电路简单，可用于信号的发送和接收	可靠性、实用性好	由于是多值编码可实现高速通信
应用领域	光通信（无线、有线）有限通信	无线通信（固定通信移动通信）	有线通信，无线通信（固定通信）
数字广播的适用性	无	数字广播使用 QPSK	64QAM 用于数字广播（固定接收方式） 16QAM 用于移动通信

4. 正交频分多重调制方式

在地面数字广播的传输环境中，从电视发射塔发射出的电磁波到达接收端除了会遇到各种干扰噪波之外，还会有直射波与反射波同时接收的情况，如图 5-33 所示。电视天线会收到由天线发射的电磁波，也会收到由建筑物反射的电磁波，反射的电磁波在时间上比直射波会有时间上的延迟，这样也会对主要信号造成干扰。由于城市中的环境很复杂，因此遇到的干扰和杂波也会很多，这样会给信号的接收和解调带来困难。

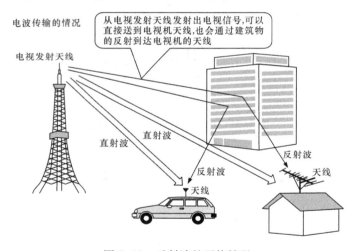

图 5-33 反射波的干扰情况

采用正交频分多重（Orthogonal Frequency Division Multiplexing，OFDM）调制方式可以有效地克服外界的干扰提高接收信号的质量。

（1）多载频调制的概念。多载频调制就是将 1 个信号（1 个信通）的数据调制到多个载频上进行传输的方式，如图 5-34 所示。

在多载频调制方式中，将串行数据经串/并（S/P）变换，变成并行数据，即变成了 N 个数据。每个数据调制到不同的载频上，然后在合成起来进行传输。在接收端再分别从不同的载波上将数据解调出来，经各自的低通滤波器（LPF）后，送到并/串变换电路中，将数据完整地恢复出来。

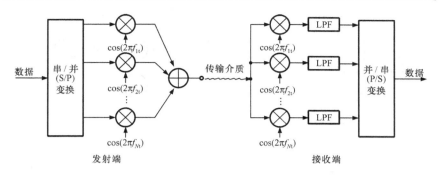

图 5-34 多载频调制示意图

（2）正交频分多重（OFDM）的载波。图 5-35 是正交频分多重调制方式中载波的关系示意图。图中的中心频率 f_c 为载波 1，f_{c+a} 为载波 2，f_{c+2a} 为载波 3，……在频率轴上以等间隔分布，分别为每个载波的峰值点的频率。该点对其他载波来说，其值为零。因为互相之间没有干扰，这是它的最大优点。

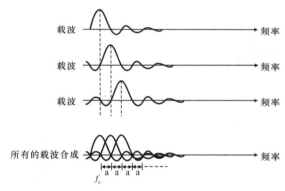

图 5-35 正交频分多重调制方式中的载频分布

（3）OFDM 调制解调电路的基本构成。图 5-36 是 OFDM 调制解调电路的基本构成框图。输入数据经串/并变换转换成并行的多路数据，经多路调制后经并/串变换转换成串行数据再经 D/A 变换，然后经低通滤波器和调制器调制后经带通滤波器（BPF）进行发射传输。在接收端经带通滤波器（BPF）将载波选入，再进行解调和低通取出调制信号，然后经 A/D 转换器再转换成数据信号，数据信号经串/并变换转换成多路多载频调制信号，通过 OFDM 解调后经并/串变换恢复成原数据输出。

（4）OFDM 调制系统的实例。图 5-37 是 OFDM 调制系统的实例。由图可知，输入的数据信号为……0101100，该数据信号经串/并变换将输入信号进行分离，分离成"00"、"11"、"10"、"00"、"01"等数据。

分离后的数据再进行正交调制，在时间轴上分别形成 I、Q 的幅度分量。这些信号在 IDFT 中进行离散富里埃逆变换，变换后 I 信号和 Q 信号分别进行并/串变换输出两路正交的 I、Q 串行信号。

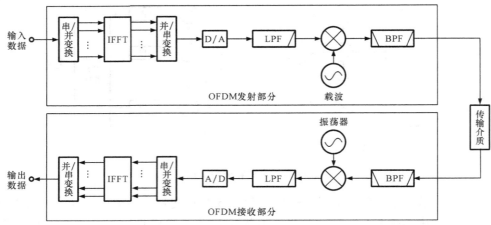

图 5-36　OFDM 调制解调电路的基本构成

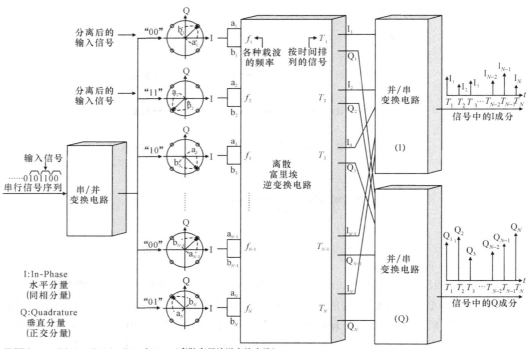

图 5-37　OFDM 调制系统的实例

图 5-38 是 OFDM 调制系统的输出部分，I、Q 两路信号分别经间隔插入电路插入间隔信号，防止信号单元之间的互相干扰，然后经 D/A 转换器将数据信号变成模拟信号，再经低通滤波器将高频干扰滤除，然后经模拟调制器进行调制，I、Q 通道中两路信号的载波相位差为 90°。

5. 地面数字广播与误码校正技术

地面数字广播的信号传输环境相对来说比有线系统差一些。在发射和接收的环境中常常有多重信号的干扰问题，如多个建筑物的反射、中继站的回波，如图 5-39 所示。此外还会有很多外围电子电气设备产生的电磁干扰。信号在传输的过程中会因干扰或信号的衰减造成误码和信息丢失的情况，这就需要采用相应的误码校正技术。

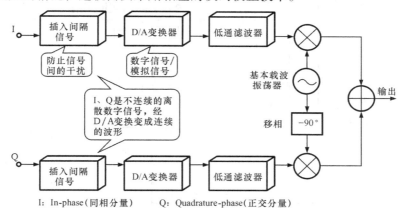

图 5-38　OFDM 调制系统的输出电路

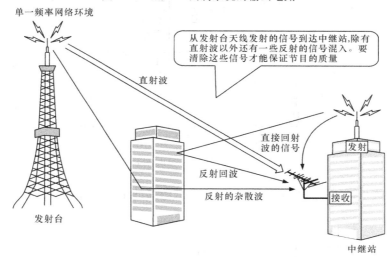

图 5-39　地面数字广播的传输环境

在数字广播中常采用 Richard Hamming 纠错编码技术、BCH（Bose Chaudhvri Hocguenghem）编码技术和里德索罗门编码（Read Solomon）技术。

5.6　实用调制电路的应用与制作

5.6.1　V 段射频调制电路

视频设备的调制电路是将音频信号和视频信号调制到射频信号上形成射频电视信号，V 段射频调制器是输出频率在 VHF 频段范围的调制器，如图 5-40 所示。

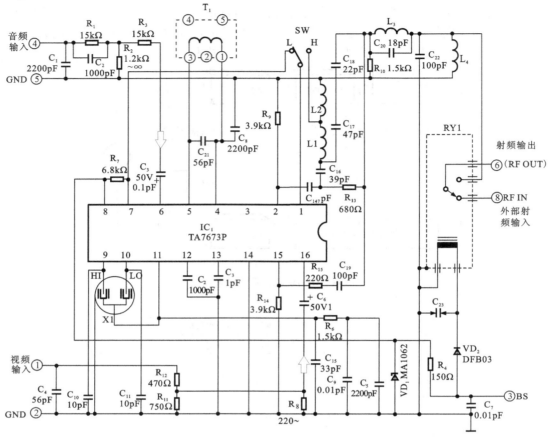

图 5-40　V 段射频调制器

TA8637BP 就是完成射频调制的集成电路，IC 内部的结构如图 5-41 所示。

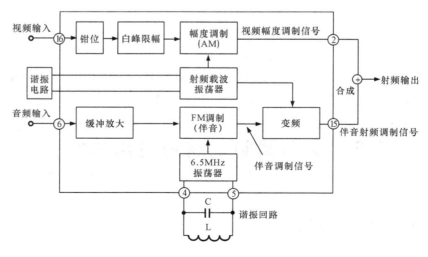

图 5-41　音/视频信号的调制过程

第 5 章 调制与解调电路

视频信号从⑯引脚输入到 IC_1 中，先进行视频钳位和白峰限幅，将同步头钳位在一定的电平上，并得到稳定的幅度，然后调制在射频载波上。⑨引脚和⑩引脚分别接 4 频道和 3 频道的声表面波振荡器，同 IC 内的电路形成射频振荡电路。电路振荡在 4 频道还是 3 频道受⑦引脚的电压控制，⑦引脚为低电平振荡在 3 频道，⑦引脚为高电平振荡在 4 频道。图像射频信号由②引脚输出。

音频信号从⑥引脚输入，在 IC_1 中线进行缓冲放大，然后与第二伴音载频振荡器送来的 6.5MHz 信号进行频率调制（FM）。调制后的伴音调频信号再与射频振荡器送来的射频信号进行变频处理，于是第二伴音载频也变换为射频信号，最后从⑮引脚输出与图像射频混合，并送到 RF OUT 端。6.5MHz 的 LC 谐振电路接在 IC_1 的④、⑤引脚之间。LC 的值决定第二伴音载频的频率。改变 LC 的值，可适应不同制式第二伴音载频的需要。

5.6.2 U 段射频调制电路

U 段射频调制电路是将音频和视频信号调制到 U 频段的调制器，这种电路主要应用于录像机、影碟机中。图 5-42 是一种带天线放大器的射频调制器，它还具有放大天线信号的功能，用以增强电视信号的强度。

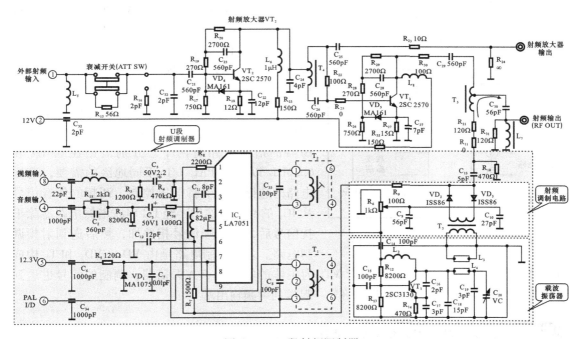

图 5-42 U 段射频调制器

1. 天线放大器

天线放大器的主要功能是放大天线所接收的射频信号，其主要特点是频带宽（30～700MHz），噪声小，增益一般为 6～100dB，其电路结构如图 5-42 所示。

图 5-42 中上半部是天线放大器,下半部是射频调制器。天线放大器是由两级放大器构成的。在射频信号的输入电路中设有衰减开关(ATT SW),在强信号地区可对输入信号进行衰减。天线放大器 VT_2 是一个普通的共射极放大器,L_6 和 R_{33} 是它的集电极负载,L_6 对高频段有补偿作用,VD_4 是保护二极管,对反峰脉冲有吸收作用。VT_2 放大后的射频信号送到分路器的输入端,即 T_4 的中心抽头。T_4 对射频信号一分为二。一路送到射频放大器输出端,此端连接录像机内的高频头。另一路送到 VT_3 的基极。VT_3 也构成一个共射频放大器,放大后的射频信号由集电极输出送到混合器 T_5 的上端,射频调制器输出的信号送到混合器 T_5 的下端。T_5 的中心抽头为输出端,它直接送到射频输出段(RF OUT),此端通过电缆接到监视用电视机的天线输入端。

2. 射频调制器

射频调制器又称射频转换器,其作用是将录像机输出的伴音信号和视频图像信号再调制到射频信号上,供电视机接收。从这个功能来说它类似于电视发射机。电视发射机是将射频信号传到千家万户,而录像机的调制器只需要用电缆将射频信号传到电视机即可,输出功率很小,电路同电视台相比十分简单,可以装在很小的屏蔽盒中。

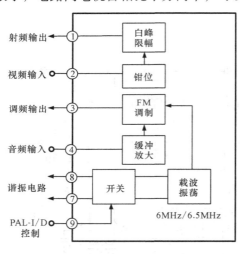

图 5-43 集成电路 IC_1 的电路结构

U 段射频调制器是指输出的射频载波频率范围在 UHF 频段的调制器。图 5-42 的下部就是这种调制器,它的主体是集成电路 IC_1(LA7501)。IC_1 的任务是伴音调频和视频钳位,其内部电路结构如图 5-43 所示。视频图像信号从 IC_1 的②引脚出入,在 IC_1 中进行白峰限幅和视频钳位,然后从①引脚输出。音频信号经预加重电路后从④引脚输入在 IC_1 中进行放大和 FM 调制。伴音载频振荡器的谐振电路有两个,分别谐振在 6MHz 和 6.5MHz 以适应 PAL-I/D 不同地区的需要,谐振电路的选择由⑨引脚电压控制。调频的伴音信号从 IC_1 的⑨引脚输出,经 LC 串联谐振电路滤除干扰信号后,与视频信号相叠加,然后送到射频调制电路。射频调制电路是由 VD_2、VD_3 和 T_3 构成的,射频载波振荡器是一个以晶体管 VT_1 为主体的电容三点式振荡器。调制的信号也送到混合器 T_5 的下端。与天线放大器的信号一起送到射频输出端。

5.6.3 AM 调制小功率发射机制作实例

图 5-44 为 AM 调制小功率发射机的整机布线图,图 5-45 为 AM 调制小功率发射机的电路图。图中 VT_1 与谐振电路构成载波振荡器,集成电路 TA7368P 为话筒信号放大器。这两种信号送到 VT_2 中进行调制后经天线发射出去。可由收音机进行近距离接收(注:发射强信号必经有关部门批准)。

第 5 章 调制与解调电路

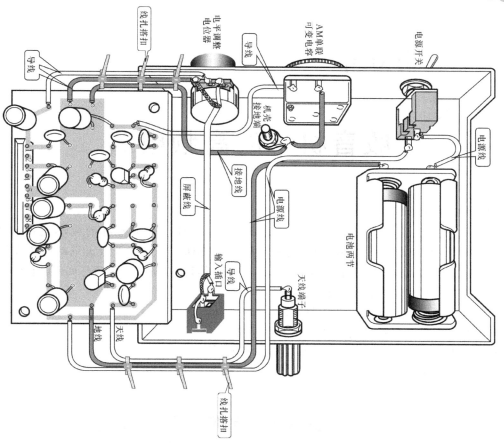

图 5-44 AM 调制小功率发射机的整机布线图

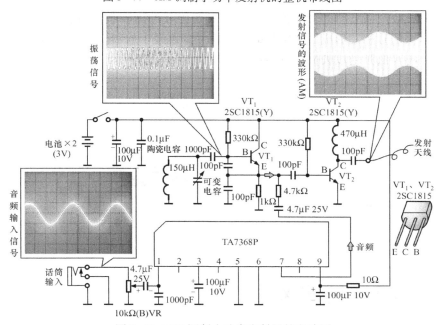

图 5-45 AM 调制小功率发射机的电路图

第 6 章

收音机中的高频电路

教学和能力目标：
- 调幅（AM）中波广播的频率范围为 525～1625kHz，短波广播的频率范围为 1.5～30MHz，调频立体声广播的频率范围为 88～108MHz；高频信号放大电路在收音机中是接收和放大高频载波信号的部分；通过本章的学习应了解收音机的整机构成和信号流程
- 掌握高频信号放大器的结构、特点和工作原理
- 掌握混频电路的结构、特点和工作原理
- 掌握本机振荡器的结构、特点和工作原理
- 掌握 FM 收音机电路的结构、特点和工作原理
- 掌握高频电路的检测和调试技能

6.1 收音机的结构和工作原理

收音机是接收广播节目的音响产品，它将天线接收的高频载波进行选频（调谐）放大和混频，与本振信号相差形成固定中频的载波信号，再经中放和检波，将调制在载波上的音频信号取出，再经低频功放去驱动扬声器或耳机，如图 6-1 所示。

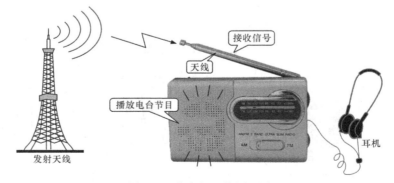

图 6-1 收音机工作原理图

6.1.1 收音机的结构组成

图 6-2 为小型收音机的内部结构，由此可见，收音机的电路是由天线、电位器、单联

第6章 收音机中的高频电路

可变电容器、晶体三极管、场效应晶体管及电阻器、电容器、电感器等组成的,将这些不同的元器件组合起来就能实现收音的功能。

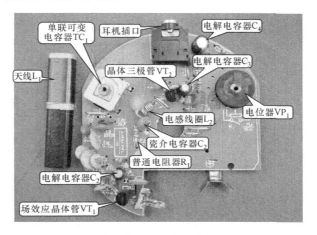

图6-2 小型收音机的内部结构

我们知道,通过天线可以把电磁场向空中辐射,形成电磁波。而电磁波被收音机接收后,不能用它去直接推动耳机或扬声器还原成声音,还必须把它恢复成音频信号。这种从电磁波信号中拾取音频信号的过程称为解调。收音机根据接收解调信号的不同,主要可以分为调幅(AM)收音机、调频(FM)收音机及调幅/调频收音机。

1. 调幅收音机的结构组成

图6-3为典型调幅收音机的结构组成框图,由图可知,该电路是由输入电路(调幅信号接收电路)、高频放大器、本振、变频(混频)、中频放大、检波、音频功率放大等电路组成的。其中高频放大器、本振和变频电路是处理高频信号的电路。

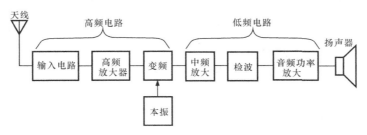

图6-3 典型调幅收音机的结构组成框图

图6-4为典型袖珍调幅收音机的电路,由图可知,该机主要是由磁棒天线 L_1、单联可变电容器 TC_1、高频放大场效应晶体管 VT_1(2SK439)、放大检波晶体三极管 VT_2(2SC2001)、电位器 VP_1 和耳机等组成的,其中电位器 VP_1 是用来调节收音机音量的,单联可变电容 TC_1 是用来选台的。

随着集成电路的出现,调幅收音机也应用了集成电路,应用较早和较广泛的集成电路就是中频放大集成电路(简称中放IC)。中频放大电路采用集中滤波形式,使得中放电路具有增益高、选择性能好等特点,图6-5为单片调幅收音机电路。该电路中使用集成电路 IC_1

（CXA1033P），用来处理磁棒天线感应的调幅信号，以及进行音频信号处理。

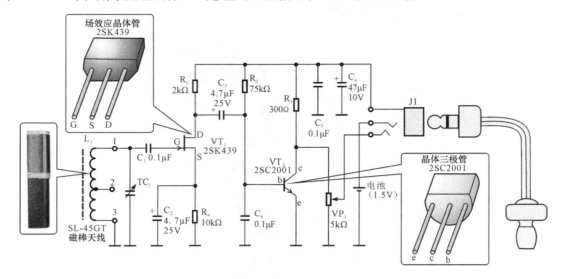

图 6-4 典型袖珍调幅收音机的电路

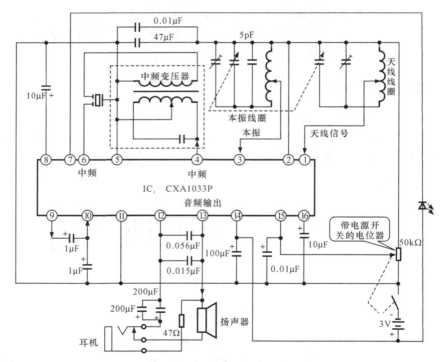

图 6-5 AM 单片调幅收音机电路

2. 调频（FM）收音机的结构组成

调频（FM）是用音频信号去调制高频载波的频率，即高频载波的频率随音频信号的变化而有规律地变化，高频载波的幅度则保持不变。利用这种调制方式得到的已调波，称为调频波。调频（FM）收音机就是用来接收和处理调频波信号的电路，其基本电路构成如

第 6 章 收音机中的高频电路

图 6-6 所示，由图可知它主要是由高放、混频、本振、中放、限幅、鉴频、去加重、功放等电路组成的。

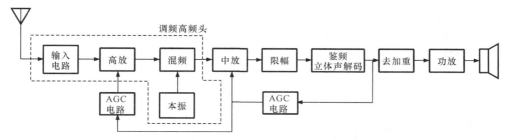

图 6-6　调频（FM）收音机的基本电路构成

调频收音机电路与调幅收音机电路的不同就是采用了调频信号接收高频头（FM 前端电路），用来接收调频信号，用鉴频电路来解调 FM 信号。图 6-7 为典型 FM 前端电路，它是由高频放大器 VT_1、混频器 VT_3 和本机振荡器 VT_2 等部分构成的。天线感应的 FM 调频广播信号，经输入变压器 T_1 加到 VT_1 场效应晶体管的栅极，VT_1 为高频放大器的主要器件，它将 FM 高频信号放大后经变压器 T_2 加到混频电路 VT_3 的栅极，VT_2 和 LC 谐振电路构成本机振荡器，振荡信号由振荡变压器的次级送往混频电路 VT_3 的源极。天线接收的射频信号和本振信号在 VT_3 中进行混频，混频后的差频信号由漏极输出，经中频变压器 IFT（T_4）输出 10.7MHz 中频信号。

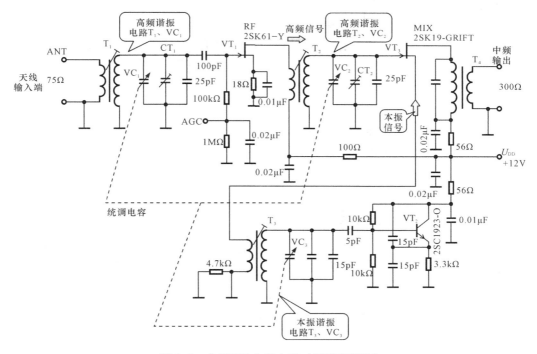

图 6-7　典型 FM 收音电路（调谐高频头）

3. 调幅/调频（AM/FM）收音机的结构组成

实际上，由于调频收音机与调幅收音机有许多相同之处，部分电路可以共用，因此只要增加一些元器件就能很方便地组成调幅/调频（FM/AM）收音机。市场上只有调频波段的收音机极少见到，它总是与调幅收音部分组合在一起，构成调幅/调频收音机，通过功能开关的转换，可以很方便地选择调频及立体声或调幅工作状态。

调幅/调频收音机有如下三种基本组成形式。

（1）调频和调幅接收的高、中频部分分开，只是共用音频部分（电源部分，图中未画出），如图 6-8 所示。

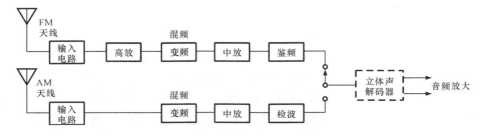

图 6-8　调幅/调频收音机组成框图一

（2）高频部分分开，中放、音频部分共用，如图 6-9 所示。

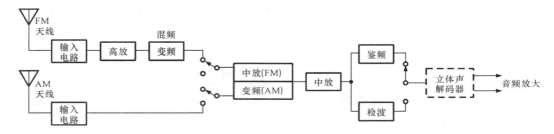

图 6-9　调幅/调频收音机组成框图二

（3）调频第一中放级（管）兼作调幅变频级（管），调频第二和第三中放级（管）兼作调幅中放，音频部分仍然共用，如图 6-10 所示。

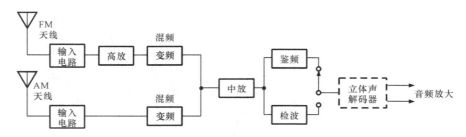

图 6-10　调幅/调频收音机组成框图三

6.1.2　收音机的工作原理

调频收音机和调幅收音机的工作原理基本相同，下面就以调幅收音机为例，介绍收音机的工作原理。

第6章 收音机中的高频电路

图6-11为典型调幅收音机的整机框图，收音机的电路组成是根据信号的处理过程（简称信号流程）表示的。天线接收的广播节目信号（高频调幅AM信号），首先送到高频放大器VT_1中进行放大，然后送到混频电路中与本振电路送来的外差信号混合，进行差频处理，差频后的信号由中频变压器T_1进行选频、滤波。本振电路是产生外差信号的电路。

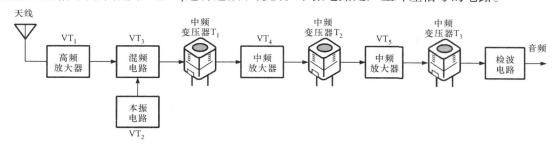

图6-11 典型调幅收音机的整机框图

本振电路的振荡频率通常比所接收的高频载波高一个中频信号的频率，即本振频率f_o为载波频率与465kHz（中频）之和。如果所接收的电台播出的信号频率为1600kHz，则本振频率应为$f_o=1600\text{kHz}+465\text{kHz}=2065\text{kHz}$。所希望接收的频率是变化的，因而也需要本振的频率同步变化，这就是调谐电路的功能。

高频信号变成中频信号以后，只是信号的载波频率发生了变化，而信号中所调制的音频信号没有变化，为了提高信号的质量，消除干扰信号的影响，该机使用了三级中频变压器进行选频，采用了两级中频放大器放大中频信号，最后经检波电路将音频信号取出来。

图6-12为典型调幅收音机的整机电路原理图，根据其电路功能找到其天线端为信号接收端，即输入端，其最后输出声音，则右侧音频信号为输出端，然后根据电路中的几个核心元件，将其划分为五个功能模块。

图6-12示出了组成收音机的各个功能模块，下面对这几个功能模块进行逐一识读和理解，以了解其电路构成、工作原理及各主要元器件的功能。

1. 高频放大电路

图6-13为调幅收音机的高频放大电路，其功能是放大天线接收的微弱信号，此外还具有选频功能。

由图6-13可知，该放大器的核心器件是晶体三极管VT_1，信号由基极输入，放大后的信号由集电极输出并经谐振变压器耦合到混频电路。

天线感应的信号加到由L_1、C_1和VD_1组成的谐振电路上，改变线圈L_1的并联电容，就可以改变谐振频率。该电路是采用变容二极管的电调谐方式，变容二极管VD_1在电路中相当于一个电容，电容的值随加在其上的反向电压变化而变化。改变电压，就可以改变谐振频率。此外高频放大器的输出变压器初级线圈的并联电容中也使用了变容二极管VD_3，它与VD_1同步变化，C_1和C_2是微调电容器，以便能微调谐振点。

高频放大器的直流通路如下。

（1）+9V电压经变压器线圈L_2为高频管VT_1的集电极提供直流偏压。

（2）+9V电压经56kΩ电阻与12kΩ电阻的分压形成直流电压再经高频输入变压器次级线圈为高放晶体三极管VT_1的基极提供直流偏压。

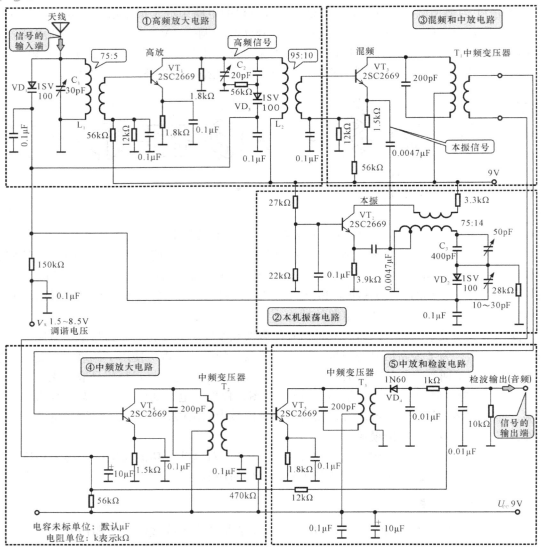

图 6-12 典型调幅（AM）收音机的整机电路原理图

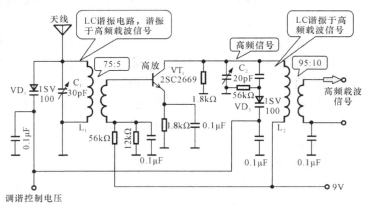

图 6-13 调幅收音机的高频放大电路

第 6 章 收音机中的高频电路

（3）高放晶体三极管 VT_1 发射极接 $1.8kΩ$ 电阻，作为电流负反馈元件，以便稳定晶体三极管的直流工作点，与该电阻并联的 $0.1μF$ 电容为去耦电容，消除放大器的交流负反馈用以提高交流信号的增益。

2. 本机振荡器

图 6-14 是调幅收音机的本机振荡电路，该电路采用变压器耦合方式，形成正反馈电路，其振荡频率是由 LC 谐振电路决定，在 LC 谐振回路中也采用了变容二极管（VD_2），调谐控制电压加到变容二极管的负端，使变容二极管的结电容与高放电路中的谐振频率同步变化。改变调谐控制电压，VD_2 的结电容会随之变化，本振产生的信号频率也会变化。当变频输入信号的谐振频率增加时，本振的输出频率也同步增加，使高频载波与本振的频率始终相差 $465kHz$。中频信号的频率为 $465kHz$。

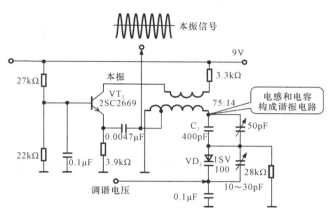

图 6-14 调幅收音机的本机振荡电路

3. 混频电路

图 6-15 是调幅收音机的混频电路，该电路的核心器件是晶体三极管 VT_3。高频信号经变压器耦合后加到 VT_3 的基极，本机振荡信号经 $0.0047μF$ 耦合电容加到晶体三极管 VT_3 的发射极。混频后的信号由 VT_3 的集电极输出，集电极负载电路中设有谐振变压器，即中频变压器。中频变压器的初级线圈与电容（$200pF$）构成并联谐振回路，从混频电路输出的信号中选出中频（$465kHz$）信号，再送往中频变压器。

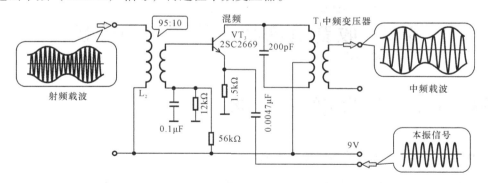

图 6-15 调幅收音机的混频电路

4. 中频放大电路

图 6-16 是调幅收音机的中频放大电路，中频放大器的输入电路和输出电路都采用变压器耦合方式。放大器的主体是晶体三极管 VT_4，放大器的中心频率被调整到 $465kHz$，这样可以有效地排除其他信号的干扰和噪声。

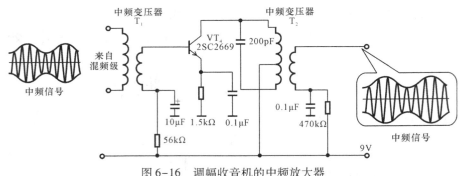

图 6-16 调幅收音机的中频放大器

5. 检波电路

图 6-17 为调幅收音机的检波电路，由图可知检波电路与中放电路制作在一起，VT_5 是中放电路的放大晶体三极管，该晶体三极管放大后的中频信号经中频变压器 T_3 选频后，由变压器的次级将中频载波送到检波电路。检波电路的主要器件是二极管 VD_4，它将中频载波信号的负极性部分检出，再经 RC 低通滤波器将中频载波信号滤除掉，取出音频信号。

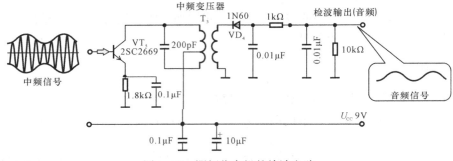

图 6-17 调幅收音机的检波电路

6.2 收音机高频电路的实例分析

6.2.1 收音机高频电路的基本结构

1. 调频（FM）收音机的高频放大电路

图 6-18 为由一级高频放大和一级变频组成的调频（FM）收音前端（高频部分）电路，采用 B - 电源供电，正极接地方式，带自动频率控制电路（AFC）。

（1）天线连接。图 6-18 中天线输入线圈的初级有中心抽头，并已接地，因此可连接两种天线。一种为 V 形天线或室外的八木天线，它们的特性阻抗均为 300Ω，可通过平行馈线加到 L_1 的两端；另一种为图 6-18 所示的不平衡式单根拉杆天线，其长度为 0.5~1m，阻抗为 75Ω。前者需要外接，后者机内已带。

第6章 收音机中的高频电路

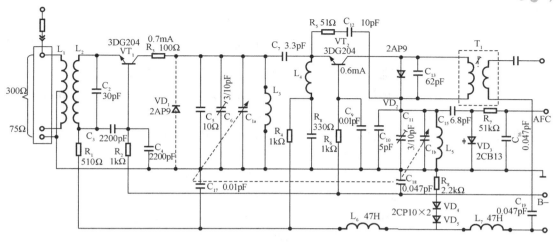

图6-18 调频头电路

（2）输入电路。输入电路由电感线圈 L_2 和电容 C_2 组成，通过 C_3 把天线传来的调频信号耦合到 VT_1 的基极和发射极，这是普及型调频收音机里通常采用的宽带不调谐输入方式。这种方式结构简单，可变电容器只要双联就行了，其中一联用于高放输出回路；另一联用于本振回路。

（3）高频放大级。这里的高放级采用共基极电路。这种接法在超短波频段下比共发射极电路具有较多的优点：晶体管在共基极状态下的截止频率 f_α 比共发射极的 f_β 大得多；共基极电路内反馈小，工作稳定可靠，能提供较大的功率增益；共基极状态输入阻抗较低，容易和天线阻抗相匹配。

高放管的负载是一个可变调谐电路，由双联可变电容器中的一联 C_{1a}、微调电容 C_6、补偿电容 C_5 和高放线圈 L_3 组成。改变 C_{1a} 的数值，就可使高放回路谐振在所接收的电台频率上，从而选出要接收的电台信号。C_{1a} 从大旋到小时，频率从低端 $87\,MHz$ 变到高端 $108\,MHz$。与 C_{1a} 并联的电容 C_5、C_6 保证了在高端高放回路与振荡电路的频率实现统调。R_1 为发射极稳定电阻，并为晶体管提供直流供电。R_2 为基极偏置电阻，它的一端和稳定偏置电压 B - 相接。高放管的直流工作电流一般调在 $0.8 \sim 1.5\,mA$。R_3 用来减小晶体管输出阻抗的变化对后级的影响，并可防止自激，一般取 $20 \sim 200\,\Omega$，本电路取 $100\,\Omega$，过大会降低高放增益。C_4 为基极旁路电容。

（4）变频级。VT_2 为变频管，它既是本机振荡电路的振荡管，又兼作混频用。经选聘后的信号通过耦合电容 C_7 加到 VT_2 的发射极。C_{12} 为反馈电容，它将输出端的一部分能量反馈到输入端，维持振荡，并且将本机振荡信号注入到 VT_2 的发射极，与高放送来的信号一起加入 VT_2 进行混频，差出的中频信号通过输出端的中频谐振回路选频，送到中频放大电路，从而完成变频作用。

C_{13} 和中频变压器 T_1 的线圈组成第一中频谐振回路，作为 VT_2 的负载。在变频输入电路中并有一阻尼二极管 VD_1，它是为了改善整机对强信号的承受能力而设置的。当强信号输入时，通过二极管内阻的改变降低中频谐振回路的谐振阻抗，自动调节电路增益。L_4 和 C_8 构成中频谐波器，$10.7\,MHz$ 时呈现串联谐振，变频管输入端的中频输入阻抗很低，从而避免了由中频反馈引起的中频自激，提高了变频级的增益。L_4、C_8 对高频信号频率和本振频率又处于失谐状态，起到高频扼流圈作用。R_4 为发射极电阻，与 L_4 一起为 VT_2 发射极提供直流通路。R_6 为基极偏置电阻，C_9 为基极旁路电容。C_8 除作为中频谐波器串联谐振回路电容外，还兼作 R_4 的高频旁路电容，其容量一般为 300～1000pF，与 L_4 统筹考虑 $\left(L_4 = \dfrac{1}{\omega^2 C_8}\right)$，$C_8$ 应选用稳定性好的云母电容器。C_7 的选择很重要，它不但使高放与变频级之间达到匹配，还关系到电路的稳定性，一般取 3～6.8pF，C_7 过小容易引起电路自激，过大则使增益下降。

L_5、C_{16}、C_{10} 和 C_{11} 组成本机振荡回路，振荡时呈感性，与 C_{12} 和变频管的输入电容 C_{be} 组成电容三点式振荡器，其交流等效电路如图 6-19 所示，维持振荡所需的反馈能量由 C_{12} 提供，这种电路在超短波频段工作稳定，容易起振。电阻 R_5 是为了保证振荡电压在频段内的均匀性而设置的。

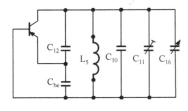

图 6-19 电容三点式振荡器等效电路

(5) 自动频率控制（AFC）。图 6-18 中变容二极管 VD_3 通过耦合电容 C_{15} 跨接于本机振荡回路的两端，R_7 为隔离电阻，C_{16} 是滤波电容，由此 VD_3、C_{15}、R_7 和 C_{16} 构成了 AFC 电路。变容二极管 VD_3 的电容量是随其两极间所加的反向偏压变化而变化的。AFC 控制电压来自鉴频器的输出端，经电解电容滤除音频音量后，只将直流成分送到 AFC 的输入端。当接收机调谐准确时，鉴频器送出的直流控制电压为零；当本机振荡电路由于某种原因（如温度、湿度、电源电压或元器件参数的变化等）使振荡频率发生漂移时，假定振荡频率升高，那么中频频率也随其变化，鉴频器送出的直流控制电压不再为零。如果本振频率高于信号频率则输出正零点几伏的电压，此电压经 C_{16} 滤波通过 R_7 加在变容二极管上，使变容二极管的反偏电压减小，导致其容量变大，因变容二极管通过 C_{15} 跨接于振荡回路的两端，使振荡回路的频率下降，从而改变了原来上升的振荡频率。

AFC 还具有捕捉和牵引输入信号的功能。一般牵引范围约为 ±100kHz。有的接收机带有 AFC 开关，为避免过失谐，使用时应先断开 AFC 开关，待调准电台以后，再接通 AFC 开关，这样便可长时间地保持接收机工作在准确的调谐状态。

(6) 元器件的选择与安装。调频头中的高放管和变频管的截止频率应大于 600MHz，高频噪声系统及结电容小的晶体管，硅管比锗管的结电容小，截止频率高、漏电流小，因此硅管比锗管性能更稳定一些。图 6-18 中选用了 3DG204 塑封管，价格也比较低，也可选用 ST1502C 等管。从稳定增益上看，高放级工作点应选在 1.5mA 左右，但考虑到晶体管的噪声，实际工作电流选在 0.8～1.5mA。有的调频头，高放级选用场效应管，它具有较高的输入阻抗、较小的噪声系数和较大的动态范围。变频级根据变频增益和振荡电压在波段内的均匀性，一般选在 0.8mA 左右。

在超短波接收机电路中，旁路电容一般不用太大（数千皮法），而且最好采用瓷介电容器，不能用纸介或电解电容器，因为它们多是卷绕而成的，在超短波段分布电容、电感不能忽视。电源滤波采用扼流圈比滤波电阻要好，因为扼流圈的感抗（ωL）很大，而直流电阻很小，既不消耗过多电能，滤波效果又好。

高频放大和本机振荡电路都工作在超短波频段，因此回路电感（如输入线圈、高放线圈、振荡线圈）的电感量 L 都很小（指零点零几微亨），多采用 $\phi 0.6$～0.8mm 镀银铜线或漆包线绕制。普及机中多采用空心线圈，靠拨动线圈间距来调整电感量。

调频头因工作频率高，高频损耗大，其印制电路板不宜使用普通的纸胶板或布胶板，而

第 6 章 收音机中的高频电路

应选用环氧树脂板。

超高频下工作的晶体管,其集电极处于高频率、高电位和高阻抗状态下,容易因旁路电容退耦不良或地线过长而引起不稳定,因此,电源常用正端接地方式,整个调频头的印制电路板也大面积接地。由于在超高频下,各回路所用电感很小,即使一小段引线引起的电感也可能和回路的电感量相接近,因此晶体管、电容等应紧靠底板安装,电阻应该紧靠底板卧式安装,引线尽可能短,以免由于引线电感使电路产生不必要的麻烦。整个调频头结构要紧凑,做好加装屏蔽罩隔离,以防外界干扰。

2. 集成电路调频(FM)收音机高频电路

分立元件组成的调频接收电路又称调频前端电路,由于具有元器件多、调试困难、不易小型化等缺点,近来已逐步被集成电路调频收音电路所取代。

集成电路调频收音电路,由于外围元器件少、电压低、功耗低、体积小、调试容易,因此被广泛应用于袖珍式或便携式的收音机、收录机等音响设备中。现在还有调频/调幅单片收音机专用集成电路,其中包括调频收音电路。

日本东芝公司生产的 TA7335P 集成块,就是为调频前端而开发的集成电路,国内已有同类产品(D7335P)。TA7335P 采用 9 引脚单列直插塑封结构,工作电压为 2~6V,采用变容 AFC 二极管。图 6-20 为使用 TA7335P 组成的调频头电路。

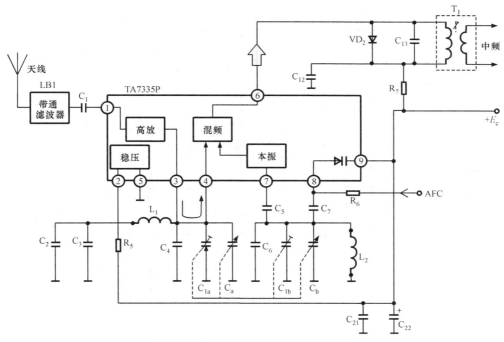

图 6-20 TA7335P 组成的调频头电路

天线接收的调频广播信号,经带通滤波器 LB1(带通范围为 87~108MHz)和耦合电容 C_1 加到 1 引脚送入高频放大电路。因工作频率较高,高放采用共基极接法,其特点是:输入阻抗低,便于与带通滤波器阻抗匹配;输出阻抗高,保证 3 引脚高放输出端谐振回路有足够的 Q 值以提高选择性。C_a、C_{1a}、C_4 和 L_1 组成调谐电路,高放输出的信号经调谐电路加到 4

引脚。C_b、C_{1b}、C_6 和 L_2 组成振荡回路，经 C_5 加到 7 引脚，与内电路共同构成本机振荡电路。调谐 C_b 可改变本振频率，C_{1b} 可调整波段的频率范围。C_5 的容量要适当，容量太大会使本振频率随电源电压变化而增大，容量太小又会使振荡输出幅度不够，通常选 30pF 左右。

高放后的调频信号由 4 引脚送入混频器，本振信号由集成电路内部送给混频器，经混频后由 6 引脚输出。C_{13}、T_1 的初级组成中频选频电路，选出的中频信号（10.7MHz）由 T_1 的次级送至中放电路。VD_2 的作用是抑制外界干扰脉冲，当出现强信号时，二极管导通，谐振回路输出降低，保证后级放大器不致出现饱和阻塞现象。

集成电路内 8 引脚和 9 引脚间的变容二极管起 AFC 作用，变容二极管与 7 引脚外接的本振回路呈并联形式，受来自鉴频器输出电压（经 R_6 加入）的控制。当本机频率发生偏移（如偏高）时，鉴频器输出电压升高，加在变容二极管两端的反向偏压减小，其电容量增大，从而使振荡频率降低；反之亦然。

2 引脚为集成电路电源输入端，经内部稳压电路稳压，为内电路晶体管提供偏置。5 引脚为接地端。TA7335P 的高频增益为 20dB，如果认为增益不够，也可选用 TA7358AP、TA7378P 集成电路。

图 6-21 为 TA7358AP 的应用电路。TA7358AP 采用 9 引脚单列直插塑料封装，是 TA7335P 的改进型，性能有很大改善。TA7358AP 的电源电压范围为 1.6～6V。该电路与如图 6-20 所示电路的工作过程基本相同，区别在于 TA7358AP 不含 AFC 二极管，需要外接。内部电路虽有差异但不影响工作过程分析，读者可自行比较。

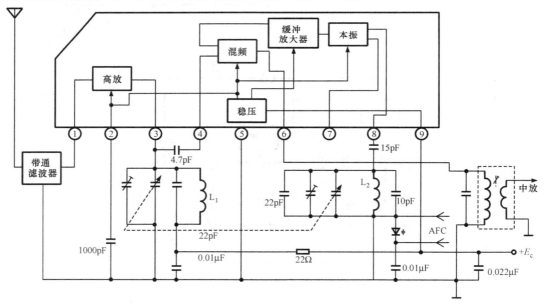

图 6-21　TA7358AP 的应用电路

6.2.2　收音机的典型单元电路

1. 收音机的单元电路

图 6-22 是一个小型超外差收音机的电路图，它是由天线输入调谐电路、高放和混频电

第6章 收音机中的高频电路

路（VT_1）、中频电路（IFT_1、VT_2、IFT_2）、检波电路（VD_1）和低频功放（TA7368P）等多个单元电路组成的。收音机在接收广播节目时的信号流程（从图6-22中可以了解收音机单元电路的功能）为：天线→射频谐振电路→高放、混频、本振合一的电路（VT_1、OSC电路和本振线圈）→中频变压器（IFT_1）→中频放大器（VT_2）→中频变压器（IFT_2）→检波器（VD_1）→低频功率放大器（TD7368P）。

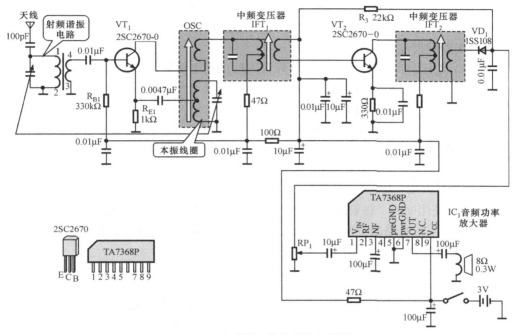

图6-22 小型超外差收音机电路图

2. AM收音机的高频放大电路

图6-23为AM收音机的高频放大电路，其功能是放大天线接收的微弱信号，此外还具有选频功能。

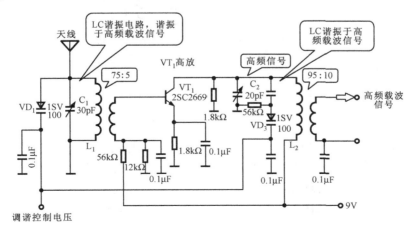

图6-23 AM收音机的高频放大电路

由图 6-23 可知，该放大器的核心器件是晶体管 VT_1，信号由基极输入，放大后的信号由集电极输出并经谐振变压器耦合到混频电路。

天线感应的信号加到由 L_1、C_1 和 VD_1 组成的谐振电路上，改变线圈 L_1 的并联电容，就可以改变谐振频率。该电路是采用变容二极管的电调谐方式，变容二极管 VD_1 在电路中相当于一个电容，电容的值随加在其上的反向电压变化而变化。改变电压，就可以改变谐振频率。此外高频放大器的输出变压器初级线圈的并联电容中也使用了变容二极管 VD_3，它与 VD_1 同步变化，C_1 和 C_2 可微调，以便能微调谐振点。

高频放大器的直流通路如下。

（1）+9V 电压经变压器线圈 L_2 为高频管 VT_1 的集电极提供直流偏压。

（2）+9V 电压经 $56k\Omega$ 电阻与 $12k\Omega$ 电阻的分压形成直流电压再经高频输入变压器次级线圈为高放晶体管 VT_1 的基极提供直流偏压。

（3）高放管 VT_1 发射极接 $1.8k\Omega$ 电阻，作为电流负反馈元件，以稳定晶体管的直流工作点，与该电阻并联的 $0.1\mu F$ 电容为去耦电容，以消除放大器的交流负反馈。

3. 使用变容二极管的 AM 高频放大电路

图 6-24 为使用变容二极管的 AM 收音电路，该电路的功能是放大 AM 收音信号并将放大的信号变成中频信号输出。AM 收音电路由高频放大器、混频和本机振荡电路等构成，在调谐电路中采用变容二极管，因而可以采用电调谐的方式。

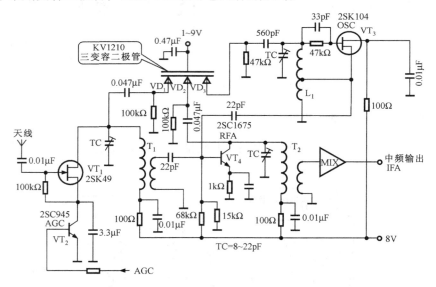

图 6-24 使用变容二极管的 AM 收音电路

天线收到的 AM 高频广播信号送到高放晶体管 VT_1 的栅极进行放大。VT_1 的漏极电路中设有选频调谐电路（T_1 的初级绕组和 VD_1 谐振），VT_1 放大的信号经 T_1 耦合到 VT_4 的基极，本振 VT_3 的信号经 $22pF$ 电容也耦合到 VT_4 的基极，两信号在 VT_4 中混频，VT_4 的输出经中频变压器 T_2 选频输出（465kHz）。变容二极管 VD_1、VD_2、VD_3 是集成于一体的变容二极管（KV1210）。

第 6 章 收音机中的高频电路

4. 调频收音（FM）高频放大器

图 6-25 是调频收音机的高频放大器电路，该放大器用 FM 射频信号的前置放大器，它采用绝缘栅型场效应管 MOS FET，具有交扰调制小的双栅极场效应管，其栅极 G_2 加自动增益控制 AGC 偏压。

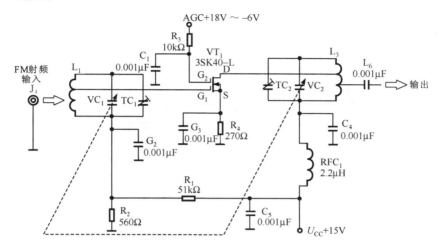

图 6-25　调频收音机的高频放大器电路

射频信号经 L_1 和 VC_1 等构成的并联谐振电路送到高放管 VT_1 的栅极 G_1，经放大后由漏极输出并送到输出谐振电路，输出谐振电路是由 L_3 和 VC_2 等元件构成的。电路中的谐振电路是用于选频，改变谐振电路中的可变电容器 VC_1、VC_2，可以改变谐振频率点，可进行节目搜索。

5. FM 收音机的中频放大器

图 6-26 为调频收音机中的中频放大电路（10.7MHz），它的功能是对调频中频信号（10.7MHz）进行选频放大。电路采用晶体管共发射极放大器，输入和输出采用变压器耦合方式，变压器采用单谐振方式。输出变压器的耦合度可调。

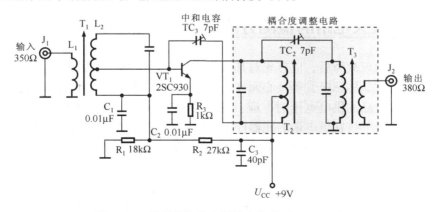

图 6-26　调频收音机中频放大电路（10.7MHz）

FM 中频由输入变压器 T_1 的初级绕组输入，经变压器耦合到晶体管 VT_1 的基极，变压器次级 L_2 与电容构成谐振，其频率为 10.7MHz，C_1 为去耦电容，使 L_2 的下端交流接地。中频信号经 VT_1 放大后经耦合至可调变压器输出。

+9V 电压经电阻 R_1、R_2 分压后经 L_2 绕组的一部分为晶体管 VT_1 提供基极偏压，同时 +9V 电压经变压器 T_2 绕组的抽头为晶体管 VT_1 集电极提供偏压。

图 6-27 为采用陶瓷滤波器的 FM 中频放大电路，该电路的中频放大电路主要由中频输入变压器 T_1、陶瓷滤波器 CF_1、中频放大器 VT_1 和 2 级中频变压器 T_2 等组成。

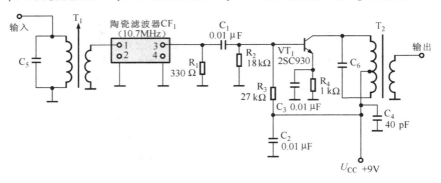

图 6-27 采用陶瓷滤波器的 FM 中频放大电路

来自 FM 前端电路的中频（10.7MHz）信号首先送入中频变压器 T_1 的初级绕组，该绕组与 C_5 组成中频谐振电路，具有选频功能，变压器 T_1 的次级绕组接有一个 10.7MHz 的陶瓷滤波器，它将选择的中频信号传输至下一级中频放大器晶体管 VT_1 的基极进行放大。VT_1 放大的信号再经第 2 级中频变压器 T_2 输出到下一级。该电路具有结构简单、性能好的特点。

6.3 收音机电路的检测方法

当收音机出现故障后，则可根据其结构组成和工作原理，对其进行检修分析，然后再对收音中的各个电路进行检修。下面同样以调幅收音机为例，介绍收音机的检修方法。

6.3.1 高频放大电路的检测方法

高频放大电路出现故障后，应首先对其供电电压进行检测，然后再检测单联可调电容、磁棒线圈及高频放大晶体三极管等核心元件，这里以图 6-13 所示的电路为例进行介绍。

检测高频放大电路的供电电压时，应首先将万用表调至"直流 10V"电压挡，黑表笔搭在接地端上，红表笔搭在供电端的元器件上（L_2 引脚端），正常情况下应该可以检测到 9V 的直流电压，如图 6-28 所示。若供电电压不正常，则应对供电电路中的元器件或电池进行检测。

若供电电压正常，则应对磁棒线圈进行检测，将万用表调至电阻挡，用两个表笔分别搭在线圈两端的引脚上，正常情况下可以检测到一个电阻值，如图 6-29 所示。若检测到的阻值为无穷大，则说明磁棒线圈已经损坏。

第 6 章 收音机中的高频电路

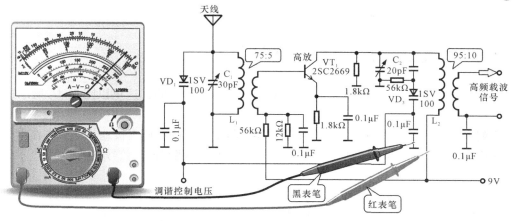

图 6-28 高频放大电路供电电压的检测方法

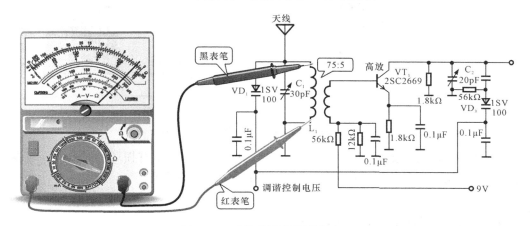

图 6-29 磁棒线圈的检测方法

接着对高频放大晶体三极管进行检测，检测时从电路板上取下晶体三极管，将万用表调至电阻挡，用两个表笔分别搭在两个引脚上，如图 6-30 所示。正常情况下，只有在黑表笔搭在基极 b 上，红表笔搭在集电极 c 和发射极 e 上时，才能检测到一定的阻值，其他均为无穷大。

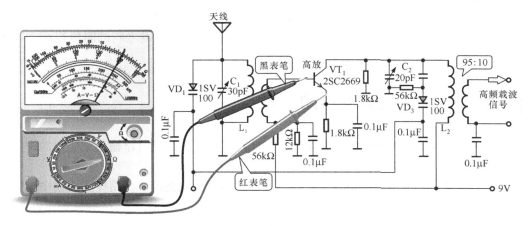

图 6-30 高频放大晶体三极管的检测方法

若测得各引脚之间的阻值有趋于 0 的情况，则说明晶体三极管已经损坏。

6.3.2 本机振荡器电路的检测方法

本机振荡器电路出现故障后，可首先对振荡信号进行检测，这里以图 6-14 所示的电路为例进行介绍。

检测本机振荡器电路时，需要使用示波器，将示波器的接地夹接地，探头搭在本振振荡信号的输出端上，如图 6-31 所示。正常情况下，可以检测到振荡信号的波形。

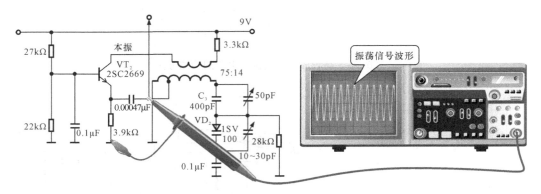

图 6-31　本机振荡器电路的检修方法

若检测时无波形，则说明晶体三极管 VT_2 或 LC 谐振电路中有损坏的元器件，可参照元器件的检测方法，对晶体管、电感器、电容器等元器件进行检测。

6.3.3 混频电路的检测方法

混频电路出现故障后，应重点对该电路中的晶体三极管及中频变压器等进行检测，这里以图 6-15 所示的电路为例进行介绍。晶体三极管的检测方法在前面的章节中已经介绍过，在此不再赘述。

检测中频变压器时，可使用万用表的电阻挡检测其初级绕组和次级绕组的阻值，如图 6-32 所示，正常情况下，中频变压器初级绕组之间或次级绕组之间的阻值很小，若出现无穷大的情况，则说明中频变压器本身已经损坏。

6.3.4 中频放大电路的检测方法

中频放大电路主要用来放大中频信号，可使用示波器检测该电路输入及输出的中频信号来判断故障部位，这里以图 6-16 所示的电路为例进行介绍。

检测中频放大电路输入的中频信号时，将示波器的接地夹接地，用探头搭在中频变压器 T_1 的初级绕组引脚上；检测输出的中频信号时，应将示波器的探头搭在中频变压器 T_2 的初级引脚上，如图 6-33 所示。

第 6 章 收音机中的高频电路

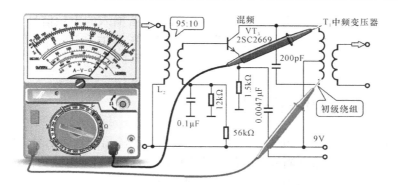

（a）检测初级绕组的阻值

（b）检测次级绕组的阻值

图 6-32 中频变压器的检测方法

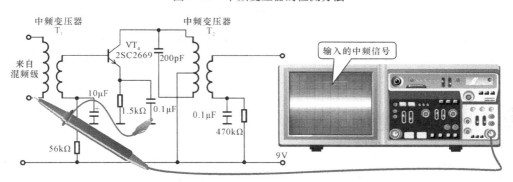

（a）检测输入的中频信号

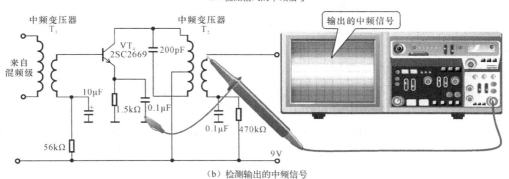

（b）检测输出的中频信号

图 6-33 中频放大电路的检测方法

正常情况下，可以检测到输入和输出的中频信号；若输入的中频信号正常，而无输出，则说明中频放大电路中有损坏的元器件。重点对中频变压器 T_1 和 T_2、晶体三极管 VT_4 等进行检测。

6.3.5 检波电路的检测方法

检波电路主要用来提取音频信号，可使用示波器检测输出的音频信号，以及使用万用表检测电路中的关键元件，来判断故障部位，这里以图 6-17 所示的电路为例进行介绍。

若由中频放大电路送来的中频信号正常，则应使用示波器检测检波电路输出的音频信号是否正常，如图 6-34 所示，正常情况下，可以检测到输出音频信号的波形。

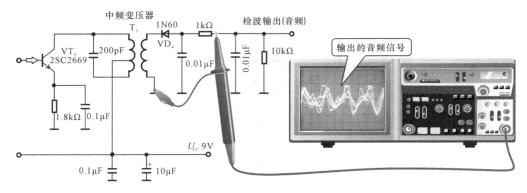

图 6-34　检波电路的检测方法

在中频信号正常的情况下，若无音频信号输出，则可能是检波电路中有损坏的元器件，应重点对晶体三极管 VT_5、中频变压器 T_3 及二极管 VD_4 等进行检测，这些元器件的检测方法在前面的章节中已经介绍，在此不再赘述。

6.3.6 收音机的调试方法

收音机中有些元器件是可调的，通过调整它们可使收音机接收固定频率的信号，因此，更换可调元器件后，或者调整失常的收音机，还应进行调试。收音机使用时（超外差式），只要调节双联可变电容器，就可以使输入电路和本机振荡电路的频率同时发生连续的变化，从而使这两个电路的频率差值保持在 465kHz 上，这就是所谓的同步或跟踪（只有如此才有最佳的灵敏度）。

实际上，要使整个波段内每一点都达到同步不是很容易的。为了使整个波段内能取得基本同步，在设计输入电路和振荡电路时，要求收音机在中间频率（中波 1000kHz）处达到同步，并且在低端（中波 600kHz）通过调整天线线圈在磁棒上的位置（改变电感量），在高端（中波 1500kHz）通过调整输入电路的微调补偿电容的容量，使低端和高端也达到同步。这样一来，其他各点的频率跟踪也就差不多了，所以在超外差式收音机整个波段范围内有三点是跟踪的。以调整频率补偿的方法实现三点跟踪，也称为三点同步或三点统调。

第 6 章 收音机中的高频电路

1. 用高频信号发生器统调

高频信号发生器与待调收音机的连接方法如图 6-35 所示。

首先调整高频信号发生器的频率调节旋钮，使环形天线送出 600kHz 的标准高频信号，将收音机的刻度定在 600kHz 的位置上，改变磁棒上天线线圈的位置，使毫伏表读数最大。

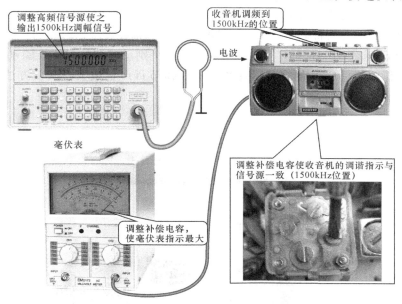

图 6-35 调整中波收音机低频段的跟踪

接下来再将高频信号发生器输出频率调到 1500kHz，将收音机指针定在 1500kHz 位置上，调整输入电路的补偿电容（C_1）的电容，使毫伏表指示最大，如图 6-36 所示。

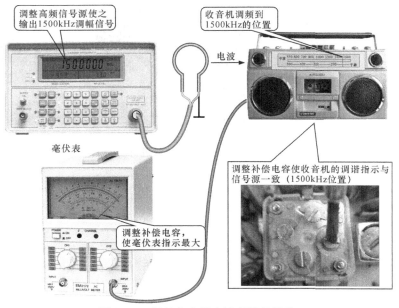

图 6-36 调整收音机中波高端的跟踪

· 121 ·

用上述的调试方法反复调试多次,直到两个统调点 600kHz、1500kHz 调准为止。

对于有短波的收音机,其短波的统调方法与中波的调整方法一样。只是在统调时由于短波天线线圈在磁棒上移动不大,通常需要将线圈增减一两圈(或改变天线线圈中磁芯的位置)。

2. 利用电台广播统调

对于调幅中波收音机的统调,可以在低端 600kHz、高端 1500kHz 附近,分别选择两个广播电台节目作为信号直接调整,调整方法与使用高频信号发生器时相同。例如,在北京地区可选择 639kHz 和 1476kHz 的广播节目进行统调,分别反复调整磁棒线圈(L_1)的位置和输入电路的补偿电容(C_1)的容量,使收到的广播节目声音最大,调试方法如图 6-37 所示。这种方法基本能收到满意的效果。

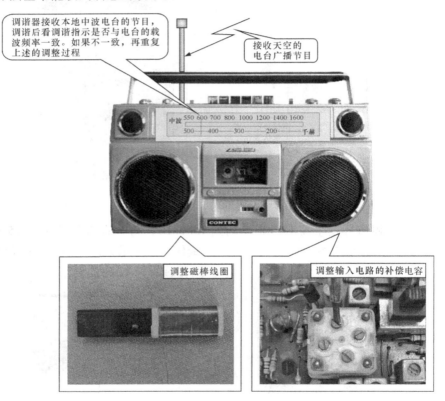

图 6-37 利用电台的节目进行统调

第7章

高频电子技术在电视广播系统中的应用

教学和能力目标:
- 电视广播采用 40~880MHz 的频段,每个频道的带宽约 8MHz,可传输 100 多个频道的电视节目,电视机的高频头能接收该频段的电视信号,并能进行调谐选台;学习本章应了解电视信号的传输过程及接收电路的结构、功能和工作流程
- 掌握高频头中高频放大器、混频器和本振电路的结构和工作原理
- 预中放电路和中放电路所处理的中频载波(38MHz)也属于高频信号的范围,应了解中频电路的结构特点和工作流程

7.1 电视信号的发射与接收

7.1.1 电视信号的发射

我们在电视屏幕上看到的节目,都是先由摄像机和话筒将现场景物和声音变成电信号(视频图像信号及伴音信号)送到发射台经调制发射,即将图像和伴音信号调制到高频或超高频载波上再发射出去,或用电缆传输到千家万户。

为了使声像信号能传送到千家万户,要选择适当的射频载波信号。50~1000MHz 的射频信号若有足够的功率可以传输数十千米至数百千米,只要天线发射塔足够高就可以覆盖较大的面积(城市及远郊)。将视频图像信号和伴音信号"装载"(调制)到这种射频信号上就可以实现传输电视信号的目的。

传输电视节目前的图像和伴音信号的处理过程如图 7-1 所示。从图中可知,视频图像信号由摄像机产生,音频伴音信号由话筒产生,分别经处理(调制、放大、合成)后由天线发射出去。

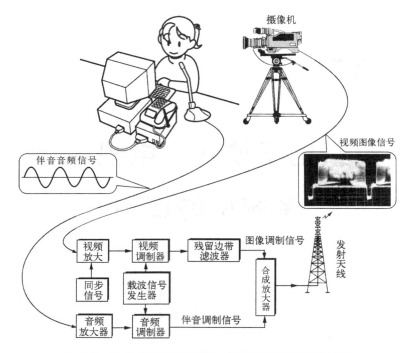

图 7-1 传输电视节目前的图像和伴音信号的处理过程

7.1.2 电视信号的接收

电视机通常是通过天线接收来自电视台天线发射塔的电视节目，也可以通过有线电视系统接收有线电视中心传输的电视节目，电视信号的接收方式如图 7-2 所示。

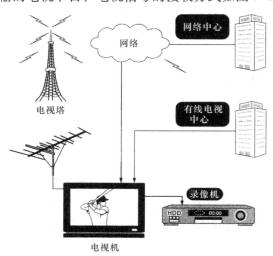

图 7-2 电视信号的接收方式示意图

调谐器也称高频头，是接收电视信号的电路单元，它从天线送来的高频电视信号中调谐选择出欲接收的电视信号，进行调谐放大后与本机振荡信号混频，输出中频信号。彩色电视机中采用的是电子式的调谐器，它是利用变容二极管的结电容作为调谐回路的电容器，故只要改变加于变容二极管的反向偏压即可进行调谐。其波段切换是利用开关二极管的开关特性来切换调谐回路中的电感器，故也可用加于开关二极管的偏置电压来切换波段。由于它所处理的信号频率很高，为防止外界干扰，通常将它独立封装在屏蔽良好的金属盒子里，由引脚与外电路连接。

7.2 电视信号接收电路——调谐器

在电视机中调谐接收电视信号的电路被称为高频头，又称调谐器。在天空中或在有线电视的电缆中有很多电视节目的信号在传输。每套节目采用不同的载波频率，相应于传输频道，如中央电视台的综合频道、经济频道、文艺频道、体育频道、教育频道等，此处还有省市地方电视台的电视频道。不同的电视频道在传播时采用不同的载波频率。电视机要接收不同的频道就要调谐到所接收的载波频率上。调谐器对载波信号进行放大和混频，使载波信号与本帧信号进行差频，将射频载波信号变成中频载波信号。然后再进行视频检波和伴音解调，从中取出视频图像信号和伴音音频信号。由于调谐器是处理高频信号的电路，因而又被称为高频头。

7.2.1 调谐器的基本结构

调谐器的基本电路实例如图7-3所示，调谐器的基本结构如图7-4所示。天线接收的电视信号，由输入电路输出至高放电路进入高放双栅极场效应管的信号栅极。由调谐电压控制变容二极管VD_1的反偏压，改变电容即可调谐高放级频率，选出欲收电台，送混频电路。

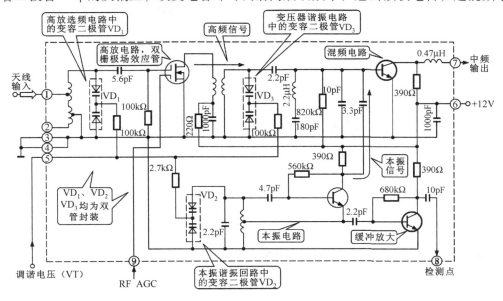

图7-3 调谐器的基本电路实例

混频电路还接收由本机振荡电路送来的比欲接收的高频信号高出 38MHz 的本机振荡等幅波，其振荡频率是由调谐电压控制变容二极管 VD_2 的反偏压来控制的。混频电路输出本机振荡信号和高频信号的差频，即图像、伴音中频信号。由于调谐电路处在电视接收机的最前端，为保证接收质量，要求输出的中频信号稳定。在电路中采取的措施是使高频放大级具有自动增益控制 AGC 功能。由中放来的高放 AGC 控制电压，送入双栅极场效应管的控制极，控制其电压增益。当接收信号弱时，AGC 电压使增益升高，反之则下降，为保证中放频率稳定，彩色电视机中还设有自动频率调整电路（AFT）。自动频率调整电压叠加在变容二极管上或送给调谐控制微处理器，由微处理器进行微调，使输出的中频稳定。

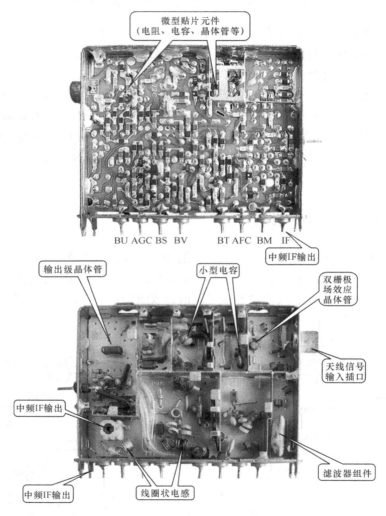

图 7-4　调谐器的基本结构

7.2.2　调谐电路的信号处理过程

全频道调谐器的原理框图如图 7-5 所示。天线接收的 VHF 和 UHF 电视信号，进入调谐器后分两路进行处理。U 段在图的上部，V 段在图的下部，频段切换是以切换 BU、BH、BL

端子的供电（12V）来实现的。当接收 U 段节目时，BU 端子给 U 段电路供电。天线信号进入输入电路（UHF），在调谐电压的控制下，取出欲收频道信号，耦合至调谐高放 VT_1 信号栅极，放大后再耦合到 UHF 混频器（VT_2）。同时 VT_3 送来本机振荡信号，差频后中频信号 V_{IF} 送至 VHF 混频级 VT_{102}，放大后输出中频信号，这时因 V 段本振不工作，V 段混频级是作为 U 段前置中频放大。

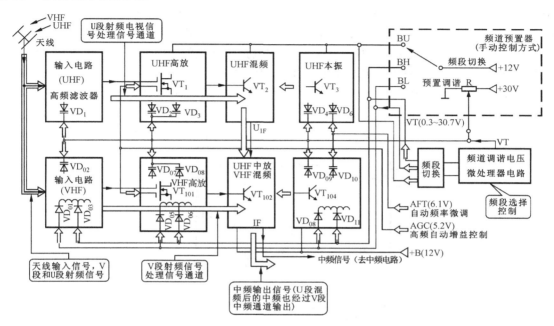

图 7-5　全频道调谐器原理框图

BL 端子供电时，V 段低端的电路工作。BH 端子供电时 V 段高端电路工作。V 段高低两段工作原理一样，其信号流程相同，天线信号都经 VHF 输入电路、高放 VT_{101}，至混频级（VT_{102}），同本振信号差频输出中频信号（IF），VHF 本振电路为 VT_{104}。V 段高低段的差别在于 BL 供电时，波段切换开关二极管 VD_{05}、VD_{08} 导通，使由两个电感串联成的线圈的电感较大，故谐振频率低。当 BH 供电时，开关二极管 VD_{06}、VD_{11} 导通，调谐线圈只有一部分接入，使电感减小，谐振频率上升，调谐电压的产生有多种方式，在手动调谐方式中取自预置器中的电位器，把 30V 分压，为选频电路提供选频电压，同时调谐输入电路和本振电路频率。在自动调谐方式中，频道微调电压 VT（或称 BT 电压）和频道选择电压（BU、BH、BL）都是由微处理器进行控制的。微处理器调谐也有两种方式，一种是电压合成的方式，另一种是频率合成的方式，从电路上说有 PWM 信号控制方式和 I^2C 总线控制方式，在 I^2C 总线控制方式中多采用数字锁相环（PLL）频率合成器方式。AFT 自动频率微调电压控制对象是 V/U 段本机振荡器中的变容管。高放 AGC 电压控制对象是 V/U 两组高放管的增益。

7.2.3　调谐控制电路的结构

调谐控制电路是完成电视频道调谐（搜索）和记忆的电路。遥控型彩色电视机的频道调谐和记忆是由微型计算机来完成的。频道调谐和搜索就是给调谐器中的变容二极管提供直流电压，频段的切换是控制 BL、BH 和 BU 的电压。

手动调谐方式的频道预置器是一组由电路切换开关、按钮、电位器及适当电路组成的电路开关装置。它控制调谐器预置波段转换电压和调谐电压。图 7-6 为自动和手动频道预置器和调谐器的连接示意图。由于变容二极管的电容受控于控制电压变化的范围，一般为 3～20pF，所以把 57 个频道分为 VHF 低段［即 V_L 段（1～5 频道）］、VHF 高段［即 V_H 段（6～12 频道）］和 U 段（13～57 频道）。图 7-4 所示的电路中 VHF 低（V_L）段和 VHF 高（V_H）段的接收电路合用一个电路，UHF（U）波段的电路是独立的。电路的公共部分由 BM 端子供电。只要切换这三个波段供电端子 BL、BH、BU 即可实现波段切换。在每个波段，调谐电路为 VT 端提供 0～30V 直流电压。一定的电压值对应波段中的某一个频道，故改变调谐电压值即可调谐电台。

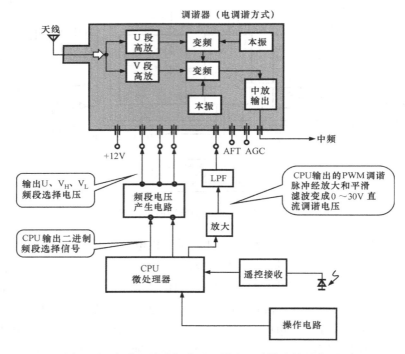

图 7-6　自动和手动频道预置器和调谐器连接示意图

对于自动调谐方式，微处理器是控制中心，它收到遥控指令或是人工按键的调谐控制信号后，输出频道调谐脉冲和频段选择信号，经调谐接口电路和频段选择电路后输出 BL、BH、BU 选择信号和 VT 调谐电压，并分别送到调谐器中。目前彩色电视机几乎淘汰了手动方式。

7.2.4　高频调谐电路的结构和信号流程

图 7-7 是一个使用场效应晶体管（FET）作为高频放大器的调谐电路实例。由于场效应晶体管具有输入阻抗高、增益高、反馈电容小的特点，不易发生混调干扰。下面介绍高频调

谐电路的工作原理。

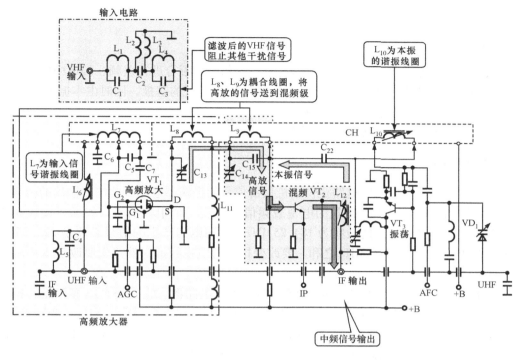

图 7-7 使用场效应晶体管（FET）作为高频放大器的调谐电路实例

1. 输入电路

输入电路是连接天线信号的电路，它主要是由匹配电路和滤波电路构成的，即图 7-7 中的 L_1、L_2、L_3、L_4 及 C_1、C_2 和 C_3 等。为使天线信号能高效地送给高频放大器，必须使高频放大器的输入阻抗与天线的阻抗匹配，同时还具有防止干扰信号混入的功能。

2. 高频放大器

高频放大器是以场效应晶体管为主体的放大电路。这个电路的功能是选择和放大所希望的频道的信号，并保持良好的信噪比（S/N），防止本振电路的振荡信号通过天线发射出去影响其他电视机的接收。

由图 7-7 可知，天线输入的信号先由 $L_1 \sim L_4$、$C_1 \sim C_3$ 等组成的高通滤波器滤除不希望的信号，然后通过 L_7、C_7 加到高放场效应晶体管 VT_1 的栅极 1（G_1）上。C_6、L_7、C_5 构成单谐振回路，它谐振在相应的电视频道上，切换 L_7 就可以切换频道。机械切换式的电视机就是通过这种办法来切换频道。电子切换式的电视机是用开关二极管来切换谐振回路线圈的接入点来进行的。

高频放大场效应管的漏极（D）输出放大的信号并经 L_8、L_9 耦合到混频级 VT_2。

场效应管的第 2 栅极（G_2）作为高放 AGC 电压的控制端，用以稳定放大后的电视信号，即使输入信号电平有变化（当然是有一定限度的），也不影响接收效果。

由于电视信号的频率非常高，高放晶体管的输入和输出的信号会通过晶体管内部电容形成正反馈而发生振荡，使电路工作不稳定。为防止出现这种情况，在输入和输出之间适当加入负反馈电路。

3. 混频电路

混频电路的功能是将高放输出的信号与本振的信号相混合进行差频，形成中频信号。由图 7-7 可知，从高放送来的信号经过 L_9 耦合到混频管 VT_2 的基极，同时由本振电路（VT_3）送来的信号经过 C_{22} 也加到混频管的基极。

混频晶体管集电极经 L_{12} 输出差频信号，即中频信号。

4. 本机振荡电路

本机振荡电路是专为混频电路提供本机振荡信号的振荡器电路。此电路输出的信号应比高频放大器输出的信号（即欲接收的电视载频信号）高一个中频信号。如果要接收 8 频道的节目那么其高频电视信号的载频为 184.25MHz，本振电路产生的信号必须是 222.25MHz，即 184.25MHz 与中频信号 38MHz 之和。要改变接收的电视频道，就首先要改变本振电路的振荡频率。

图 7-8 为典型的本机振荡电路的电路图和其等效电路图。它是一个电容三点式振荡电路，常被称为考比兹的振荡电路，其振荡频率主要由 L_1、C_1、C_2、C_5、VD_C（变容二极管）等元器件决定。其中 C_2 是将发射极输出信号的一部分反馈到基极，形成正反馈。L_1 是振荡线圈，改变 L_1 的值就可以改变振荡频率，通过微调 L_1 线圈的电感量可以微调振荡频率。R_1、R_2 为偏置电阻，12V 电源经 R_1、R_2 分压后加到晶体管基极。C_4、C_3、L_2 为滤波元件。

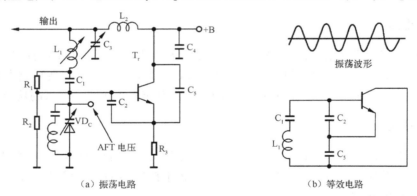

图 7-8 典型的本机振荡电路的电路图及其等效电路图

7.2.5 自动频率调整电路（AFT）

由以上介绍可知，本振的频率是要求很准确的，一旦发生频率漂移便会引起所接收的图像和伴音不良，然而实际上要求电路的振荡频率绝对准确也是不可能的，因而在调谐器电路中都设置了自动频率微调电路，自动频率调整电路如图 7-9 所示。AFT 电路的功能是：在接收电视节目的同时，对调谐器输出的图像中频载波信号进行频率检测，如果中频发生漂移，则表明调谐器中的本振频率发生了漂移。AFT 电路则会将频率漂移的误差信号转换成直

第 7 章 高频电子技术在电视广播系统中的应用

流控制电压，利用这个控制电压去微调本振电路中的变容二极管的电容量，从而达到微调本振频率的目的，使本振信号始终保持在允许的误差范围内。

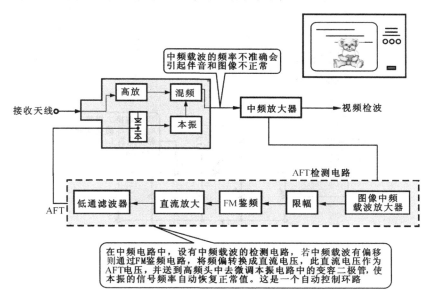

图 7-9 自动频率调整电路（AFT）

由图 7-9 可知，AFT 电路是由图像中频载波放大器、限幅器、FM 鉴频器、直流放大器和低通滤波器等构成的。图像中频载波放大器放大从中频通道中提取的图像中频载波，然后进行限幅，消除载波幅度变化对电路的影响。鉴频器将频率误差转换成直流误差电压，直流放大器用以放大直流误差电压，低通滤波器滤除高频分量，输出直流误差电压（即 AFT 电压），送到调谐器中加到本机振荡器中谐振回路的变容二极管的两端，从而达到自动微调本振频率的目的。

7.2.6 变容二极管及其特性

本振电路中 LC 谐振元件的值决定振荡器的振荡频率，改变 LC 谐振元件的值就可以改变振荡频率。在调谐器中都使用变容二极管作为调谐电容。这种二极管的 PN 结具有一定的电容值，而且该电容值会随二极管两端所加的反向偏压不同而变化。以这种变容二极管作为振荡器中的可变电容，通过改变此变容二极管的反向直流偏压就可以改变此振荡器的振荡频率。变容二极管的特性和用变容二极管组成的谐振电路如图 7-10 所示。

变容二极管结电容的变化范围是有限的（一般为 3~20pF），故其谐振电路的频率范围不能覆盖整个电视信号的频率范围。为此将整个电视信号的频率范围分成几个频段。例如，在图 7-10（c）中，在低频段（1~5 频段）BS 电压为 0 时，二极管 VD_S 成断路状态，C_S 不起作用。谐振频率是由变容二极管 VD_C 的电容与 L_1、L_2 的串联电感形成谐振电路，其谐振频率在低频段（V_L）。当接收高频段时（6~12 频段），BS 电压上升，使 VD_S 由截止状态变成导通状态，C_S 将电感 L_2 短路，谐振电路中只有电感 L_1 起作用，故其谐振频率升高，电路工作在 V_H 频段。

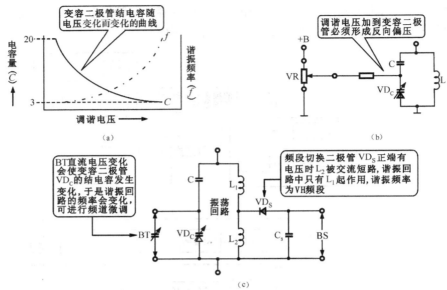

图 7-10　变容二极管的特性和用它组成的谐振电路

7.2.7　UHF 高频头电路实例

图 7-11 是 UHF 高频头电路实例，由于 U 段的信号频率很高，各谐振电路的 LC 值也要很小，一个金属片所具有的电感量就已经足够了，因而在电路中多采用分布参数的谐振元件。例如，图 7-11 中 L_1、L_3、L_4、L_6 等实际上就是由小金属片制成的电感。也有利用金属盒的腔体形成谐振腔来进行选频。

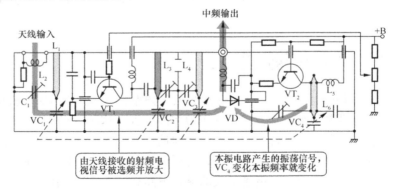

图 7-11　UHF 高频头电路实例

图 7-11 中 VT_1 为高频放大管，VT_2 为本机振荡管，VD 为混频二极管，来自天线的输入信号由 L_2、VC_1 进行调谐，然后由共基极放大器 VT_1 进行放大。放大后的高频信号经 L_3、L_4 耦合送到混频二极管 VD。VT_2 产生的振荡信号经 L_5、L_6 耦合也送到混频二极管 VD。混频后输出中频信号再加到 VHF 调谐器的混频器（这时作预中放用），经预中放后再输出到中频通道。

选台时，通过改变各调谐电路中的可变电容（$VC_1 \sim VC_4$）的容量进行连续调谐。$VC_1 \sim VC_4$ 均可用变容二极管代替。

7.3 调谐器电路实例分析

图 7-12 是彩色电视机所用的一种调谐器电路实例（EF-563C）。下面分析其具体的工作过程。

U 频段调谐器和 V 频段调谐器都装在一个屏蔽盒子中，图 7-12 中上部是 U 频段电路，下部是 V 频段电路。从实际电路结构来看是很复杂的，但从学维修的角度来说没有必要对电路细节了解很深入，因为调谐器内部都是由微型贴片元件组成的，一般采用专业焊装工艺（表面安装工艺），如果损坏，只有整体更换调谐器，现把实际电路画出来，是使大家了解它的实际结构。

调谐器的两个频段使用同一个天线输入插座。天线接收到的 VHF 和 UHF 频段信号由输入分离电路来分配。

7.3.1 频段分离电路

调谐器的输入分离电路位于天线的输入端口。由 L_{21}、C_{97} 构成了一低通滤波器，频段范围为 0~250MHz，其作用是使 VHF 频段的 1~12 频道内的信号通过，而阻止 UHF 频段的信号。C_{08} 与 L_{01} 构成了一个高通滤波器，频带的下限频率为 450MHz，其作用是使 UHF 信号顺利通过而阻止 VHF 信号。

7.3.2 V 段高通滤波器

高通滤波器 F_{01}，主要作用是阻止低于 48MHz 的信号输入，以提高接收机的中频抗干扰能力。因为电视频道都在 48MHz 以上。

7.3.3 高放电路

调谐器的高频放大都采用双栅极场效应管（VT_{01} 及 VT_{04}）电路。其特点是增益高、工作稳定、失真小、频带宽，并能受 AGC 控制。图 7-12 中场效应管下部的输入栅极接的是单调谐电路，下部的栅极为自动增益控制（AGC）栅，输出端（漏极 D）接的是双调谐回路。该双调谐回路的双峰幅频特性与输入端的单调谐回路的单峰幅频特性合成具有 8MHz 带宽的高放幅频特性。

7.3.4 本机振荡电路

VT_{05} 是 VHF 频段的本机振荡管。电路中，L_{31}、L_{32} 与变容二极管 VD_{08}、串联电容 C_{95}、C_{39}、C_{40} 相关联，组成并联谐振回路。此谐振回路中 C_{39} 与 C_{40} 连接点为发射极，另外两端分别与 VT_{05} 的基极与集电极相连（经过地），是改进电容三点式振荡电路。在此电路中，三极管的极间电容不仅使 C_{39} 和 C_{40} 的容量增大，而且由于极间电容不稳定，会导致本振频率的不稳定。为了减小三极管间电容的影响，串入一个小容量电容器 C_{95}。这种改进型电容三点式振荡电路又称"克拉泼"振荡电路。

高频电子技术及应用

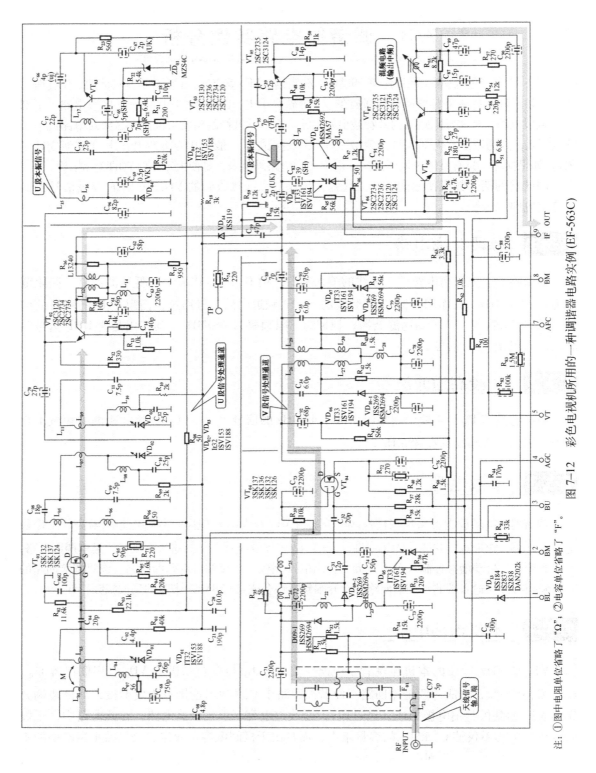

图 7-12 彩色电视机所用的一种调谐器电路实例(EF-563C)

注：①图中电阻单位省略了"Ω"；②电容单位省略了"F"。

第 7 章 高频电子技术在电视广播系统中的应用

7.3.5 混频电路

VT_{06}、VT_{07} 是 VHF 频段混频兼作 UHF 段的中频预放电路,它是共基－共射串接电路。共射电路输入阻抗较高,电流和电压放大倍数较大,缺点是上限工作频率较低,且会随负载的增大而降低,共基电路的输入阻抗低,在共基－共射串接电路中作为共射电路的负载,采用这种串接电路作为混频电路可保证在 VHF 的频率范围内具有平坦的混频增益。此电路在 UHF 接收时,作为中频预放大电路。

7.3.6 UHF 频段的调谐

在 UHF 调谐器中,通常不采用电感线圈和电容器组成集成参数调谐回路,而是由分布参数元件,即用 1/2 波长开路或 1/4 波长短路的传输线来组成具有选频特性的调谐回路。在实际中,常用传输线加接电容器的方法,缩短传输线的实际长度。通过调节电容的容量来连续调节传输线长度,达到连续调谐的目的。VT_{01} 是 UHF 高放管,L_{01}、L_{03}、L_{04}、C_{02}、C_{03}、VD_{01} 等是 UHF 高放输入调谐回路。L_{03}、L_{04} 为 1/2 波长开路线,开路线两端所接的 C_{02} 和 C_{03} 为开路线的缩短电容,变容二极管 VD_{01} 接在开路线的抽头处。VD_{01} 的结电容可改变 1/2 波长传输线的等效长度,即调谐回路的谐振频率。高放输出由一级单调谐回路和一级双调谐回路组成。L_{05}、C_{08}、C_{09} 组成单调谐回路;L_{07}、L_{08}、L_{09}、L_{010}、C_{09}、C_{10}、C_{11}、C_{12}、VD_{02}、VD_{03} 等组成高放输出双调谐回路,其基本工作原理与高放输入回路相同。其中 L_{07}、L_{08} 和 L_{09}、L_{10} 为 1/2 波长开路线,接在 1/2 开路线两端的电容 C_{09}、C_{10} 和 C_{11}、C_{12} 为缩短电容。改变变容二极管 VD_{02}、VD_{03} 的结电容可使回路谐振频率发生变化,改变两开路线之间的距离可调节初、次级的耦合程度。高放输出调谐回路呈双峰特性。

VT_{03} 是 UHF 频段的本振管,也是采用 1/2 波长开路线来实现本振频率的调谐。其振荡电路的基本工作原理与 VHF 振荡电路相同。C_{17} 为隔直流电容,为了提高本振频率的稳定性,UHF 频段本振晶体管基极采用稳压供电(由稳压二极管 ZD_{01} 来完成)。

VT_{02} 担任 UHF 频段混频。高放输出信号和本机振荡信号同时注入 VT_{02} 发射极,输出采用电感耦合双调谐回路。输出信号通过 VD_{14}、C_{19} 加至 VHF 混频电路,此时 VHF 混频电路作为 UHF 的预中放,以保证 UHF 频段有足够的灵敏度。

7.4 电视机中的高频电路实例

7.4.1 高频调谐放大器

电视接收系统与广播接收系统基本相同,只是两者之间所接收的频率不同,而且电视接收系统要比广播接收系统复杂一些,图 7-13 为电视接收系统中的高频放大器。

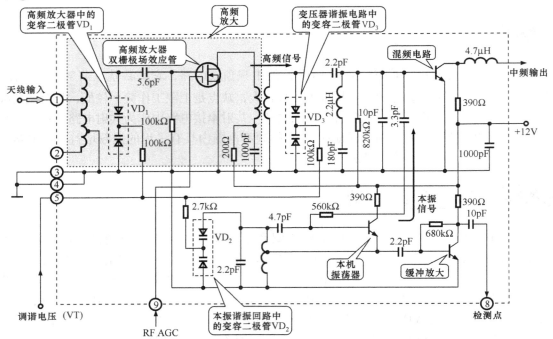

图 7-13　电视接收系统中的高频放大器

天线接收的电视信号，由输入电路输出至高频放大电路进入高放双栅极场效应管的控制栅极，并通过调谐电压控制变容二极管 VD_1 的反偏压改变电容，进而可调谐高放级频率，选出欲收电台，送混频电路。由于调谐电路处在电视接收机的最前端，为保证接收质量，要求输出的中频信号稳定。在电路中采取措施使高频放大级具有自动增益控制 AGC 功能。由中放来的高放 AGC 控制电压，送入双栅极场效应管的控制极，控制其电压增益。当接收信号弱时，AGC 电压使增益升高，反之则下降，为保证中放频率稳定，彩电中还设有自动频率调整电路（AFT）。自动频率调整电压叠加在变容二极管上或送给调谐控制微处理器，由微处理器进行微调，使输出的中频稳定。

图 7-14 是电子调谐式 U 频段电视机接收电路，它是由高频放大器、混频和本机振荡电路构成的。天线接收的信号经扁平电缆加到输入线圈上，经腔体谐振电路耦合到高放晶体管 VT_1 的发射极，将其放大后由集电极输出经双调谐电路耦合到混频级 VD_6。由 VT_2 和调谐电路构成本机振荡电路。本振电路也将本振信号送到混频电路，混频后由 IF 端输出中频信号。$VD_1 \sim VD_4$ 为谐振电路中的变容二极管，U_T 端为调谐电压输入端。VD_5 为本振电路中的变容二极管，AFT 电压加到 VD_5 上对本振频率进行微调。VD_6 经电感输出中频信号。

7.4.2　中频放大器和解调电路

1. 预中放电路

彩电调谐器输出的中频信号（38MHz）通过预中放电路后经声表面波滤波器送到中频

第 7 章 高频电子技术在电视广播系统中的应用

集成电路进行解调。这里的中频信号频率为 38MHz，频率仍然很高，因而放大器的相关元器件，也属于高频器件。图 7-15 是彩色电视机预中放电路的结构图。晶体三极管 VT_{101} 和偏置元件构成共发射极中频放大器，中频信号经耦合电容 C_{101} 加到 VT_{101} 的基极，放大后由集电极输出，再经耦合电容 C_{103} 加到声表面波滤波器 X_{101} 的输入端。电感 L_{102} 与 R_{106} 并联作为 VT_{101} 的集电极负载。利用电感 L_{102} 对高频信号阻抗高的特性来补偿预中放的高频特性。

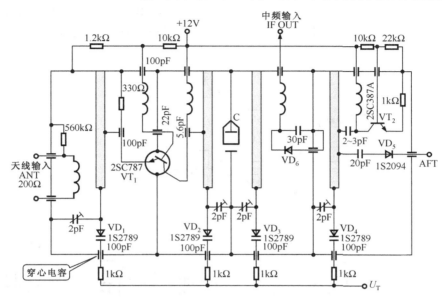

图 7-14　电子调谐式 U 频段电视机接收电路

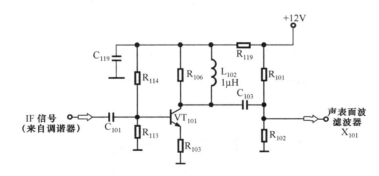

图 7-15　彩色电视机预中放电路的结构图

2. 中放和解调电路

电视机的中放和解调电路是对调谐器输出的中频载波信号进行中放和解调，从中频载波上将电视伴音和视频图像信号解调出来。图 7-16 所示的中放和解调电路都集成在 LA7680 的芯片之中。

LA7680 是将中频电路，视频解码电路和行、场扫描信号的产生电路都集成在一个大规模集成电路之中。

当接收电视信号时，在微处理器输出的波段控制电压和调谐电压的控制下，调谐器 U_{101}

对接收到的射频电视信号进行放大和变频后，从 IF 端子输出 38MHz 的中频图像信号，经 VT_{101} 一级预中放、Z_{101} 声表面波滤波器，形成具有一定特性的中频信号并送到 N_{101} 的 7、8 引脚。LA7680 有三级中放对输入的信号进行放大，然后进行载波恢复和视频检波，解调出视频图像信号，经视频放大和噪声抑制后由 42 引脚输出。42 引脚输出的信号中除视频图像信号外还包含第 2 伴音中频信号，还需要专门的滤波电路提取第 2 伴音中频。在上述中频信号处理过程中，还产生两个自动控制信号 AGC（自动增益控制信号）和 AFT（自动频率控制信号）。这两个信号加到高频调谐器上，使得高频调谐器输出的图像中频信号的频率准确、幅度稳定。

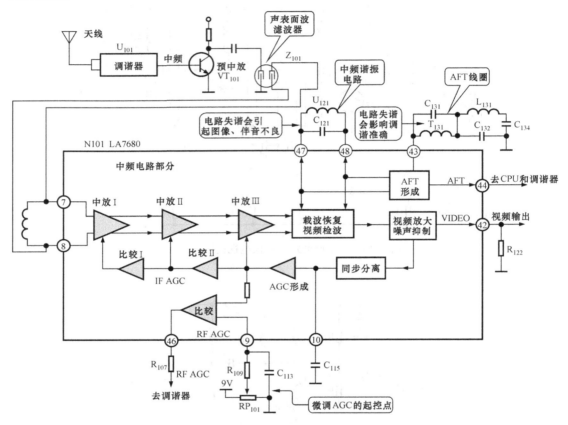

图 7-16　LA7680 内部结构框图和外围电路

第 8 章

高频电子技术在有线电视系统中的应用

教学和能力目标：
- 有线电视系统是通过电缆传输电视节目的系统，目前在大中城市普遍采用这种方式，这种方式传输的电视节目频道多，信号质量好，广泛用于传输数字电视节目和高清电视节目；学习本章应熟悉有线电视传输系统的构成和信号流程
- 数字有线机顶盒是接收有线电视节目的设备，应了解机顶盒的电路结构和工作流程
- 有线机顶盒中的一体化调谐器是接收有线电视节目的电路，应了解该电路的结构特点和工作流程
- 通过学习和实训掌握有线传输系统中高频电路的检测方法和操作技能

8.1 有线电视系统的功能和特点

8.1.1 有线电视传输系统（CATV）

有线电视的发展伴随着微波技术、卫星电视技术和光纤传输技术的发展而同步进行。采用多路微波中继接力的方法可以实现远距离信号传输；光纤传输代替同轴电缆进行干线和超干线传输的方式具有容量大、损耗小的特点，使有线电视的网络结构更为合理，规模更加庞大，同时使大范围布网成为可能。有线电视已由单向传输模拟电视节目向双向传输多功能综合业务方向发展，目前正在扩展它的应用范围，增加服务的项目。电信网、有线电视网和宽带数据网的"三网合一"是信息社会发展的需要，目前已在很多地区和单位得到应用。

1. 多路微波分配系统

多路微波分配系统（Multichannel Microwave Distribution System，MMDS）实际上使用无线传输代替同轴电缆干线传输，使传输距离得以延长。多路微波分配系统在人口稀疏、离节目源较远的地区有明显的优势，易于实现大范围连网；其缺点是传送节目套数受制约，无法避免遮挡和干扰的问题。

2. 光缆电缆混合网

光缆电缆混合网的英文缩写是 HFC（Hybrid Fiber Cable）。随着光纤技术的发展，光缆

的性价比逐渐高于同轴电缆，目前，我国一些城市和地区已建立了以光缆电缆混合网为基础的有线电视网。基于 HFC 网的有线电视网已经成为"信息高速路"上的重要路径，它实际上是宽带综合服务网，其功能已不局限于传输电视节目，已成为集图像、声音、数据多种信息双向传输的网络，具有信息量大、质量好等优点，光缆到户是今后的发展方向。

双向交互式有线电视网（Two Way Interactive CATV Network，简称双向 ITV 网）利用 CATV 系统部分闲置的频谱资源，建立从前端到用户和从用户到前端的双向传输信道，进而提供各种交互式服务。由于双向 ITV 网能形成一个开放的网络平台，兼容性较好，能为实现计算机通信、交互式视/音频传输等提供条件。因此，我国部分省（如广东、上海、青岛等地）已成功地在若干小区内开通了电视网双向多功能服务，从技术和实践上都证明 ITV 网是可行和有效的。

目前网络技术已得到普及，特别是有线电视传输网、互联网（宽带网）和电信网都覆盖到城镇和乡镇，未来这三网合一是国家的发展目标。它的发展和数字电视的发展是互相促进的。由模拟电视向数字电视过渡的目标是 2015 年。

8.1.2 数字有线电视系统的特点

利用有线传输系统传输数字电视节目的方式称为数字有线电视系统。它是由有线电视播控中心、传输通道和用户终端等部分构成的，如图 8-1 所示。以前有线电视系统传输的都是模拟电视节目，当前的有线电视系统正向数字化过渡。因而，它的传输信号既有模拟电视节目又有数字电视节目，同时还有新增的数据业务。这是因为我国模拟电视机的社会拥有量还有几亿台之多，必须考虑继续发挥它的应用价值，模拟电视机与数字电视机必然有一个较长时间的共存周期。因此目前的有线电视系统中需要传输的节目内容和形式还是很多的。特别是双向传输、互动、视频点播、数据服务等方面还有很大的发展空间。目前有线电视系统正处在启动和高速发展的阶段。

近几十年来，有线电视在国内外得到迅速发展，这与其自身的优势是分不开的。它不仅具备了组建独立商业服务电视台的条件，而且还显示出比无线电视台更大的技术与经济优势。

1. 有线电视能较好地提高传输节目质量

有线电视采用光缆、电缆将电视、广播、数据等信息送入每一用户，采用的是闭路传输方式，与传统的无线传输方式相比，不受地形的限制和高层建筑物遮挡的影响，避免了空间电磁波的干扰，因此能够比较彻底地克服电视图像的重影、干扰等现象，从而保证了广大用户能够收看、收听到高质量的电视和广播节目。

2. 有线电视能使频谱资源得以充分利用

频谱资源是有限的，对于无线传播的电磁波频段有着严格的划分，一些频段划归电视节目使用，而另一些频段则划归广播、无线寻呼通信等。我国的无线电视台是按行政区域覆盖范围建立的，为了尽量避免当地电视台发射信号的相互干扰，各级电视台的发射功率和发射频率必须按全国统一规划进行安排，并采用隔频发射方式，VHF 频段要隔一个频道，UHF 频段要隔六个频道。例如，在北京地区中央电视台第一套节目安排在 VHF 频段的 2 频道，

第8章 高频电子技术在有线电视系统中的应用

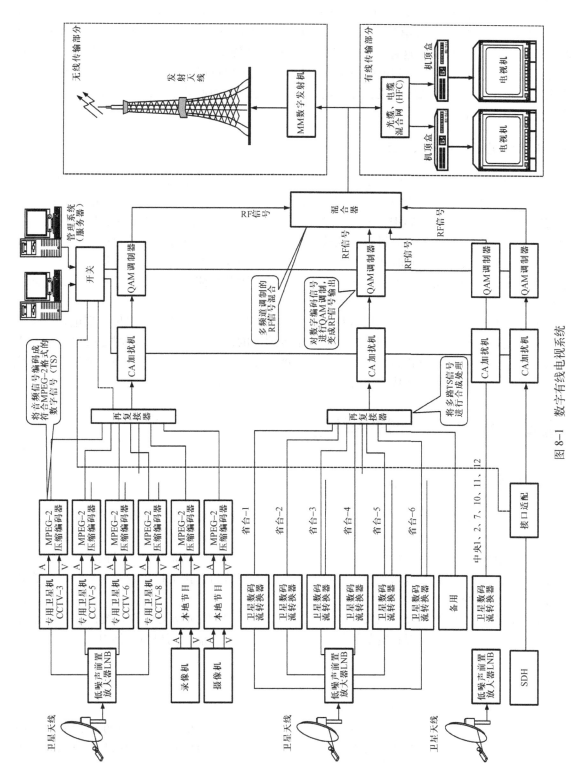

图8-1 数字有线电视系统

北京电视台第一套节目安排在 VHF 频段中的 6 频道，中央电视台第二套节目是 8 频道；在 UHF 频段中，中央电视台第三、五套节目在 15、33 频道，北京电视台第二、三套节目在 21、27 频道。由此可见，这种安排方式并不能使频谱资源得到充分利用。而有线电视采用闭路传输，其信号不会对空间电磁波形成干扰，因此不仅可以采用邻频传输，而且还可以启用无线传输留给其他领域的频段，即所谓的增补频道，从而使频谱资源得到充分利用，发送的频道数也相应增多。

3. 有线电视能够提供交互式的双向服务

有线电视频谱扩展后，可以划分出一些频段作为上行传输专用频段，这样就可以开展双向服务，扩展单一下行的传输方式。例如，图像与声音的回传，实现电视会议，可视电话、电视购物等；视频点播（VOD）就是依据有线台提供的节目单，用户可以选择自己喜爱的节目进行点播，改变了各类节目都必须按照电视台安排的时间顺序收视节目的被动方式，使用户可以依据自己的喜好和时间灵活安排。这种服务在我国的上海市已开展试点工作，相信很快将在全国得到普及。此外，有线电视实现了双向服务功能，还可以在监控、防火、防盗和报警等方面为广大用户带来新的服务项目。

另外，有线电视台还可以利用自身在设备、频谱等方面的优势，将卫星广播电视作为节目源，经过接收、处理后传送到用户，扩大了各地区的信息交流范围，同时也提高了卫星电视的收视率。在数字电视和高清晰度电视的发展方面，由于有线电视系统在多通道方面的优势，很可能会促使这些高新技术家电产品尽快进入千家万户。

8.1.3 有线电视与网络系统

1. 具有双向传输功能的网络系统

图 8-2 是利用带宽数据网传输数字电视的系统，过去用电话网络与互联网相连，计算机用户可以通过电话线路进行信息传输，由于电话网带宽和速度的限制，往往不能传送容量大、速度高的数据，宽带网是为解决这个问题而产生的网络传输系统，宽带网入户后，在用户终端加上调制解调器就可以利用计算机收视数字电视节目。接上机顶盒就可以利用电视机观看数字电视节目。

数字广播和网络的结合可以实现双向互动，图 8-3 是双向互动传输系统的简图。借助于双向互动系统，可以实现收费节目的管理、视频节目的点播，用户与广播电视中心可以进行信息交互。

2. 多种传输系统的融合

图 8-4 是数字广播和通信网络系统的融合方式，这种方式可以实现各种通信服务同时欣赏数字广播节目。数字电视节目不仅可以在家中收看，还可以在移动的汽车里欣赏，也可以利用手机观看。

第 8 章 高频电子技术在有线电视系统中的应用

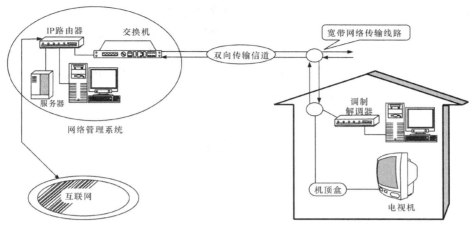

图 8-2 双向传输网络系统

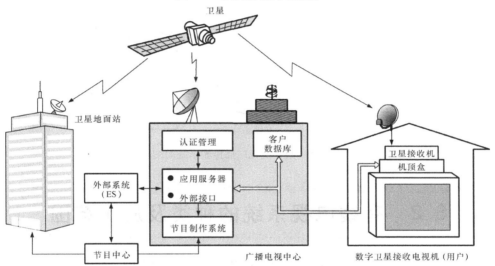

图 8-3 数字广播和网络结合的双向互动传输系统

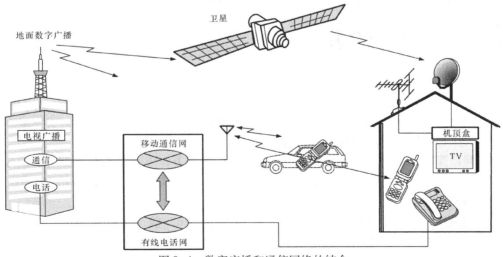

图 8-4 数字广播和通信网络的结合

图8-5是数字电视广播传输系统简图。用户终端可以接收4种传输系统的数字信号。用户可以方便地观看卫星直播的电视节目，也可以通过数字有线电视系统欣赏数字电视节目，还可以通过互联网获得各种信息，其中也包括数字电视节目。这些分系统的成熟为"三网合一"提供了技术上的支持。在开播地面数字电视广播的地区用户还可以收看地面电视塔发射的数字电视节目。目前，很多城市还在筹备之中。

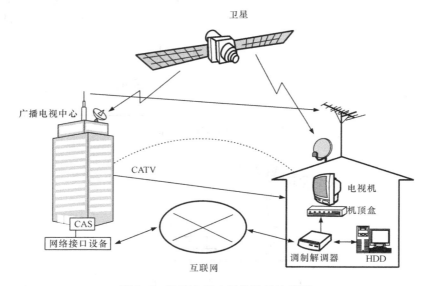

图8-5　数字电视广播传输系统简图

8.2　有线电视系统的种类及应用范围

有线电视系统完全是从用户选用和表述方便的角度进行分类的，分类名称只是简单形象地反映系统的某一特点，它们并不说明各种类型的有线电视系统有什么本质的区别。

8.2.1　按频带宽度分类

1. 全频道系统

全频道系统又称隔频传输系统或非邻频传输系统。一般要求V段每隔一个频道安排一套节目，U段每隔两个频道安排一套节目。

（1）频段型（又称小型、大楼型）：适用于200户以下，传输距离小于1km。前端主要由调制器、多波段放大器组成。一般无须干线放大器，只需数个与分配网络相接的用户放大器和均衡器即可。

（2）频道型：适用于500户左右，传输距离小于2km。前端多由频道型放大器、调制器、频道型射频处理器组成。干线传输采用宽带放大器和均衡器。

第8章 高频电子技术在有线电视系统中的应用

2. 邻频系统

在频道安排上，可以采用相邻频道传输。分为以下几种。

(1) 5～300MHz 系统：适用于 20 套节目以下，传输距离 2km 左右。目前已经很少使用。

(2) 5～450MHz 系统：与 300MHz 系统相比，只有前端设备和干线设备的带宽差异。在 300～450MHz 频率范围内全部是增补频道。目前，也已经很少使用。

(3) 5～550MHz 系统：系统容量高达 59 套节目，适用于大中型用户。干线可以采用光缆，也可以采用同轴电缆，或者干线采用光缆，支线采用电缆。前端主要由中频调制器、上变频器、下变频器、带卫星接收功能的射频调制器、射频信号处理器、多路无源（或有源）混合器、开关电源、集中供电电源、导频信号发生器组成。

(4) 750MHz 系统和 1GHz 系统：这是当前最常用的，容易作为信息高速公路接口的过渡，射频前端的频率范围可以是 5～550MHz，干线部分的带宽为 750MHz，分配网络带宽为 1GHz。

8.2.2 按传输媒介分类

有线电视信号传输媒介有光缆、电缆和微波三种。有人称有线电视里的微波传输为"有线中的无线"。网络拓扑形式分为树状和星状两种。电缆网一般是树状网络拓扑结构，光缆网一般是星状网络拓扑结构。

1. 同轴电缆传输

同轴电缆传输适用于中小型有线电视系统。干线采用藕芯纵孔电缆 SYKV-12 或高物理发泡电缆-9。高物理发泡电缆-9 比 SYKV-12 的衰耗低，采用高物理发泡电缆比藕芯纵孔电缆优越。

2. 光缆和同轴电缆混合传输

光缆网一般是星状网络。光缆网后面是电缆网，信号最后通过电缆传输到用户。光缆和电缆混合网络又分为以下几种形式。

(1) 光缆超干线（Fiber Super Trunk Line，FSTL），如图 8-6 所示。

在电缆主干线质量不高或系统需要扩大功能时，可以采用光缆超干线，它是把原电缆主干线分为若干段，在段与段之间安装光接收机，每个光接收机带动几级干线放大器，这样就大大减小了干线放大器级联数，其他电缆网络不变。

这种方式可以用于电缆网络的改造和升级，其优点是：减小电缆干线放大器的级联数，缩短支线距离，从而提高电缆网络部分的使用带宽，使它与光缆带宽相适应。光接收机中有射频旁路开关，当光接收机出现故障时，接通射频旁路开关，电缆就可以作为光缆的备份，如图 8-6 中虚线箭头所示。这种方式在有中心前端时非常适合采用，如果同卫星传输、微波传输组合，可以实现全国、全省的连网。

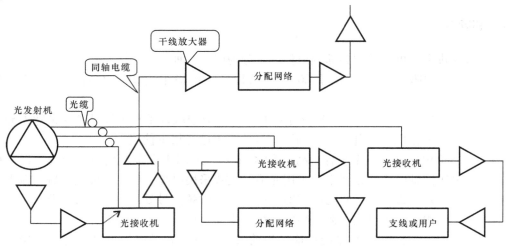

图 8-6 光缆超干线

（2）光缆主干线（Fiber Backbone，FBB），如图 8-7 所示。

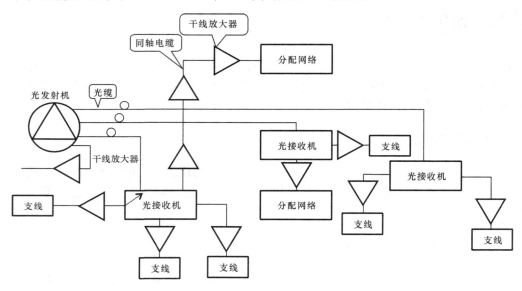

图 8-7 光缆主干线

这是改造和升级有线电视电缆系统的第二步。它把大片区划分为多个小片区，每个小片区有 1 个光接收节点，1 个光接收节点可以覆盖 3000～8000 户，支线上可以级联 4～8 级干线放大器。这样就要切断某些电缆干线，并且要将部分干线放大器反转。同轴电缆和干线放大器的连接、架设与电缆传输系统相同。

（3）光缆到服务区（Fibre to the Service Area，FSA），如图 8-8 所示。

这种方式中光缆可一直接到小区，小区户数一般为 2000～2500。光接收机之后只有较少的干线放大器，主要是延长放大器。因为这种形式的网络中有源器件大大减少，载噪比高达 50dB，对于 HDTV 和未来的数据业务都有益处。与这种方式相似的还有一种称为光缆到

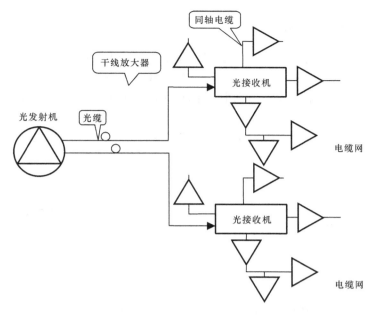

图 8-8 光缆到服务区

电缆无缘分配网络（Fiber to The Feeder，FTF）的结构，在该网络中光接收机后只接有 3 级延长放大器。

（4）冗余光纤环形结构。这种结构用于大城市有线电视系统。它通过双光纤从两个方向（一个方向是主环路，另一个方向是备份环路）把信号传送到若干个二级中心站，如图 8-9 所示。

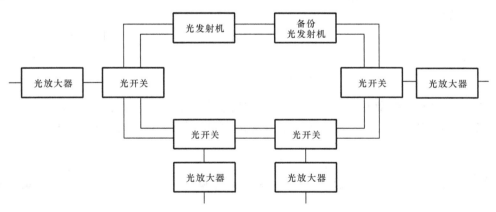

图 8-9 有冗余的光纤环形结构

此外，根据光缆所到地点的不同，还有光缆到桥接放大器（FTB）、光缆到最后一个放大器（FTLA）、光缆到家庭（FTTH）等方式。一般认为 1 个光节点（指光接收机、上行光发射机和电缆干线放大器的组合）带 500 户左右为宜。这样，在交互式的情况下，既可以克服用户太多上行信号汇合后产生的噪声，又可以防止用户电话通信争用上行带宽，造成信道拥挤等问题，为加入信息高速公路打下基础。

3. 微波和同轴电缆混合传输

在本地前端或中心前端安装微波发射机,将电视信号上变频,用微波传送到远方某一点或多点。在这些点用微波接收机放大、下变频到有线电视频道,接着使用电缆网传输。微波传送可以单向或双向。目前,数字微波设备已经大量进入市场,在中远距离传输方面往往选用数字微波设备。

(1) 点对点微波传输,如图 8-10 所示,其传输距离不能大于 50km。

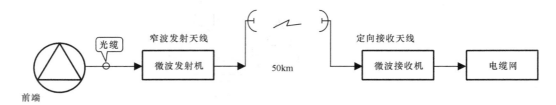

图 8-10 点对点微波传输

(2) 一点对多点微波传输,如图 8-11 所示,其发射端到每个接收端的距离也不能超过 50km。

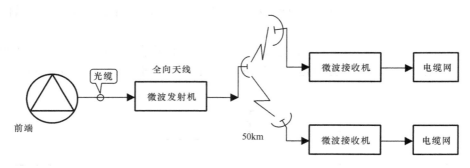

图 8-11 一点对多点微波传输

(3) 设立中继站的微波传输。在距离远的情况下,需要微波接力时应该设立中继站,或者微波传送过程中遇到阻碍,需要改变信号传送方向时设立中继站,如图 8-12 所示。

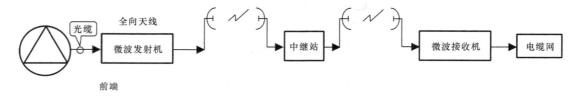

图 8-12 设立中继站

微波传输按调制方式和工作频段还可分为微波多路多频分配结构(Mutichannel Microwave Distribution Serivce 或 Multipoint Multichannel Distrbution Service,MMDS)、调幅微波链路(Amplitude Modulated Microwave Link,AMML)、调频微波链路(Frequency Modulated Microwave Link,FMML)几种。

微波传输适用于地形复杂（如跨河流）或建筑物和街道的分布使得架设光缆困难的地区。对于多山地区，要因地制宜，将发射天线和接收天线安装在山顶上。

在我国，有线电视的结构是：由中央向全国，依靠卫星下行链路和数字微波上行线路，利用卫星-电话线路开展电视交互业务。省或自治区采用数字微波双向线路向区域内传输或由光缆干线和同轴电缆组成750MHz混合网传输。

大、中城市多数为光缆和同轴电缆组成750MHz混合网传输；有的采用光缆、微波、电缆混合传输。县到乡镇以550MHz邻频传输为主，传输媒介为光缆、电缆和微波。

乡镇以下主要是550MHz邻频同轴电缆传输。

8.2.3 数字有线传输系统（CATV）的功能和特点

1. 数字有线传输系统的构成

图8-13是数字有线传输系统构成简图。有线电视中心将多路数字电视节目混合后，经同轴电缆或光缆传输系统，将信号送到用户终端。有线电视传输系统的信号编码处理过程如图8-14所示，它包括信源编码、数据扰乱、RS纠错编码、卷积交织、字节到符号的转换、差分编码、基带整形、QAM调制等部分。QAM调制后的中频信号再经变频器变成射频信号（RF），然后进行有线传输。

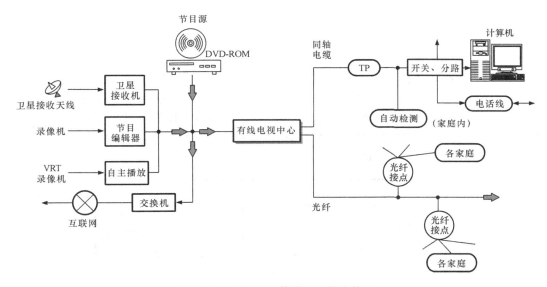

图8-13 数字有线传输系统构成简图

信源编码和卫星传输、地面广播相同，都采用MPEG-2的压缩方法。

信道编码中的数据扰乱、RS（204，188，17）纠错编码、卷积交织（$I=12$）与卫星广播系统中的处理方法完全相同。所不同的是卷积交织后到传输调制的处理方法。有线传输系统中由于受外界的干扰较小，因而取消了在地面广播系统中采用的内码卷积交织和内码卷积编码，而采用数据信号的字节到符号的转换、差分编码和QAM调制处理。

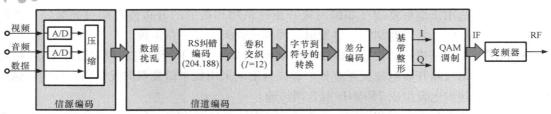

图 8-14 有线电视传输系统的信号编码处理过程

2. QAM 调制方式

有线传输系统中采用正交幅度调制方法,即 MQAM 方法,其调制过程如图 8-15 所示。数据信号经串/并变换转换成两路信号分别经 D/A 转换器转换成模拟信号,再经低通滤波器后与两个正交的载波进行幅度调制,调制后的信号合成后输出。

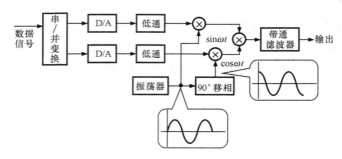

图 8-15 QAM 的调制过程

图 8-16 为数字有线信号的解码过程,数字有线电视机顶盒接收到来自电缆的信号,机顶盒首先进行选频(调谐),选出所需要节目的 QAM 信号。经 QAM 解调后形成基带信号,这个基带信号由多套(6 套)节目组成。然后再在多套时分复用的节目中选出所需要的节目信号,然后分别进行数字解码处理,最后输出数据和时钟信号。在实际的接收机中,这些处理都是由大规模集成芯片来完成的。

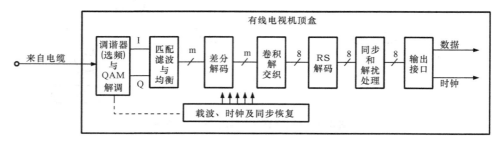

图 8-16 数字有线信号的解码过程

3. 数字有线传输频道

在模拟有线传输系统中,每个频道占用 1 个载频,信号采用幅度调制的方法(AM)。信号的传输有两种方向:向用户终端传输电视节目内容(下行),称为向前路径;用户向有

第8章 高频电子技术在有线电视系统中的应用

线中心（上行）传送信息，成为反向路径。目前的有线电视系统，主要采用光纤和同轴电缆混合（HFC）方式传送数字电视。我们目前有线电视系统中心，数字电视的频道还较少，主要的还是模拟电视节目，因此数字电视的频道安排仍沿用模拟电视的频道划分每个频道带宽为8MHz（美国为6MHz），其上、下行信道频谱的具体划分如图8-17所示。共分为4个频段，下行信道67~550MHz传送模拟电视，550~750MHz传输数字电视，750~1000MHz传输通信数据；上行信道5~65MHz传送用户向中心发送的信息。

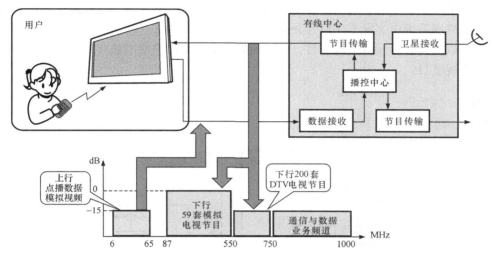

图8-17 数字有线电视上、下行信道频谱的划分

4. 数字有线电视系统的典型结构和信号流程

图8-18是数字有线电视系统的组成框图，它主要由前端设备、传输系统和分配终端等部分构成，目前我国正处在从模拟向数字过渡的阶段，因而在传输的信号中既有模拟电视信号也有数字电视信号。在前端设备中也需要具备数字和模拟电视信号的两种设备。在用户终端也具有可收看两种节目的功能。

信源就是信息的来源，对电视台来说，就是声音、图像等节目源。编码是将信息变换成信号的过程，如音频、视频信号调制成射频信号。所谓信道就是信息传输的通道，有线电视信道就是光导纤维、同轴电缆；无线电视信号就是空间传输的电视信号波，噪声干扰会影响空间传输效果，造成信息的失真，在高大建筑物附近或在强干扰源附近无线电视空间电磁波会受到严重干扰，而有线电视虽然几乎不存在空间电磁波干扰，但也会由于光电转换器、干线放大器等内部热噪声等形成干扰，解码是将信号还原成信息，是编码的逆变换。信宿是信息的接收者，如电视机等。因此，对于有线电视系统而言，信源就是有线电视台，光缆、电缆是其信道，用户的电视机就是信宿。信源可以构成一个子系统，信道、信宿等也可以构成子系统，上述若干个子系统共同构成的系统就是有线电视系统。

数字有线电视系统的前端位于有线电视中心，它是节目源的产生和处理部分。有线电视中心往往通过多个卫星天线接收来自国内外电视台通过数字卫星播出的电视节目，用卫星接收机可以将这些节目接收下来还原成音频、视频信号。这些音频、视频信号要通过有线系统传送到用户终端，还要进行压缩编码和QAM调制。压缩编码通常采用MPEG-2编码器变成数据信号（TS），然后经 QAM 调制器，再分别对各种节目的数据信号进行调制，再送到复用器进行合成处理。此外，有线电视中心还可以通过 V/U 天线接收本地电视台发射的地面传输的电视节目，以及通过摄录编节目制作系统形成多套自办节目，分别经调制器调制到射频信号送入混合器。混合器输出的射频信号是多频道节目混合在一起的宽带射频信号。多频道电视信号要通过有线传输系统送到千家万户。传输系统常采用光缆和同轴电缆混合的方式，先经光发射机将电信号变成光信号，由光缆进行较远距离的传送，送到居民社区，光接收机再将光信号变成电信号由电缆、干线放大器、分配器、分支器分成多路信号送到用户终端。在用户终端系统中实际上也包含分支、分配器和机顶盒等。传输系统和终端使用普通模拟电视机可以直接收看模拟电视节目，收不到数字节目。如果使用数字有线机顶盒，就可以收看数字电视节目。

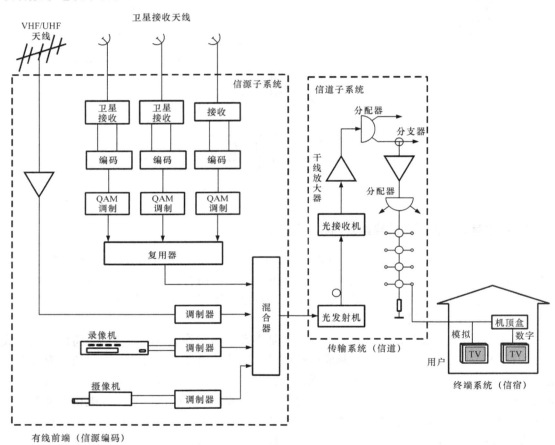

图 8-18　数字有线电视系统的组成框图

8.3　数字有线电视接收机顶盒的结构和原理

数字有线电视节目也是以高频和超高频信号为载波进行传输的，因而有线电视节目的接

第 8 章　高频电子技术在有线电视系统中的应用

收电路也是处理高频信号的电路。接收数字有线电视节目的设备是机顶盒。也有一些产品将机顶盒与电视机制成一体机。

8.3.1　数字有线电视接收机顶盒的整机结构和电路组成

有线电视数字机顶盒的基本功能是接收有线电视系统传输的数字电视广播节目，有些机顶盒还可以接收各种传输介质来的数字电视和各种数据信息，通过解调、解复用、解码和音/视频编码（或者通过相应的数据解码模块），在模拟电视机上观看数字电视节目和各种数据信息。

数字有线电视接收机顶盒与数字卫星机顶盒的不同之处是输入射频信号的频段不同，数字解码的方式不同。与地面数字电视广播接收机顶盒的区别主要是数字解码方式不同。

1. 典型数字有线电视接收机顶盒的整机结构

图 8-19 为北京 TC2132C2 型数字有线电视接收机顶盒的整机结构，它主要是由主电路板、操作显示面板和电源电路板等构成。

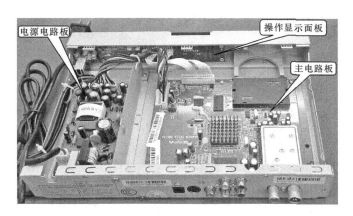

图 8-19　数字有线电视接收机顶盒的整机结构（北京 TC2132C2）

（1）主电路板。主电路板是数字有线电视接收机顶盒的核心部位，如图 8-20 所示，数字信号处理电路、一体化调谐器（处理高频信号的电路单元）、A/V 解码芯片、数据存储器、IC 卡座及视频输出接口等核心器件都集成在主电路板上。

（2）操作显示面板。图 8-21 为操作显示面板，它主要由数码显示器、操作显示接口电路、按键及遥控接收电路等组成，主要功能是为机顶盒输入人工操作指令、显示机顶盒的工作状态及接收遥控器指令。

（3）电源电路板。电源电路的作用主要是为整机提供工作电压和电流，它主要由交流输入电路（滤波电容、互感线圈）、整流滤波电路（桥式整流、+300V 滤波电容）、开关振荡电路（开关振荡集成电路、开关变压器）、次级输出电路和稳压控制（光耦等）等部分构成，如图 8-22 所示。

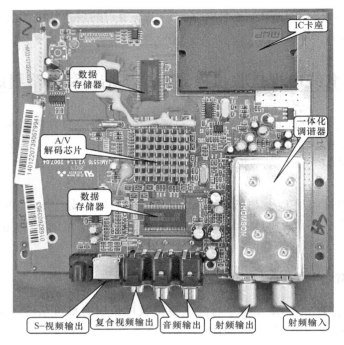

图 8-20　主电路板

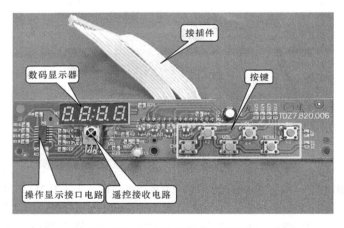

图 8-21　机顶盒的操作显示面板

2. 同洲 CDVB2200 型数字有线电视接收机顶盒整机结构

图 8-23 为同洲 CDVB2200 型数字有线电视接收机顶盒的组成框图。它由一体化调谐解调器 CD1316、解复用器和解码器 MB87L2250、智能卡及读卡电路、操作显示面板和开关稳压电源电路等组成。

（1）一体化调谐器。同洲 CDVB2200 型数字有线电视接收机顶盒中的一体化调谐器 CD1316 由 PHLIPS 公司生产，其内部组成框图如图 8-24 所示，它由调谐器和解调器组成。

第8章 高频电子技术在有线电视系统中的应用

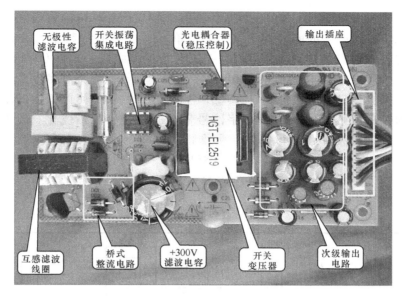

图 8-22 电源电路板

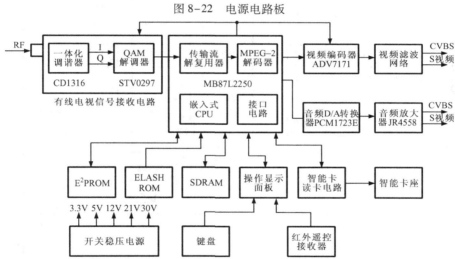

图 8-23 同洲 CDVB2200 型数字有线电视机顶盒组成框图

调谐器由高频段、中频段（MID）、低频段（LOW）三路带通滤波器，以及前置放大器、变频器和锁相环（PLL）频率合成器、中频放大器等组成，其结构类似于彩电高频头。CD1316 接收频率范围为 51~858MHz，其调谐电压由内部的 DC-DC 转换器提供，频率选择与频道转换由 I^2C 总线控制内部带有数字可编程锁相环调谐系统组成。调谐接收有线电视数字前端的 RF 信号，经滤波、低噪声前置放大、变频后转换成两路相位差为 90°的 I、Q 信号，送入 QAM 解调器解调。

有线电视系统在传输数字电视节目时，为了防止在传输过程中信号丢失、损耗和外界干扰，保证信号质量，需要采取数字纠错处理，其具体方式是 QAM（正交幅度调制）调制方式和纠错编码处理，因而在接收机中要进行相应的解调和解码处理。

QAM 解调器采用 ST 公司生产的 STV0297 解调芯片，其内部组成框图如图 8-25 所示。它由两个 A/D 转换器、QAM 解调器、具有维特比（Viterbi）解码和里德－索罗门（Reed－Solomon）解码器的前向纠错（FEC）单元、奈奎斯特数字滤波器和允许宽范围偏移跟踪的去旋转器及自动增益控制（AGC）等电路组成。来自 QAM 解调器的 I、Q 信号首先由双 A/D 转换器转换成两路 6b 数字信号，送入奈奎斯特数字滤波器进行滤波后得到复合数据流。自动增益控制（AGC）电路产生的 AGC 使调谐器的增益受脉宽调制输出信号的控制。第二个 AGC 使数字信号带宽的功率分配最优化。经上述处理得到的数字信号经数字载波环路进行解调，由维特比解码器、卷积去交织器和里德－所罗门解码器等完成前向纠错，恢复输出以 188B 为一包满足 MPEG－2 编码标准的传输码流。

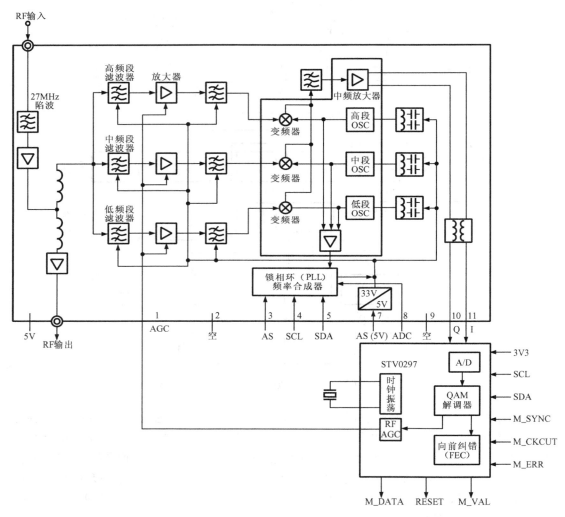

图 8-24　一体化调谐器 CD1316 内部组成框图

（2）解复用器和解码器。解复用器和解码器的内部组成框图如图 8-26 所示，它采用单片 MB87L2250 芯片，该芯片内还包含嵌入式 CPU、DVB 解扰器、OSD 控制器、DRAM 控制器及各种接口电路。

第 8 章　高频电子技术在有线电视系统中的应用

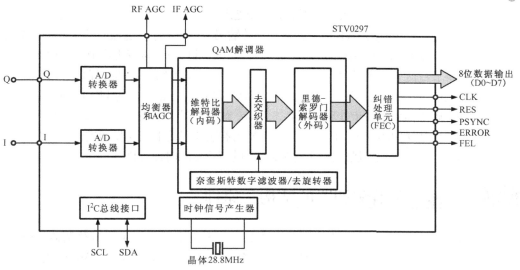

图 8-25　STV0297 的内部组成框图

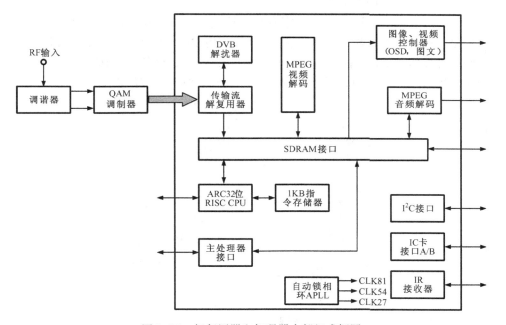

图 8-26　解复用器和解码器内部组成框图

来自解调器输出的并行或串行码流，先送到 DVB 解扰器进行解扰。DVB 解扰器能并行处理 8 个不同的码流，能对 TS 流和 PES 流进行解扰。接收加密节目时，通过解扰后才能收看。加密节目的码流中包含了前端发送来的 ECM、EMM 信息，这些信息是前端系统通过使用密钥及加密算法对码流数据包进行变换处理而成的。ECM 信息加密所用的初始密钥来自前端的智能卡加密系统。加密密钥事先存在智能卡的数据区内，解扰时，接收机通过读取放置在机内的智能卡中的用户授权信息，与从 TS 码流中提取的 ECM 的节目授权信息进行比较，凡符合条件的 ECM 信息即可解出其中的控制符（字），然后用此控制符（字）对传输码进行解扰，解扰后的传输码流送入解复用器进一步处理；解复用器包括传输流解复用器和节目流解复用器。传输流解复用器对 DVB 解扰器送来的传输码流进行数字化滤波，从中分解出节目 PID（即从多路单载波中的多套节目中分解出只含一套节目的节目流）。接着再由节目流解复用器做进一步处理，即将节目流分解成只含有音/视频和传输数据的基本码流。其过程是将预置在 PID 表中的 PID 与 TS 包中的 PID 进行比较，如这两个 PID 相匹配，将相匹配的 PID 送到存储器中缓存起来，让 MPEG 解码器做进一步处理。由上述可知，解复用器实际上是一个 PID 分析器，用来识别传输包中可编程 PID 中的一个。除此之外，解复用器还处理基本流同步和进行错误校正。它通过分析 PES 包头，从中提取出满足控制和同步需要的节目基准时钟（PCR）。

8.3.2 一体化调谐解调器的结构和原理

有线数字电视机顶盒中的一体化调谐解调器与电视机中的一体化调谐解调器的电路结构是不同的，有线电视调谐器接收信号的频率为 48~860MHz，频带为 812MHz，中频频率为 36MHz，解调器采用 QAM 解调，考虑数字电视与模拟电视同缆传输，一体化调谐解调器设有射频（RF）输入和射频输出端。

图 8-27 所示为北京 TC2132C2 型数字有线机顶盒中的一体化调谐解调器，一体化调谐解调器的作用是将传输过来的调制数字信号解调还原成传输流。由于调谐器电路处理的信号频率很高，为防止外界信号干扰，需要将整个电路都封装在屏蔽良好的金属壳内。用于 QAM 解调的有线数字机顶盒（DVB – C），目前市场上比较流行的生产厂商有东芝、Thomson、Sharp 等。

图 8-27 典型一体化调谐解调器

1. DCF8712/22 型一体化调谐解调器

DCF8712/22 是 THOMSON 公司专为有线数字电视机顶盒生产的一体化调谐解调器，其前端包括 VHF/UHF 调谐器，具有可选的天线环穿功能，另外还设有用于数字信号的频道滤波器和增益受控的中频放大器等。QAM 解调器为 STV0297 单片集成解调器，它是数字信号处理芯片。该调谐解调器的组成框图如图 8-28 所示，各引脚功能见表 8-1。

DCF8712 的技术规格：RF 输入范围为 51~858MHz；频率界限为 2MHz；同损为 10dB；一次中频为 36MHz；幅度响应为 1.5dB；电压增益为 32dB；AGC 范围为 50dB；噪声指数为 6dB；IF 衰减，小于 110MHz 时为 50dB，大于 110MHz 时为 60dB；捕获时间间隔为 50ms；CSO 为 50dB；CTB 为 50dB。

第 8 章 高频电子技术在有线电视系统中的应用

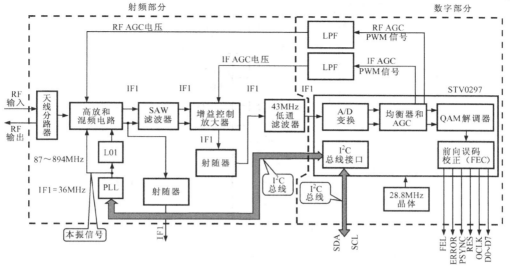

图 8-28 DCF8712/22 型一体化调谐解调器组成框图

表 8-1 DCF8712/22 型一体化调谐解调器引脚功能

引脚序号	引脚名称	功能描述	引脚序号	引脚名称	功能描述
1	AGCin	AGC 输入	11	RES	复位
2	NC	不用	12	ERROR	输出出错信号
3	Vcc1	向天线回路供电的 5V 电源	13	DVALID	有效数据输出
			14	PSYNC	同步数据包输出
4	NC	不用	15	D7/SER	传输码流第 7 位数据输出/复位
5	Vcc2	向调谐器供电的 5V 电源	16~22	D6~D0	传输码流第 0~6 位数据输出
6	Vt(opt)	33V 调谐电压(可选择)	23	CLK	输出字节时钟或输出串行方式的位时钟
7	Vcc3	向中频电路供电的 5V 电源	24	SDA	I^2C 总线数据信号
8	AGC(out)	AGC 输出	25	SCL	I^2C 总线时钟信号
9	IF1(opt)	模拟中频信号输出(可选择)	26	Vcc4	3.3V 电源
10	FEL(opt)	前端同步(可选择)	27~29	NC	不用

2. FTL-3032 型一体化调谐解调器

FTL-3032 型一体化调谐解调器内部组成如图 8-29 所示,各引脚功能见表 8-2。

表 8-2 FTL-3032 型一体化调谐解调器引脚功能

引脚序号	引脚名称	功能描述	引脚序号	引脚名称	功能描述
1	+5V	+5V 电源	8	M-ERR	输出出错信号
2	NC	不用	9	M-SYNC	MPEG 传输码流开始帧脉冲(同步脉冲)
3	+3.3V	+3.3V 电源	10	M-VAL	MPEG 传输码流有效标记数据输出
4	GND	数字地	11~18	M-DATA(7)~M-DATA(0)	MPEG 传输码流数据输出(0~7 位)
5	RESET	复位			
6	SCL	I^2C 总线时钟信号	19	M-CKOT	输出字节时钟或输出串行方式的位时钟
7	SDA	I^2C 总线数据信号	20	GND	数字地

注:输入端 RF 48.5~870MHz;输出端 RF 48.5~870MHz。

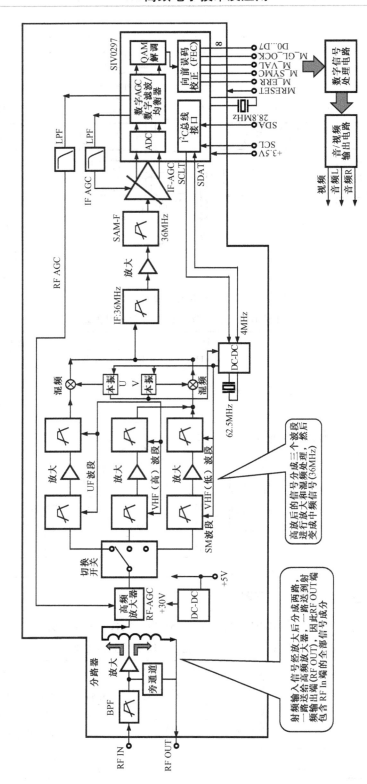

图 8-29 FTL-3032 型一体化调谐解调器内部组成框图

3. CD1316 型一体化调谐解调器

PHILIPS 公司的一体化调谐解调器 CD1316 带有数字可编程锁相环（PLL）调谐系统，可通过 I^2C 总线控制频率选择和频道转换。调谐解调器内部的调谐电压由自身的 DC – DC 转换器提供，因此只需要一路 5V 电压就够了。CD1316 调谐解调器内部结构如图 8-30 所示。

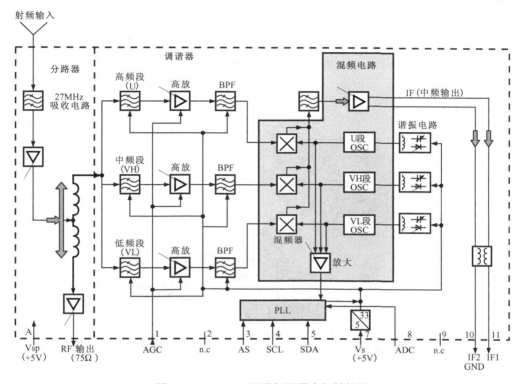

图 8-30　CD1316 调谐解调器内部结构图

CD1316 调谐解调器也包含一个有源分路器，可将输入的 RF 信号能量一分为二。该分路器以旁路方式单独给调谐解调器供电，关断电源后分路器仍能正常输出信号。调谐解调器内部的 4MHz PLL 晶体基准频率可用做基准信号产生本振信号。该调谐解调器提供平衡的 IF 输出，能直接驱动声表面波（SAW）滤波器，它的输出再送往数字处理芯片。

8.3.3　各具特色的数字有线机顶盒

1. 数字有线和卫星接收组合型机顶盒

基本型数字有线机顶盒可以有加密或没有加密，主要以接收基本的付费数字电视节目为主，有非常简单的中间件（内置式中间件）。基本型数字有线机顶盒能满足大多数用户需求，并且具有良好的性价比。

图 8-31 是 DMB – TH 机顶盒，它采用 STi5518BQC 单片处理器，符合 DMB-TH MPEG – 2 标准，并且支持 6MHz、7MHz 和 8MHz 带宽，可自动搜索和手动搜索节目，具有 NIT 表搜

索、标准 EPG 等功能。图 8-32 是赛科数字电视机顶盒的主板。

图 8-31　DMB-TH 机顶盒

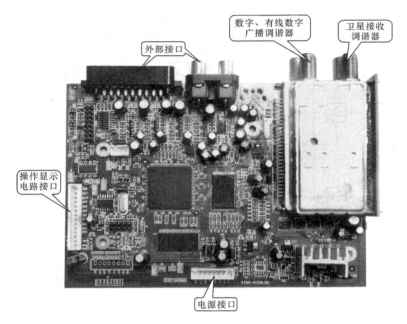

图 8-32　赛科数字电视机顶盒的主板

2. 增强型数字有线电视接收机顶盒

增强型数字有线电视接收机顶盒在基本型机顶盒基础上增加了基本中间件软件系统，基本中间件可以实现数据信息浏览、准视频点播、实时股票接收等多种应用。增强型数字有线电视接收机顶盒已经超越了以观看数字电视为主的需求，增加了多种增值业务，且具有可升级性，价格容易被接受，对今后的应用发展、业务开发也没有限制。

图 8-33 是 MDVC-2 增强型有线机顶盒，它是一款用于接收和解压数字信号的有线机顶盒，符合 DVB-C/MPEG-2 标准。机顶盒采用性能强大的单芯片处理器，稳定可靠、处理速度快，为用户提供了高品质的电视画面和高保真的声音。图 8-34 是泰信双向机顶盒的主板。

图 8-33　MDVC-2 增强型有线机顶盒

第 8 章　高频电子技术在有线电视系统中的应用

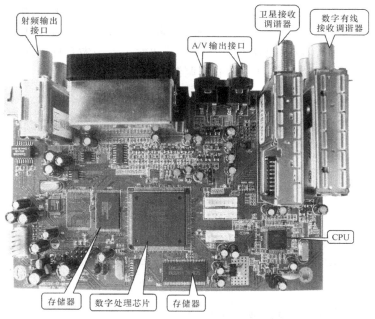

图 8-34　泰信双向机顶盒的主板

MDVC-2 增强型有线机顶盒采用功能强大的单解码芯片 EMMA2LL，并且支持 16、32、64、128、256QAM 等不同调制方式的解调，还支持超低门限的全频段高频头。支持 GB 2312 标准的中文短信息 OSD 功能（Message 和 Mail）；拥有可选择的中英文菜单、友好的用户界面，能存储多达 1000 个节目，可支持图文、Subtitle、Closed Caption、NIT 表搜索和 RS-232 串口和远程升级等功能。MDVC-2 增强型有线机顶盒还可以复合视频信号、S-Video 信号输出和 S/P DIF 数字音频输出，可接收数据增值服务（如股票、天气预报等）并且支持电子节目指南，极大地方便了用户收看自己喜爱的电视节目。

3. 交互型数字有线电视接收机顶盒

交互型数字有线机顶盒是在增强型数字机顶盒的基础上，加网络接口电路、硬盘，支持 MPEG-2 媒体流处理，通过周围的网关可以和客户连网，交互式数字有线机顶盒集成了符合 MHP 标准的中间件软件系统，除提供增强型机顶盒主要功能外，还可以基于 MHP 提供交互式应用、网页信息浏览等多种增值业务。

图 8-35 是康特 STB1107 交互型数字有线电视接收机顶盒，它是一款高性能、低成本的数字有线交互式机顶盒，采用 ST 单解码芯片。用户可用该机接收数字电视节目，同时依托互动电视资讯系统（ITIS）可实现互动式收看，点播自己喜欢的视频和信息。该机用户界面友好，性能优越，可靠性高。

图 8-35　康特 STB1107 交互型数字有线电视接收机顶盒

图 8-36 是 DCI1500 宽带交互式有线数字机顶盒，它支持广泛的交互服务，包括免费和付费电视的接收、按次付费、简便易用的频道搜索、先进的节目选择功能和支持广播式交互等；具有双向交互电视，包括电视购物、博彩等功能，可用做客厅和卧室的数字电视机顶盒，并且通过外置式 DOCSIS 或 DSL 调制解调器进行宽带连接。

图 8-36　DCI1500 宽带交互式有线数字机顶盒

8.4　有线电视系统的检测和调试

8.4.1　干线放大器的检测和调试

图 8-37 是有线电视传输系统中干线放大器的检测方法。该放大器的输入信号为 72dBμV，输出为 102dBμV，在正常工作状态可通过检测点进行检测。例如，在图 8-37 中标有检测点的位置有电平相对值，其中有的标有 -20dB 或 -30dB，这是以输入信号电平为基准的电平值。整个放大器的增益为 102 - 72 = 30(dBμV)。

（a）整机结构

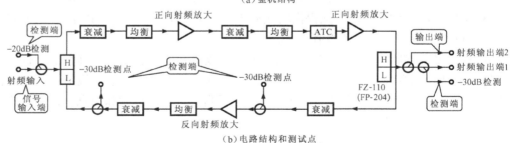

（b）电路结构和测试点

图 8-37　干线放大器的检测方法

加有延长放大器的分配线路，电缆长度应在 100m 以上，由于损耗具有倾斜特性，需要调整延长放大器上的均衡器，以补偿电缆损耗。另外，如果户外用户分配网络最后一个延长放大器到用户楼有一定距离，则这段电缆也会导致各频道信号出现不均匀性，此时应在适当

第8章 高频电子技术在有线电视系统中的应用

的位置加一个均衡器,使送入建筑物的信号电平各频道基本保持相同,或高端略高一点。

图 8-38 是均衡器的应用实例之一,它是接在传输网中的可调均衡器(也有固定均衡值的期间),如果均衡器损坏会使输出信号电平严重失常,此时可断开输出端进行检测。

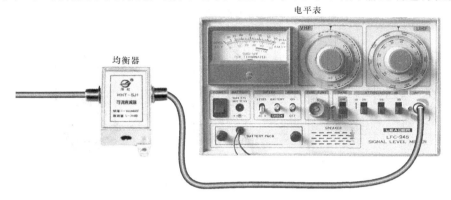

图 8-38 均衡器的应用实例

8.4.2 建筑物内用户分配网络的测试

无源分配网的测试很简单,只要设计合理,安装工艺规范,分支器主路输入、输出没有接反,电缆接头牢靠且无短路,就不会存在什么问题。可选择有代表性的用户点(如最远端、最近端或高层建筑的最高层和底层等),测量用户电平,同时用电视机收看图像,进行主观评价。如果电平不符合设计要求,应检查采用的各种部件和电缆质量是否有问题,电缆接头是否牢靠或短路,设计是否有需要修改之处。如果电平符合设计要求,图像上有明显停顿和马赛克等情况,应检查终端盒及插头与电缆的屏蔽网是否接好,找出原因,予以解决。

建筑物内用户分配系统的检查方法如图 8-39 和图 8-40 所示,可先从用户终端开始。检查终端盒、电缆、有线机顶盒及监视用彩色电视机,并操作机顶盒遥控器,切换各频道,检查节目收视质量。例如,有线电视系统楼内分配系统中有些用户收视节目不良,可先检查用户终端连接的机顶盒接收的信号是否正常。用电视机观察图像,同时比较不同频道的信号接收情况,如果是个别频道信号不良,有可能是有线前端信号源有问题,而不是传输系统有问题;如果很多频道信号不良或收不到节目,则应检查传输系统。先咨询有线电视中心是否在正常播出,排除有线电视中心故障(停播节目的问题)。如果有线电视中心播出节目正常,终端收不到节目应顺着传输线路查分配器和分支器及连接电缆和连接插头等方面是否有故障。

图 8-39 有线终端的检查方法

高频电子技术及应用

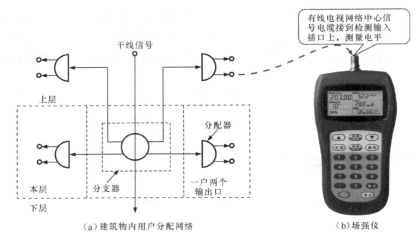

(a) 建筑物内用户分配网络　　　　　(b) 场强仪

图 8-40　楼内分支器、分配器的检查

8.4.3　用户分配网络的故障检修

用户分配网络是由户外用户分配网络和建筑物内用户分配网络组成的。对于建筑物内用户分配网络的常见结构有串接单元分配方式和分支器分配方式。下面以建筑物内用户分配网为例，介绍实际故障检修方法。

【故障现象1】

某用户楼内一单元门三层以上用户都收不到电视信号。有线系统的结构和信号流程如图 8-41 所示。

【分析与检修】

根据了解该楼房是新安装不到半年的电视网络，信号分配线由底层进入向楼上传输。三层以上用户都收不到电视信号，说明三层的分支器输出端至四层的同轴电缆及接头或四层的分支器可能有故障。经询问得知，出现故障前曾有人擅自拆卸过四层的分支器。故初步判断是四层的分支器发生故障。

检查四层的分支器，发现分支器输入端 F 插头中的电缆芯线上缠绕一根屏蔽铜丝，使电缆的芯线和屏蔽层短路，信号自然就不能传输到分支器，这就是故障所在。用工具剪断铜丝或重新制作接头即排除故障。

F 插头的检查如图 8-42 所示。

【故障现象2】

某用户使用模拟电视机收看节目接收高频道的图像基本正常，而接收低频道的图像"雪花"点多。该系统构成如图 8-41 所示。

【分析与检修】

这种现象通常是由于电缆芯线接触不良，特别是在一些接触点出现氧化、锈蚀后造成的，由于高频信号的"趋肤效应"（指信号沿导体表面传输），对于频率较高的信号，即使接触不良也能通过，而对频率较低的信号就难以通过。这就是出现这种故障的原因。

首先检查用户盒上插头与用户线的接触情况，结果发现电缆芯线与接线柱之间有间隙，用螺丝刀拧紧，重新插好，故障排除。若没有解决还需要检查用户线与电视机的插头。

第8章 高频电子技术在有线电视系统中的应用

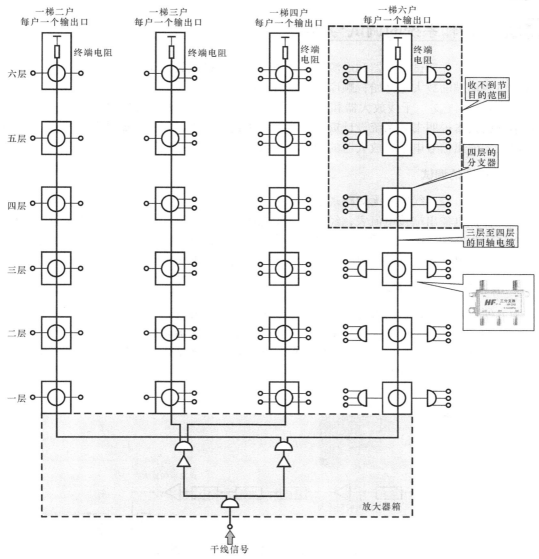

图 8-41 有线电视系统的结构和信号流程图

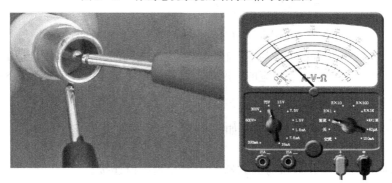

图 8-42 F 插头的检查

8.4.4 传输系统的调试与检测

调试程序：先调试供电器和电源插入器，使光接收机或放大器能正常供电；然后由靠近光接收机或前端的放大器开始，顺序向远端逐个调试。

光接收机、（支）干线放大器和分配放大器有各种类型，调试程序也不相同，调试之前应仔细阅读技术说明书和系统设计资料，明确有关技术参数，如放大器供电电压范围、导频数、放大器输出信号电平、放大器的倾斜电平数、工作频率范围等。

1. 供电器的调试

供电之前，检查线路有无短路现象。

供电器供电输出端接电流表，经电流表给电源插入器供电，检查供电电流是否与设计值接近，排除短路和开路故障后，正式供电。检查各放大器供电电压是否在正常范围之内，若远端放大器供电电压过低，超出工作范围，应考虑增加新的供电点。

2. 放大器输入电平调试

为方便放大器调试，前端在系统最高频道和最低频道各设置一个调试频道，其载波电平均按正常要求调试好。前端调试结束后，可以进入干线放大器调试。

将场强仪或频谱分析仪与放大器输入测试接口连接，测试输入信号最高频道和最低频道信号电平，具体方法如图8-43所示。

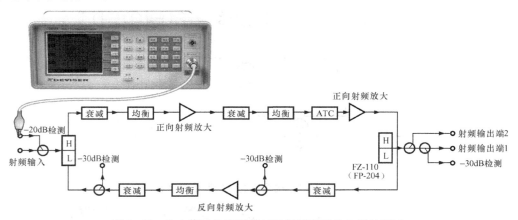

图8-43 输入信号最高频道与最低频道信号电平的测试

根据设计要求的输入信号电平与实际输入信号电平之间的差别，选用合适的固定衰减器和均衡器插件，插入放大器输入端对应的插座内，使输入电平等于设计值，如图8-44所示。

3. 放大器输出电平调试

有线传输放大器的检测与连接部位如图8-45所示。

手动MGC/MSC放大器调试：

（1）将场强仪或频谱分析仪与放大器的输出端测试口连接；

（2）调节MGC旋钮，使最高频道信号电平等于设计值；调节MSC旋钮，使最低频道信号电平等于设计值；

第 8 章　高频电子技术在有线电视系统中的应用

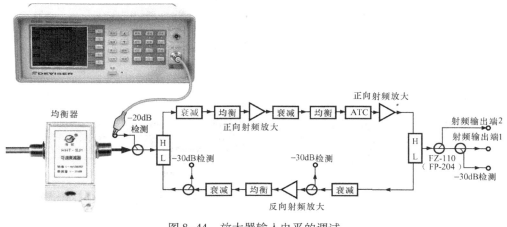

图 8-44　放大器输入电平的调试

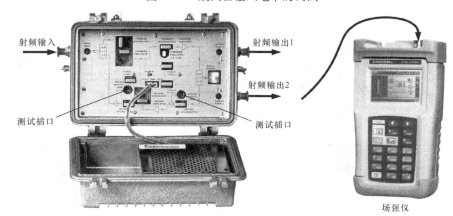

图 8-45　有线传输放大器的检测与连接部位

（3）检查最高频道载波电平，微调 MGC 旋钮，使载波电平等于设计值。

双导频放大器输出电平及自动 ALC/ASC 放大器调试：

（1）将 ALC、ASC 控制旋钮调整到最高和最低频道电平输出最大；

（2）调整 ALC 旋钮使最高频道载波电平等于设计值；调整 ASC 旋钮使最低频道载波电平等于设计值；

（3）微调 ALC 旋钮，使最高频道载波电平等于设计值。

8.4.5　机顶盒一体化调谐器电路的检测方法

机顶盒的一体化调谐器电路出现故障后，可以根据前面所介绍的结构、工作流程、电路分析及检修流程等内容，对一体化调谐器电路进行维修。

下面以北京 TC2132C2 型数字有线电视接收机顶盒为例，介绍一体化调谐器电路的检测方法。该调谐器通过引脚焊点与电路板进行连接，可以使用检测该调谐器的供电电压、I^2C 总线信号及输出中频信号的方法来判断其好坏。

【实训演练】

一体化调谐器的检测方法如图 8-46 所示。

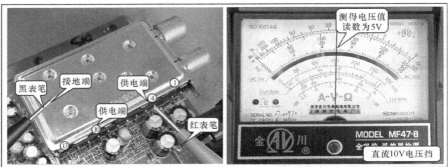

(a) 检测一体化调谐器的 +5V 供电电压

(b) 检测一体化调谐器 VT 端的 33V 供电电压

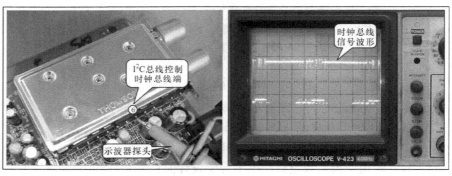

(c) 检测一体化调谐器 ⑥ 引脚的 I²C 总线控制时钟信号波形

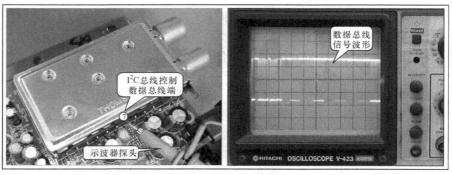

(d) 检测一体化调谐器 ⑦ 引脚的 I²C 总线控制数据信号波形

图 8-46　一体化调谐器的检测方法

第 8 章 高频电子技术在有线电视系统中的应用

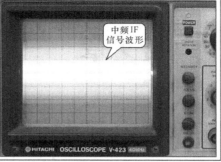

（e）检测一体化调谐器输出的中频 IF 信号波形

图 8-46　一体化调谐器的检测方法（续）

对检测结果进行判断，一体化调谐器在供电电压、VT 电压、I^2C 总线信号及输入信号正常的情况下，若无输出，则可能是一体化调谐器本身损坏，应更换。

【技能扩展】

此外还可以用检测一体化调谐器对地阻值的方法判断其是否损坏，即将万用表调至电阻挡，用黑表笔接外壳（地端），用探头依次检测其他引脚，如图 8-47 所示，正常情况下一体化调谐器各引脚的对地阻值如表 8-3 所示。

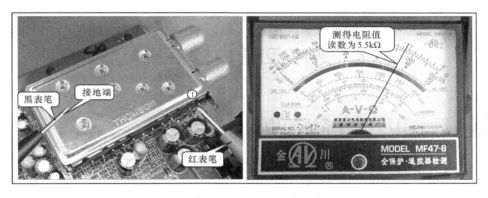

图 8-47　一体化调谐器对地阻值的检测方法

表 8-3　一体化调谐器的对地阻值（黑表笔接地）

引　脚　号	对地阻值	引　脚　号	对地阻值	引　脚　号	对地阻值
①	5.5kΩ	⑥	2.5kΩ	⑩	0
②	0	⑦	2.5kΩ	⑪	2.5kΩ
③	∞	⑧	0	⑫	∞
④	0	⑨	3 kΩ	⑬	∞
⑤	∞				

第 9 章

高频电子技术在数字卫星广播系统中的应用

教学和能力目标：
- 卫星电视广播系统是通过同步卫星转播电视节目，由于卫星距离地球很远，信号要穿过电离层，因而它所采用的载波频率很高（3～30GHz）；学习本章应了解卫星转播系统的工作方式、信号传输的方法及卫星信号的接收设备和相关的电路特点
- 了解卫星转播系统的信号处理方法、处理过程及相关的设备
- 了解数字卫星机顶盒的结构、功能和工作流程

9.1 数字卫星广播系统概述

9.1.1 数字卫星广播系统的构成

数字卫星广播系统主要由上行发射控制系统（上行发射站、移动发射站和监控站）、数字卫星（包括星上转发器）和地面接收系统三大部分组成，如图9-1所示。

数字卫星广播的发射和接收系统的基本构成如图9-2所示，在发射端，模拟信号经A/D转换器、编码器转换成数字编码信号，数字编码信号再经数据压缩处理后进行数字调制，数字调制可以采用单载频方式，也可以采用多载频方式，最后，调制的信号经功放后由发射机发射出去，在卫星上设有数字转发器，经数字转发器处理和放大后再向地面发射。在接收端，接收机的天线收到信号后先进行放大和解调，然后进行数字信号的解压缩处理（扩展），将压缩的数字信号进行还原和解码，最后经D/A转换器恢复成模拟信号。

在数字卫星接收机中，从结构上看，同模拟广播接收机相比，在高频电路部分（高放、混频等电路）两者基本相同。而在中频部分，数字卫星接收机由于数字调制方式的采用，对电路性能的要求更高（如电路的线性）。

数字信号的调制和解调与模拟信号的处理方法不同，其处理过程如图9-3所示。数字信号的调制过程包括加扰、编码、交织及帧形成等处理过程。数字信号的调制处理是为了在接收数字信号时除便于解调之外，还能自动完成信号的检错和纠错等，使可靠性提高。

第 9 章　高频电子技术在数字卫星广播系统中的应用

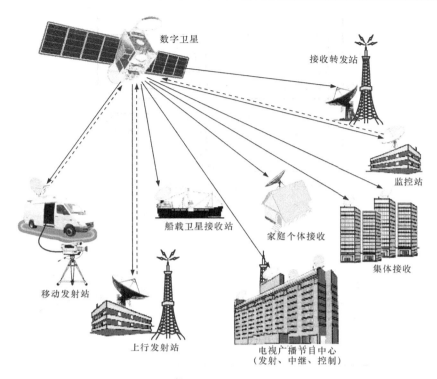

图 9-1　数字卫星广播系统的构成

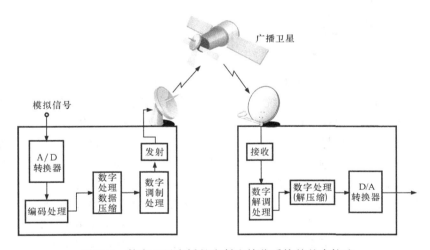

图 9-2　数字卫星广播的发射和接收系统的基本构成

数字卫星广播系统就是采用数字压缩技术进行电视节目广播的系统，其基本构成如图 9-4 所示。由图 9-4 可知，电视节目制作后经过数字处理（数据压缩、数字调制）和调制后变成微波信号发射到卫星上，经卫星上的转发器转换后再发射回地面，设在地面上的接收机（具有解密功能）再将卫星信号接收下来并进行解调、解密、纠错、解复用、解码等处理，最后恢复成音频、视频信号，送到电视机中再现电视节目。解密是针对收费节目的解码电路。

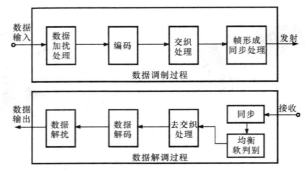

图 9-3 数字信号的调制和解调处理过程

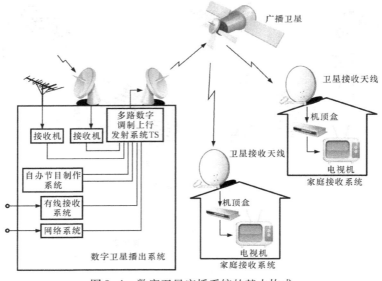

图 9-4 数字卫星广播系统的基本构成

广播节目的信号是由节目制作系统提供的，也可以转播其他卫星广播有线电视（CATV）或地面电视广播的节目。电视节目主要是指视频信号和音频信号，视频信号是由电视摄像机在现场或录像而成的，音频信号是由话筒将声音变成电信号再经放大而成的。音频、视频信号是模拟信号，为了进行广播传输，要将模拟信号进行数字处理，如 A/D 转换、数据压缩、数字调制等。播出系统是地面信号处理的主要系统，因为它要将多套节目信号送到卫星上转发，多套节目的数据信号要经多路复用即多重化处理后合成为一体再进行数字调制，如图 9-5 所示。节目播出系统主要包括进行节目播出的控制部分及节目播出子系统（用于存储节目数据的录像机、存储器等被称之为播出子系统），此外还有 EPG 子系统，即电子节目引导系统；CA 子系统是有条件接收系统，条件指节目的加扰和加密以便收费管理，这个系统又称用户授权系统。编码子系统，主要是对数据压缩（MPEG-2）的多套节目信号多重化和数字调制，然后送到上行 RF 子系统调制到微波信号上（如 14GHz），再经微波功率放大后送到发射天线。卫星收到地面发射的信号后进行变频再发射下来（如 Ku 波段），卫星接收机收到卫星发射的信号再进行数字解码和数据解压缩处理，还原出音频、视频信号。在接收电视节目时，解密系统通过公众电话网将收费情况反馈回用户收费管理中心，现在我国有许多城市的有线电视系统，收费电视节目与有线电视管理费合在一起，这样就省去了有关收费的加密、解密系统。

第9章 高频电子技术在数字卫星广播系统中的应用

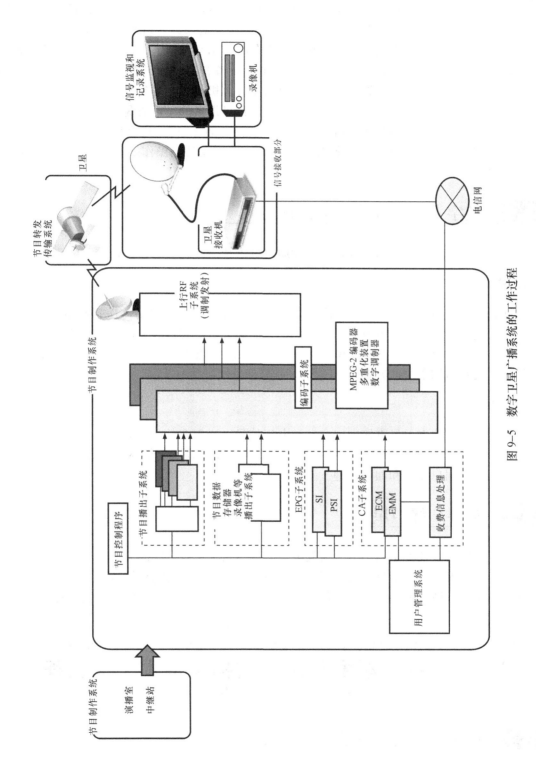

图9-5 数字卫星广播系统的工作过程

该系统的管理系统使用一个微型计算机，可以对设备进行监视和控制。编码器、复接器和调制器都有一个异步接口（RS-232），通过一个接口板与计算机相连。微型计算机计算监控程序后，显示一个图形化的界面，相应的设备都显示在图形上，通过键盘对具体设备进行控制，设备的工作状态也随时反映在计算机上，设备若有故障，微型计算机便有告警指示，并从显示器上显示故障位置及原因，通过微型计算机修改设备参数，设置设备的工作状态，进行备份倒换。此外，微型计算机还可以自动记录设备的运行情况。

网络管理计算机主要用于管理所有入网的接收机（即客户）。每个接收机都有一个地址码，网络管理计算机通过这个地址码对接收机进行授权或其他操作。网管系统也是窗口界面，用户可以很方便地进行操作。

9.1.2 数字卫星广播信号的传播方式

数字卫星广播系统的传播方式按传播性质可分为转播和直播两种方式。

1. 转播

转播是用固定卫星业务（FSS）转发电视信号，再经地面接收站传送到有线电视前端，然后由有线电视台转换成模拟电视送到用户。转播是进行点对点的节目传输，其特点是转发器功率小，一般在100W以下，接收需要较大的天线。一般用于有线电视台接收，目前我国的各省级卫视频道均采用此方式。

2. 直播

直播是通过大功率卫星直接向用户发送电视信号，一般多使用 Ku 波段，其特点是转发器功率较大，一般为 100～300W，可用较小的天线接收，适用于集体和个人接收。可提供卫星直接到户的用户授权和加密管理。

9.1.3 数字广播卫星

数字卫星广播系统就是利用卫星播放电视节目的系统。数字广播卫星是设置在赤道上空的地球同步通信卫星，先接收地面电视台通过地面卫星站发射的电视信号，然后再把它转发到地球上指定的区域，由地面上的设备接收后传送给电视机。有些通信卫星也具有转播数字电视节目的功能。

9.2 数字卫星发射站的结构及基本工作流程

9.2.1 数字卫星发射站的基本构成

数字卫星发射站实际上就是上行发射控制系统，又称地面站，包括上行站发射系统和地

第 9 章 高频电子技术在数字卫星广播系统中的应用

面测控站两大部分。

1. 上行发射系统

上行站发射系统的主要任务是把电视中心的节目传送给卫星,并监视节目质量。在系统中对电视节目制作中心送出的图像和伴音信号进行调制、均衡、变频处理,将基带信号变为 14GHz(Ku 波段)或 6GHz(C 波段)的高频信号(称为上行信号),经高功率放大后送至馈源,已放大的高功率微波信号通过具有自动跟踪能力的高增益定向天线发往卫星。上行发射机和高增益天线及其控制设备等组成上行发射系统。

上行站发射系统同时也接收由卫星下行转发的信号,包括卫星转发的下行信号及卫星发出的信标信号,供上行站监测电视传输质量用。信标信号送至跟踪接收机,经放大处理后,送至天线的驱动机构,完成天线对卫星自动跟踪。

上行频率指发射站把信号由地面向上发射到卫星上用的频率。下行频率指卫星向地面发射信号所使用的频率。不同的转发器所使用的下行频率不同,一颗卫星上有多个转发器,所以会有多个下行频率。

关于上行发射频率,国际上有专门规定:对于 12GHz(12000MHz)频段卫星广播来说,指定在 10.7~11.7GHz(欧洲)、14.5~14.8GHz(欧洲以外的地区)及 17.3~18.1GHz(全世界)中选取;对于 0.7GHz、2.6GHz 频段的卫星广播,以及 4GHz 频段的卫星通信来说,指定在 5.9~6.4GHz 中选取。

上行发射站可向卫星传送一路或多路信号,一般采用主瓣波束较窄的大口径发射天线发射,并采用调频(FM)调制方式,以提高上行站的抗干扰能力。

上行发射站可以是一个或多个,其工作形式一般分为固定式和车载移动式(见图 9-1)。车载移动式发射站一般用于现场实况转播,使节目传输更具灵活机动的特点。

2. 地面测控站

地面测控站主要任务有两个:一是测量卫星的各种工程参数和环境参数;二是对星上设备的工作状态、天线姿态、轨道位置进行控制调整。

9.2.2 数字卫星发射站的基本工作流程

1. 卫星传送节目信号的方式

利用卫星的一个转发器传送多套数字压缩电视信号有单路单载波(Single Channel Per Carrier,SCPC)方式和多路单载波(Multiple Channel Per Carrier,MCPC)方式。

2. 数字卫星发射站的信号处理过程

SCPC 方式的每个载波只传输一套广播电视信号,其优点是一个转发器只有一个载波,不存在多载波的谐波干扰,频带和功率的利用率较高,其缺点是多套信号要在同一地点上星,只有通过地面传输设备将不同节目传送到地面站复用后才能送到上星设备。我国有些台站采用 MCPC 方式,多数台站采用 SCPC 方式。

MCPC 方式上行站系统见图 9-6。各节目源首先分别进行数字处理和压缩编码，然后一起送到多重复用设备，视频、音频信号经多重复用设备混合成一个数码，送到信道编码电路中进行处理，主要是进行四相移相键控（QPSK）调制器，其输出的 70MHz 中频调制信号经上变频器转换成 14GHz（Ku 波段）的射频信号，经微波功率放大器放大后，从发射天线发送到星载转发器。

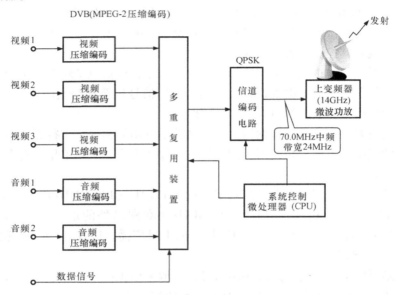

图 9-6 MCPC 方式上行发射站中的信号处理过程

我国数字卫星广播采用 DVB－S（Digital Video Broadcasting Satellite）标准。欧洲地区也采用此种数字卫星广播标准。按 DVB－S 标准的卫星数字电视传输系统，其发送端信号处理过程如图 9-7 所示。

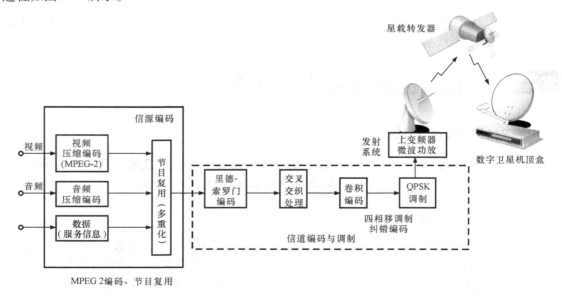

图 9-7 DVB－S 方式上行发射站中的信号处理过程

第9章 高频电子技术在数字卫星广播系统中的应用

该信号处理流程分为三部分：第一部分为信号形成（即信源编码），包括 MPEG-2 压缩编码和节目复用；第二部分为信道编码和调制；第三部分为上变频与微波功放。

信源编码部分主要用于 A/D 和标准转换及数字压缩（MPEG-2）。由于输入信号不仅制式不同，而且既有模拟信号又有一般的数字信号，既有复合信号又有分量信号，因此A/D和标准转换系统应能处理多种不同格式、不同标准的信号，并将其转换为单一的、可以进行压缩处理的数字信号。压缩编码部分的功能是把经 A/D 转换后码率很高、频带很宽的数字信号的码率进行压缩，使常规的一条模拟传输通道传输多路数字电视信号，且基本不降低信号质量。节目的多重复用是将音/视频和辅助数据经节目复用器合成一个数码流，同时加入一些业务用信息以便进行控制和管理。MCPC 方式传送两套数字电视节目还需在节目复用之后再送到传输复用器，将两套数字压缩电视信号的码流混合在一起，再送到信道编码器。

图 9-7 中的信道编码又称为纠错编码。数字信号在衰减、杂波干扰未达到某一门限之前，只要接收设备能判别出 0 码和 1 码，其质量就不会受到很大的影响；若噪波超过此门限，接收设备判别不出 0 码和 1 码，信号就会丢失。

数字信号在传输中采用前向纠错（FEC）方法控制误差，即在发送端按照一定规则在信号数码中加入一定的控制误差用的数码，以组成具有纠错能力的码，当接收端收到信号时，便按预先规定的规则进行解码，以确定信息中有无错误，若有错误，则在确定其位置后进行纠正。图 9-7 中使用两级编码（即级联编码）：一级采用 Reed-Solomn（里德-索罗门）编码，简称 R-S 码，主要用于纠正与本级有关的误码，其特点是对纠正突发性误码很有效；另一级采用卷积编码，其特点是除能纠正本级的误码外，还能纠正其他级的误码，卷积码可以采用不同的速率（FEC Rate），在 DVB 标准中，规定了 1/2、2/3、3/4、5/6 和 7/8 五种速率。

许多信道中的差错往往有很强的相关性，有时连续一片数码都出错，这时由于错误集中在一起，常常超出了纠错码的纠错能力，所以在发送端还要加上数码交织器，将信道的突发差错分散开来，使解码器能够有效地纠错。由于在发送端进行了数码交织，故在接收端还要相应地进行去交织，以恢复其本来的数码顺序。

在数字卫星电视传输中，一般使用传输效率较高的四相相移键控（QPSK）调制，其调制器输出的数字中频调制信号经上变频器变成上行频率，再经功率放大后，由天线发送到星载转发器。

9.3 数字卫星接收站的组成及信号流程

9.3.1 数字卫星接收站的基本构成

卫星地面接收系统又称卫星地面接收站，按照接收类型可分为家庭卫星接收系统、专业卫星接收系统和广播电视卫星接收系统。

1. 家庭卫星接收系统

家庭卫星接收系统是最基本的卫星电视接收站，一般由较小口径天线、数字卫星机顶盒和电视机组成，适用于个体用户，其组成如图 9-8 所示。

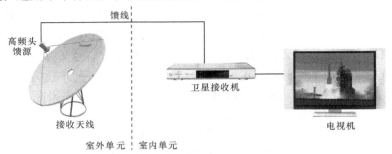

图 9-8　家庭卫星接收系统的组成

2. 专业卫星接收系统

专业卫星接收系统通常用于信号处理和传输，该系统把由天线和接收机接收到的电视信号经射频调制、混合后，送入闭路电视网或有线电视网内，作为该网络的信号源，其组成如图 9-9 所示。

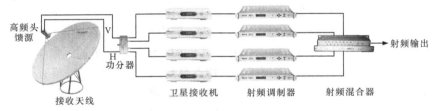

图 9-9　专业卫星接收系统的组成

3. 广播电视卫星接收系统

作为大中型电视台的一部分，广播电视卫星接收系统中采用多个卫星接收天线，接收卫星转发的电视信号，再经专业的编辑和处理后，由转发天线向外发射，其组成如图 9-10 所示。

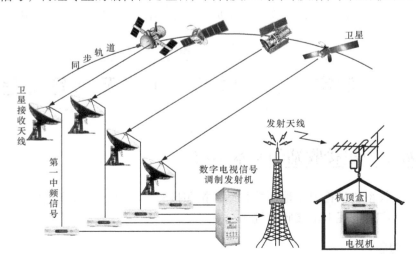

图 9-10　广播电视卫星接收系统的组成

9.3.2 数字卫星接收站的基本工作流程

下面以最基本的个人单收电视接收站为例介绍信号的工作流程。如图 9-11 所示，个人单收电视接收站由室外单元（包括接收天线、馈源、高频头等）、室内单元（主要是卫星接收机）和之间的连接馈线（同轴电缆）组成。

由图 9-11 可知，天线接收的微波信号在高频头中经放大、混频（变频）和放大后，由电缆送到室内的卫星接收机中，再进行多种数字处理，由卫星接收机输出的音频和视频信号再送到彩色电视机中，这样就可以观看节目。

室外单元的天线和馈源合称天馈系统，其中天线接收发射到地面的卫星信号，馈源接收天线反射来的信号。室外单元的高频头作用是将接收的卫星信号进行放大、下变频，转换为符合接收机频率范围（950～2150MHz）的射频信号（称为第一中频信号），再通过同轴电缆传送到卫星接收机。

室内单元的卫星接收机作用是接收 C、Ku 等波段高频头输出信号，并且为高频头提供电源。将 950～2150MHz 射频信号进行低噪声放大、变频和解调处理后，输出音/视频信号，供电视机接收。

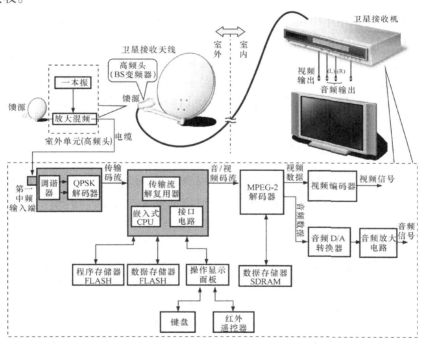

图 9-11 数字卫星信号处理电路

9.4 卫星电视广播波段的划分

卫星轨道和所用频率都是卫星接收用户所关心的，它是根据各国的地理位置及区域范围经国际有关组织协调决定的。对某个国家或地区，一般只有一个或几个最佳位置。因此国际组织对可供各国利用的静止轨道卫星的位置做了规划，对卫星广播的专用频道做了规定。

1971年国际无线电管理委员会为卫星广播分配了专用频道，1977年又对频道和频段内的其他参数做了详细分配，从而使卫星广播资源得以合理地利用。

国际电信联盟（ITU）根据地理位置及无线电分配的原则，将全世界分为三个区域：欧洲、非洲、原苏联的亚洲部分、蒙古及伊朗西部以西的亚洲国家为第一区；南北美洲为第二区；亚洲的大部分国家和大洋洲为第三区。我们属于第三区。

1979年国际无线电管理委员会将卫星广播的频率分成6个频段，见表9-1。

表9-1 卫星广播的频段分配

波段名称（GHz）	频率范围（GHz）	带宽（MHz）	使用范围
L（0.7）	0.62～0.79	170	与地面电视共用
S（2.6）	2.5～2.69	190	供集体接收
Ku（12）	11.7～12.75	1050	电视优选
K（23）	22.5～23	500	电视优选
Q（42）	40.5～42.5	2000	卫星广播专用
E（85）	84～86	2000	卫星广播专用

由表9-1可知，除Q和E波段为卫星广播专用频段外，其余频段均和地面通信业务共用。例如，L波段与地面的UHF电视节目的广播频率相同；S波段和我国现在使用的C波段（3.7～4.2GHz）都与地面通信业务共用。当这些频段用于卫星广播时，为了避免造成对地面通信业务的干扰，卫星发射到地球的功率通量密度要受到限制，因此使用这些频段的卫星与地面业务共用，但根据规划，这两个频段是卫星广播优选频段，所以由卫星发射到地面的这两个频段的功率通量密度不受限制。接收天线体积小造价低，适于个体接收。

9.4.1 C波段卫星广播

C波段是指卫星下行频率为3～4GHz频率范围的广播频段，过去的模拟卫星电视广播都用此波段。目前大都转为数字广播方式，该波段的频率比Ku波段低，卫星发射功率小，卫星接收天线多采用1.5m以上的口径。用户希望收看的卫星所采用的节目频段应与发射功率、接收天线和接收机相对应。否则便不能正常收看节目。

为了在有限的频段内传播更多的电视节目，同时考虑到充分利用各频段内的无线电频率而又防止相互干扰，通常把每个频段分成若干频道，表9-2列出了C波段（3.7～4.2GHz）的频道划分。其中C波段第N频道的中心频率可用下式表示：

$$f_N = 3708.3 + 19.18N \text{（MHz）}$$

根据频道及载频的计算公式和已知信号的中心频率，便可求出频道数N，从而可将接收机频道数预先置于N频道位置。

表9-2 C波段卫星电视广播的频道划分

频道	中心频率（MHz）	频道	中心频率（MHz）	频道	中心频率（MHz）
1	3727.48	4	3785.02	7	3842.56
2	3746.66	5	3804.20	8	3861.74
3	3765.84	6	3823.38	9	3880.92

第9章 高频电子技术在数字卫星广播系统中的应用

续表

频 道	中心频率（MHz）	频 道	中心频率（MHz）	频 道	中心频率（MHz）
10	3900.10	15	3996.00	20	4091.90
11	3919.28	16	4015.18	21	4111.08
12	3938.46	17	4034.36	22	4130.26
13	3957.64	18	4053.54	23	4149.44
14	3976.82	19	4072.72	24	4163.62

9.4.2 Ku 波段卫星广播

目前我国的卫星广播方式已经由最开始使用的小功率 C 波段通信转发器传输模拟广播电视节目发展到利用较大功率的 C、Ku 波段转发器传输数字广播电视节目。数字卫星广播技术在近几年内发展很快，从 1996 年起中央电视台率先采用数字压缩多路单载波方式，利用一个 Ku 波段转发器播出了 CCTV 2、3、5、6、8 五套电视节目，全国多数省份，除浙江、山东等早期上星的省仍保持原模拟方式播出外，其他新近上星的省市均采用了数字压缩技术，取得了良好的效果。最近，中央电视台 8 套电视节目及中央人民广播电台、中国国际广播电台的 8 套广播节目利用数字压缩技术通过鑫诺一号卫星 2A 转发器（Ku 波段，带宽 54MHz）播出，在我国绝大部分地区使用 1m 以下口径的天线即可接收到高质量的广播电视节目。今后上星的电视节目均将采用 MPEG-2 DVB 标准的数字压缩技术。

与以往的 C 波段卫星模拟广播相比，由于使用了较高频率的 Ku 波段及先进的数字压缩技术，在接收站即使使用较小直径的接收天线也能获得良好的收视效果。

表 9-3 列出了 Ku 波段（1.7～12.2GHz）的频道划分。Ku 波段第 N 频道的中心频率为

$$f_N = 11708.3 + 19.18N \text{（MHz）}$$

与 C 波段一样，可以根据频道及载频的计算公式和已知信号的中心频率求出频道数 N，预先设置接收机的 N 频道数的位置。

表 9-3 Ku 波段卫星电视广播的频道划分

频 道	中心频率（MHz）	频 道	中心频率（MHz）	频 道	中心频率（MHz）
1	11727.48	9	11880.92	17	12034.36
2	11746.66	10	11900.10	18	12053.54
3	11765.84	11	11919.28	19	12072.72
4	11785.02	12	11938.46	20	12091.90
5	11804.20	13	11957.64	21	12111.08
6	11823.38	14	11976.82	22	12130.26
7	11842.56	15	11996.00	23	12149.44
8	11861.74	16	12015.18	24	12168.62

图 9-12 为 Ku 波段卫星频道划分示意图，结合表 9-2 和表 9-3 的 C 波段和 Ku 波段的频率分配可知，两个波段内相邻频道间隔均为 19.18MHz。卫星电视广播下行频道所需的带宽一般都大于 20MHz，每个频道的宽度为 27MHz，这种相邻频道间的信号频带重叠将会在服务区内产生相互干扰。为了防止出现这种干扰，邻国或相邻地区之间常采用不同的频道和不同的极化方式进行卫星电视广播。

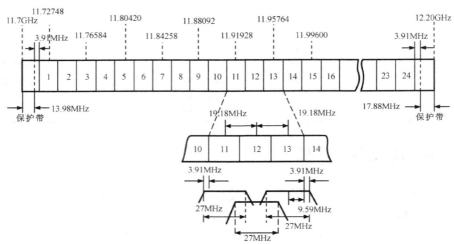

图 9-12　Ku 波段卫星频道划分示意图

1. Ku 波段数字卫星广播的主要特点

（1）Ku 波段卫星单转发器功率及卫星 EIRP 均较大，Ku 波段接收天线效率高于 C 波段接收天线的效率，因此接收 Ku 波段卫星节目的天线口径远小于 C 波段，从而可有效地降低天线成本。

（2）C 波段卫星广播遭受地面微波等干扰源的同频干扰比较严重，而 Ku 波段的地面干扰很小，大大地降低了对接收环境的要求。

（3）降雨对 Ku 波段卫星广播的影响比较严重，其上、下行信号降雨衰耗远大于 C 波段，这是 Ku 波段的主要缺点，在使用时应注意天气的影响。

2. 数字卫星广播的主要特点

使用 MPEG-2 视频压缩标准及 MUSICAM 音频压缩方法的 DVB-S 卫星数字广播具有模拟方式不可比拟的优势，因此，在卫星广播领域正在迅速取代传统的模拟调频传送方式。数字卫星广播具有以下主要特点。

（1）利用数字压缩技术的卫星数字广播极大地降低了传送的音/视频码率，对卫星转发器的频带及功率需求大大低于模拟方式，同一转发器可播送更多的节目，大大地节省了频道资源。

（2）卫星数字广播由于采用了强有力的纠错算法，传送质量很高，接收门限很低。只要在接收门限之上，数字广播信号就没有可察觉的失真、干扰和衰减。

（3）卫星数字广播可提供数据传输、多媒体及加扰和授权的功能，特别有利于直接到户的收费管理。

Ku 波段数字卫星广播结合了 Ku 波段及数字技术的特点，非常适合于分散的小口径天线的个体接收。

3. Ku 波段数字卫星广播的上行系统

Ku 波段数字卫星广播上行系统的简单构成如图 9-13 所示。

图 9-13 中 QPSK 调制器之前为数字压缩编码多重复用设备，之后为信道处理设备。与

C 波段模拟上行系统不同之处主要有三点。

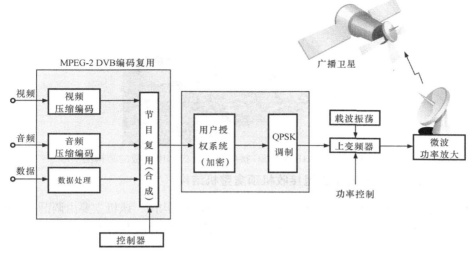

图 9-13　Ku 波段数字卫星广播上行系统的简单构成

（1）Ku 波段数字卫星广播上行系统要适合于数字传输的特殊要求，这就要求上行系统要有更低的相位噪声及更好的幅频特性和群时延特性。

（2）Ku 波段数字卫星广播上行系统所使用的上行天线波束半功率角度很小，对天线的机械精度和跟踪精度提出了更高的要求。

（3）Ku 波段数字卫星广播上行系统要采取上行功率控制手段，以便自动补偿或消除在卫星上行链路出现的雨、雪、云、雾等对上行信号的衰减作用。

我国把数字压缩的先进技术首先应用于数字卫星电视，必将有利于进一步开发适合我国的数字视频广播（DVB）、数字音频广播（DAB）和 HDTV 系统，并有利于进一步探索卫星广播的多功能应用和广播电视的各种先进业务。

9.5　数字卫星电视接收机顶盒的整机结构和工作流程

9.5.1　数字卫星电视接收机顶盒的整机结构

不同厂家生产的卫星接收机顶盒的内部结构是不同的，常用机顶盒一般主要由主电路板、电源电路板和操作显示电路板等部分构成。

1. 同洲 CDVB3188C 接收机顶盒整机结构

图 9-14 是同洲 CDVB3188C 接收机顶盒内部电路板的结构图，主要由调谐接收电路、解码电路、电源电路、操作显示电路、数字处理电路和存储器电路构成。

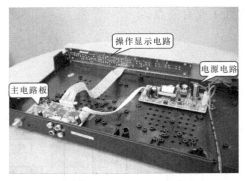

图 9-14　同洲 CDVB3188C 接收机顶盒内部电路板的结构图

2. 东仕 IDS-2000F 数字卫星接收机顶盒整机结构

图 9-15 是东仕 IDS-2000F 接收机顶盒内部电路板的结构图,该机主要由调谐接收电路、解码电路、电源电路、操作显示电路、数码显示驱动电路、数字处理电路和存储器电路构成。

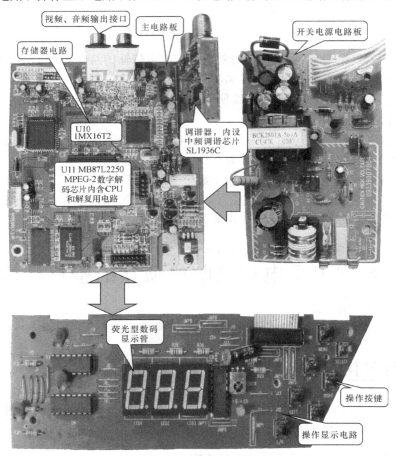

图 9-15　东仕 IDS-2000F 数字卫星接收机顶盒内部电路板的结构图

东仕 IDS-2000F 数字卫星接收机顶盒的解码芯片内含有 CPU 和解复用电路,调谐器内部设有中频调谐芯片 SL1936C。

3. 雷霆 430 数字卫星接收机顶盒整机结构

图 9-16 为雷霆 430 数字卫星接收机顶盒的内部结构图，该机主要由主电路板、电源电路板、3 块 CA 卡座电路板和操作显示电路板等部分构成，其中，操作显示电路板在图 9-16 中未标出。使用该机可接收收费节目，因此它多了 3 块 CA 卡座电路板。

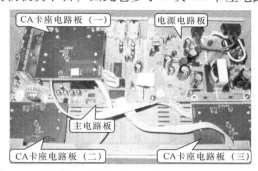

图 9-16　雷霆 430 数字卫星接收机顶盒的内部结构图

9.5.2　数字卫星接收机顶盒的信号流程

1. 数字卫星接收机与相关设备信号的流程

数字卫星接收机与相关设备的组成框图如图 9-17 所示，数字卫星接收机主要是由前端电路、数字信号解码电路、AV 信号处理电路、系统控制电路、外部设备接口电路等构成。卫星天线收到卫星发射的射频（微波）信号后，在高频头中变成第一中频信号，然后送到卫星接收机的前端电路中，前端电路包括调谐器和信道解码器，主要是对 QPSK 调制的信号进行解调和纠错。数字信号的解码处理是在一个大规模集成电路中进行的，先进行解复用处理主要是完成数字信号的解扰、多重分离及种种数字处理，经处理后的音频和视频数字信号再送到 AV 信号的 MPEG 解码电路中进行解压缩处理，然后进行视频编码和 D/A 转换、音频 D/A 转换，还原出音频和视频信号送到彩电（监视器）中。

2. 数字卫星信号接收的流程

数字卫星接收系统对信号的处理过程主要是指将音频和视频信号还原的过程。图 9-18 是数字卫星接收系统对所接收信号的处理过程框图，图中天线和高频头与模拟卫星接收系统基本相同。也就是说传输模拟电视信号可以用 C 波段或 Ku 波段的卫星，同样也可以用 C 波段或 Ku 波段的卫星传输数字电视信号。

抛物面天线收到卫星的信号后在高频头中进行放大、混频，然后变成第一中频信号通过电缆传送到接收机的室内单元。室内单元常被称为数字式卫星接收机，由于它需要另选电视机作为显示器，因而卫星接收的室内单元又称机顶盒。机顶盒主要是由调谐电路、数字信号的解调、纠错、数据分离，以及音频、视频的解压缩处理电路构成。A/D 转换器将调谐电路输出的模拟信号转换成数字信号，然后进行 QPSK 解调，解调后进行解码和纠错处理，以确保接收信号的质量和保真度。纠错后的信号再进行多重分离（解复用），由于数字调制可以在一套载波中传输多套数字节目，因而这里需要再把它们分开。分离后的信号是压缩的数字信号,再经过 MPEG-2 解压缩处理电路还原出音频、视频数字信号。这是数字卫星接收机的主要信号处理过程。为了使之成为一个完整的接收机,还要加入系统控制电路、操作显示电路、外部接口电路及电源电路等。

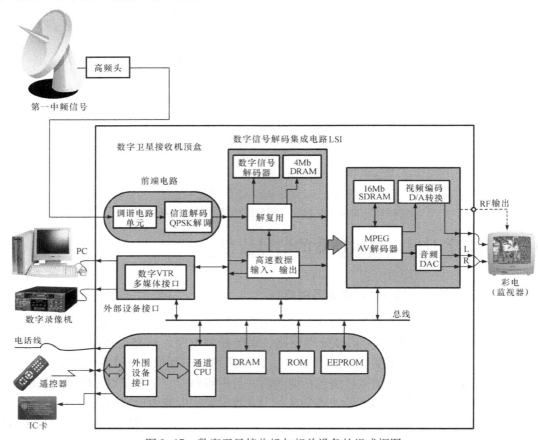

图 9-17 数字卫星接收机与相关设备的组成框图

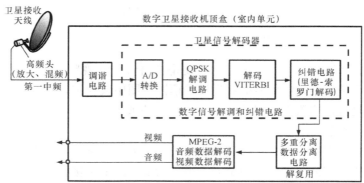

图 9-18 数字卫星接收系统对所接收信号的处理过程框图

3. 数字卫星接收机的信号流程

数字卫星接收机的原理框图如图 9-19 所示,它主要是由天线和变频器部分(高频头又

第9章 高频电子技术在数字卫星广播系统中的应用

称下变频或第1变频器）、调谐器（第二变频器）、卫星信号解调器（QPSK解调、数据流解码解复用）、MPEG-2解压缩电路及视频编码、视频 DAC、音频 DAC、射频调制器等部分构成。信号流程如下。

（1）C 波段及 Ku 波段卫星信号经天线接收后送到安装在天线上的高频头，在高频头中经放大、变频输出标准的 950~2150MHz 的信号（即第一中频信号），输入至接收机的 IF 输入端。调谐器完成信号再放大、混频（选台），经变频后送到 QPSK 解调器，在解调器中先完成模拟 I、Q 信号的 A/D 转换，转换成数字式 I、Q 信号，再经数字式 QPSK 解调，FEC 滤波，还原出 MPEG-2 数据流信号。

（2）数据流解码和解复用器完成 MPEG-2 数据流解码和分离，分解出音/视频，同步控制及其他数字信号。MPEG-2 A/V 解码器完成音/视频数字信号的解压缩、解码，还原出完整的图像及伴音数字信号。

（3）视频数字编码器将数字图像信号编码，然后再经 D/A 转换，输出模拟电视机所能接收的全电视信号或 Y、C 信号。音频 D/A 电路将音频数字信号经数模转换器（D/A）输出左/右（L/R）两路模拟音频信号。

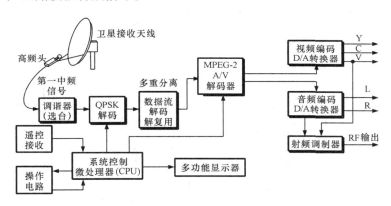

图 9-19　数字卫星接收机的原理框图

接收和处理数字卫星电视信号最主要的设备是接收机，因为它的功能是通过解码器处理数字信号，所以又称为集成接收解码器（Integrated Receiver De-coder，IRD）。

地面卫星接收天线接收的卫星信号（C 频段或 Ku 频段），经低噪声放大和下变频转换成第一中频信号，该信号为 L 频段的射频信号，其频率范围为 950~2150MHz。第一中频信号再经同轴电缆进入 IRD 中的调谐器，经调谐、变频、放大后，变为频率为 70MHz 的中频信号，送至 A/D 转换器和 QPSK 解调器，解调出数字信号流，经维特比（Viterbi）解码（维特比解码的比率可用菜单在 1/2、3/4、5/6 和 7/8 中任选），在纠错电路中进行去交织和 RS 解码，对传输中引入的误码进行纠错，恢复成 MPEG-2 传送包数字流，经多重分离电路进行解复用处理，分解出多套节目的数码流，再分别送到 MPEG-2 视频、音频和数据解码器，经解码、视频再编码、D/A 转换等处理后，输出模拟的分量视频信号或复合视频信号，视频编码器的输出信号可以有多种制式（PAL/SECAM/NTSC）。该调谐器能自动地工作在 SCPC 或 MCPC 接收方式。由于 C 频段和 Ku 频段的接收频谱左右位置不一样，因此，该调谐器还具有频谱倒置功能。

4. 典型数字卫星接收机顶盒的结构和信号流程

（1）东仕 IDS-2000F 型数字卫星接收机顶盒的信号流程。图 9-20 是东仕 IDS-2000F 型数字卫星接收机顶盒的信号流程，高频 RF 信号进入 SL1935E 一体化调谐器，经内部 RF 放大器进行低噪声放大，使输出的中频信号达到模数转换所要求的信号电平。信号从一体化调谐器送来的 I、Q 信号转换成数字信号，进行解调处理后，将其还原成调制前的数据信号，再将该数据信号进行滤波及解码处理，产生符合 MPEG-2 标准的传输码流。信号再经过解复用及解码电路进行复用解码和音/视频解码，将经过压缩解码的码流数据转换成图像数据和音频数据，再经过其接口电路送到相应的编码器和转换器处理得到相应的 CVBS 复合视频信号和左/右声道音频信号。

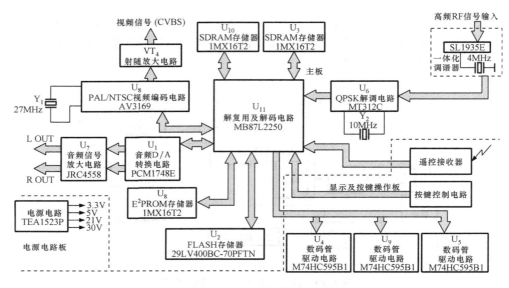

图 9-20 东仕 IDS-2000F 型数字卫星接收机顶盒的信号流程图

（2）九洲 DVS-398E 型数字卫星接收机顶盒的信号流程。九洲 DVS-398E 型数字卫星接收机顶盒的信号流程如图 9-21 所示。卫星接收高频头输出的信号，先由一体化调谐器（TUNER）进行低噪声放大、滤波和变频，将其转换成两路相位差为 90°的中频信号 I 和 Q。I、Q 信号由 TUNER 中的双 D/A 转换器转换成数字信号后，再由 QPSK 解调器进行解调、解码，成为符合 MPEG-2 标准的传输码流。调谐器输出的传输码流，要先经过传输流解复用器，将其分解成单个节目流，然后再由节目流解复用器分解为音/视频和专用数据基本码流。音/视频基本码流分别送到音/视频解码器，经解码后还原成原始的音/视频数据。其中音频数据送到音频 D/A 转换器，转换成两路立体声音频信号，再由音频放大器放大后输出；视频数据送到视频编码器（含视频 D/A 转换器），转换成 ITU-R601 标准的复合视频（CVBS）信号和 S 视频信号，经滤波网络滤波后输出。

第 9 章　高频电子技术在数字卫星广播系统中的应用

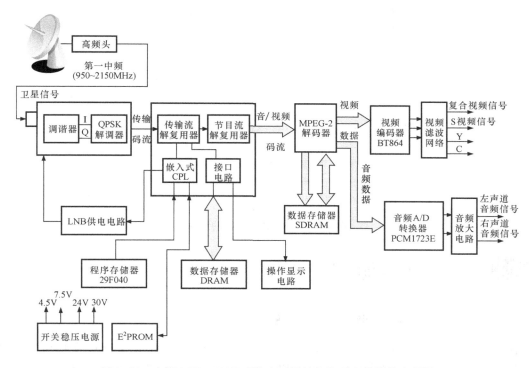

图 9-21　九洲 DVS-398E 型数字卫星接收机顶盒的信号流程图

9.6　一体化调谐器的结构和工作原理

9.6.1　一体化调谐器的结构

数字卫星接收机顶盒是卫星接收系统的室内单元，它处理来自卫星天线高频头的信号，其典型结构如图 9-22 所示。高频头是安装在卫星接收抛物面天线上的电路单元，它通常与馈源安装在一起。馈源将抛物面天线收集的微波能量（卫星转发的射频电视节目信号）传给高频头，高频头中设有低噪声高增益宽频带放大器，它将接收的卫星射频信号（Ku 波段、C 波段）放大后，再进行变频，转换成 950~2150MHz 的信号，该信号被称之为第一中频信号。然后经同轴电缆从天线传输到室内单元的机顶盒中。第一中频信号在机顶盒中首先送到调谐器和解调器组件中，这个组件被称为一体化调谐器。第一中频信号在调谐器中先进行射频（RF）放大，然后进行调谐变频处理，再进行 QPSK 解调转换成数字信号输出。由于它处理的信号频率很高，因此都封装在屏蔽良好的金属壳中。一体化调谐器通过引脚焊装在主电路板上。

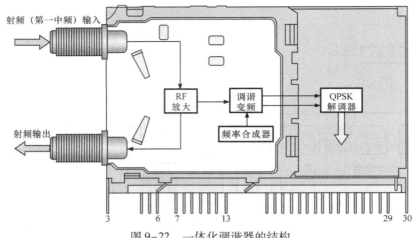

图 9-22 一体化调谐器的结构

9.6.2 一体化调谐器的工作原理

1. BS2L 201F 一体化调谐器的工作原理

图 9-23 是 BS2L 201F 一体化调谐器电路的基本结构，它主要是由 AGC 放大器、直接转换调谐器、低通滤波器、频率合成器和 QPSK 解调器（频通解码器）等部分构成。

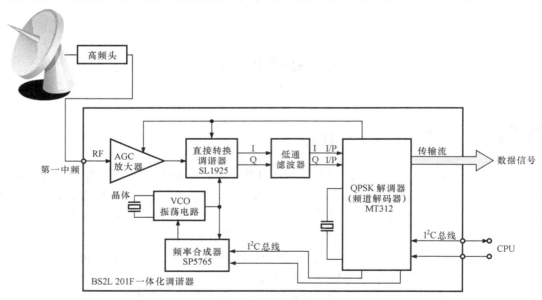

图 9-23 BS2L 201F 一体化调谐器电路的基本结构

来自高频头的第一中频信号（950～2150MHz）首先送入 AGC 放大器，AGC 放大器可以根据信号的强弱自动改变电路增益，增益控制信号来自频道解码器。AGC 放大后的信号送到直接转换调谐器 SL1925。外差信号是由频率合成器 SP5765 和晶体振荡压控振荡器（VCO）构成的。调谐控制信号受 CPU I^2C 总线信号的控制。

第 9 章　高频电子技术在数字卫星广播系统中的应用

调谐器 SL1925 输出正交的 I、Q 信号经低通滤波器送到频道解码器。频道解码器 MT312 是完成 QPSK 解码的电路,因为数字卫星电视信号的信道编码是采用的 QPSK 调制方式,经解码后输出并行的数据流信号,再送到主电路板上的 A/V 解码芯片中。在频道解码器 MT312 中除进行 QPSK 解码外,还进行纠错和去交叉交织处理(维特比解码、里德 – 索罗门解码等)。

2. 具有盲扫功能的单片调谐器

具有盲扫功能的单片调谐器(如富士通 MB86A15、MB86A16、夏普 QM1D9P0007、意法 STV0399 等)都是将 ZIF – Tuner(零中频调谐器)、PLL(锁相环)频率合成器、QPSK 解调器和 FEC 模块集成在一起的单片调谐器,又称为单片高频头。单片调谐器给调试和安装带来了极大的方便。

图 9-24 是 MB86A15 单片调谐器电路的基本结构,它是富士通微电子公司推出的可以替代分离 QPK 网络接口模块(Network Interface Module,NIM)的电路结构。MB86A15 集数字卫星信号的调谐器和解调器于一身,卫星信号所必要的 AGC、直接变频、PLL、QPSK 调谐器和纠错(FEC)的功能都可以实现。采用 LQFP – 120P 封装,该器件只需要 2.5V、3.3V 和 5V 电源,无需 30V 调谐电压。单片调谐器的数据输出(TSO ~ TST)和同步时钟信号一起送到解码芯片中进行音/视频数据信号的解压缩处理。

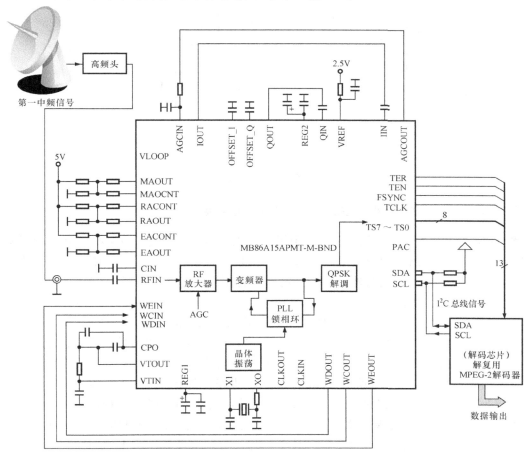

图 9-24　富士通 MB86A15 单片调谐器电路的基本结构

3. 东仕 IDS-2000F 数字卫星接收机调谐接收电路的工作原理

东仕 IDS-2000F 数字卫星接收机所使用的调谐器是一体化调谐器，是将调谐及解调电路集于一体，主要由零中频调谐集成电路 SL1935E 及 QPSK 解调集成电路 MT312C 组成，如图 9-25 所示。调谐器工作时，从高频头送来的 RF 信号进入 SL1935E 内的 RF 放大器进行低噪声放大，再经过滤波器滤波后送到变频器与本振信号混合处理，形成正交的 I、Q 信号。该机中 SL1935E 的放大倍数由自动增益控制电路进行控制。当输入的中频信号强度出现变化时，自动增益控制电路将会自动控制前置放大器和中频放大器的增益，从而使输出的中频信号电平始终保持稳定，保证调谐器能正常、稳定地工作。I、Q 信号经低通滤波后送到 QPSK 解调器中进行数字解调处理，解调出的数据信号送往解压缩处理电路。

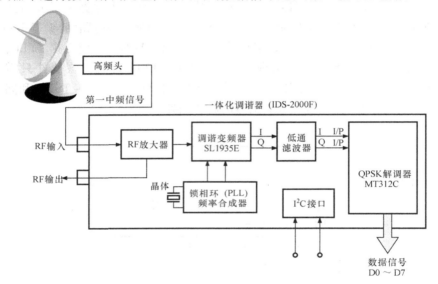

图 9-25 东仕 IDS-2000F 数字卫星接收机调谐接收电路

4. 九州 DVS-398CB 型数字卫星接收机调谐接收电路

图 9-26 是九州 DVS-398CB 型数字卫星接收机调谐接收电路。该机将调谐器和解调器封装在一起，其中调谐器由核心器件 IX2360VA 及其外围电路组成。该器件是一个带输出 AGC 的下变频混频器，当它与外部调谐振荡器一起使用时，支持网络全频带卫星接收系统的第一中频 IF 调谐功能。

前置放大器接收来自天线高频头的 RF 信号，进行低噪声前置放大和滤波。变频器用来将 RF 信号与来自锁相环（PLL）电路的本振信号混合，产生第二中频信号。带通滤波器用于消除邻频干扰，抑制镜像噪声，提高载噪比。由于 A/D 转换器要求输入信号的幅度基本保持稳定，在中频放大器中加入了自动增益控制（AGC）电路。调谐时，由控制和解码芯片中的主 CPU 读出预置在存储器中的频道数据，通过 I^2C 总线送到锁相环（PLL）电路，使本振输出随频道参数改变的信号，控制变频器将 RF 信号转换成两个正交的数字调制信号（I、Q）。

解调器采用 ST 公司生产的 STV0299B 单芯片，将调谐器输出的 I、Q 信号进行双 A/D 转换、QPSK 解调、前向纠错和解扰。双 A/D 转换器用来将信号转换成两路字长 6 位的数字信号，送到 QPSK（四相相移键控）处理，输出符合 MPEG-2 标准的传输码流，送到解复用器和 MPEG 解码器进一步处理。

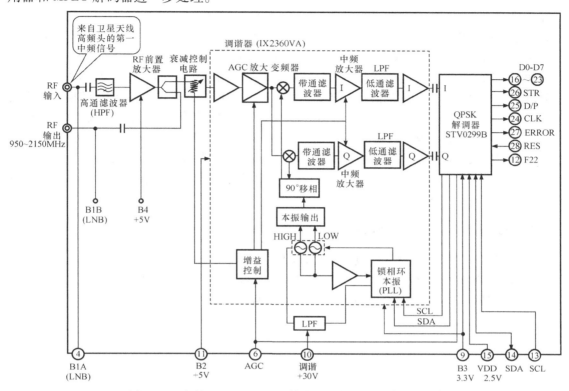

图 9-26　九州 DVS-398CB 型数字卫星接收机调谐接收电路

5. 康佳 S9806 型数字卫星电视接收机调谐电路

康佳 S9806 型数字卫星电视接收机采用 BSFR68G15 型数字调谐器，它由带通滤波器、前置放大器、变频器、锁相环（PLL）、中频放大器、自动增益控制 AGC 电路和移相器等电路组成。

图 9-27 是 BSFR68G15 型数字调谐器电路图。

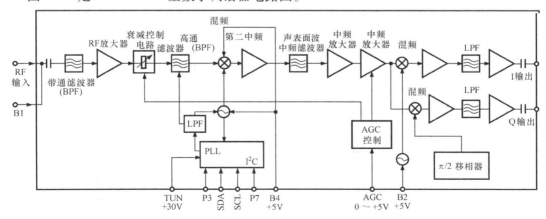

图 9-27　BSFR68G15 型数字调谐器电路图

数字卫星接收室外高频头送来的 950～1450MHz 或 950～1750MHz 或 950～2150MHz 的第一中频信号并加到数字调谐器的高通滤波器 BPF 滤除外干扰信号后，由前置放大器进行低噪声放大，然后送入变频器进行二次变频得到第二中频信号。微处理器 CPU 通过 I^2C 总线控制锁相环（PLL）电路，调谐时，由控制和解码芯片中的微处理器 CPU 读出预置在存储器中的频道参数，通过 I^2C 总线控制 PLL 电路，使 PLL 输出随频道参数而改变的信号，控制变频器将第一中频信号转换成第二中频信号。第二中频信号经滤波和放大后再进行正交变频处理，输出两个正交的调制信号 I、Q，并传送到 QPSK 解调器转换为 A/D 转换器所需要的信号电平。经 36MHz 带宽的中频滤波器滤除邻频、镜像等干扰信号，最后由移相电路移相，分成两个相位差为 90°的 I、Q 信号送至 QPSK 解调电路中。为了确保中放输出信号幅度稳定，在中频放大器中加入自动增益控制 AGC 电路。当中频输入信号强度发生变化时，自动增益控制 AGC 电路自动控制前置放大器和中频放大器的增益，使输出的中频信号电平基本保持不变。

6. 海克威 HIC－2000H 型数字卫星机顶盒调谐电路

HIC－2000H 型数字卫星机顶盒采用韩国 LG 公司生产的一体化调谐解调器。该机顶盒的调谐部分以集成变频器（SL1925）和带锁相环的频率合成器（SA5059）为核心组成，图 9-28 是 HIC－2000H 型数字卫星机顶盒调谐电路。

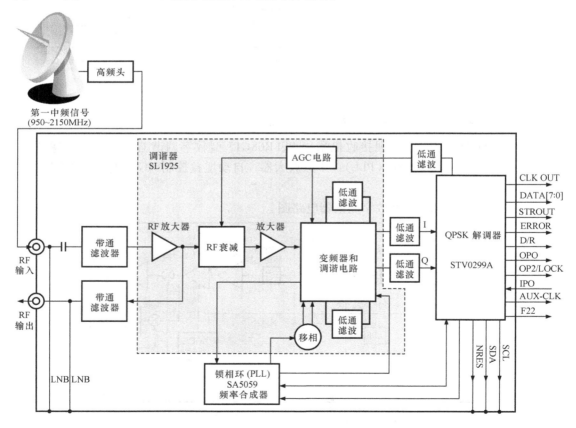

图 9-28　海克威 HIC－2000H 型数字卫星机顶盒调谐电路

第9章　高频电子技术在数字卫星广播系统中的应用

HIC-2000H 型数字卫星机顶盒工作时，SL1925 中 RF 放大器接收来自天线高频头的 RF 信号，滤波后进行低噪声前置放大并进入 RF 衰减控制电路输入到变频器，与来自 PLL 电路的本振信号混合，产生 I、Q 信号。PLL 电路由主 CPU 通过 I^2C 总线控制。调谐时，主 CPU 读出预置在存储器中的频道参数，通过 I^2C 总线送到 PLL 电路，使 PLL 输出随频道参数改变的信号，控制变频器将 RF 信号转换成正交的 I、Q 信号。再送到 QPSK 解调器进行数字解调处理。

【知识扩展】

锁相环是指一种具有自动相位控制的振荡信号产生电路或模块，它用于通信的接收机中，其作用是产生所需要的本振信号，该信号始终与基准信号同步。

锁相环中主要的电路是压控振荡器和相位比较器（鉴相器）。

一般情况下，锁相环是由三部分组成，如图 9-29 所示。

（1）鉴相器：用于检测 VCO 的输出与基准信号的相位差。

（2）压控振荡器（VCO）：VCO 的振荡频率受误差电压的控制，其输出经分频器作为比较信号送到鉴相器。

（3）环路滤波器：用于对鉴相器的输出电路信号进行滤波和平滑，一般情况下，是一个低通滤波器用于滤除由于信号突变和其他不稳定因素对整个电路的影响。

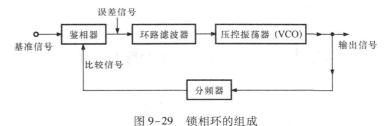

图 9-29　锁相环的组成

第10章

高频电子技术在移动通信系统中的应用

教学和能力目标：
- 手机是移动通信系统中的终端设备，它是人们生活中不可缺少的通信工具；手机信号的传输采用数字调制方式，其载波信号的频率也很高（800~1800MHz），手机中处理高频信号（射频信号）的电路很多，是高频电子技术应用的范例，学习本章应了解手机在拨打电话过程中信号的处理、变换和传输的方式及相关电路的结构
- 了解手机中各种高频电路的应用实例及工作原理
- 掌握手机高频电路的检测方法和操作技能

10.1 手机和移动通信技术

手机是一种袖珍型便携式通信设备，它是借助于无线和有线网络及其相关设备实现电话互通和数据互通，其信号传输方式如图10-1所示。

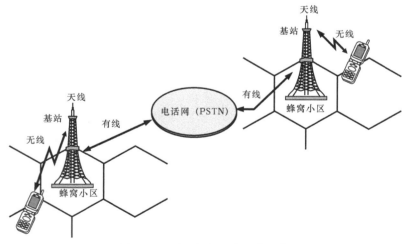

图10-1 手机间的基本通信网络

10.1.1 移动通信系统的组成

传统的信息传递多采用有线传输方式，即使用电话机通过线缆传输信号，实现信息

第 10 章　高频电子技术在移动通信系统中的应用

的互通。手机作为无线移动通信设备，它是采用无线移动通信方式进行信息传递的，图 10-2 是 GSM（全球移动通信系统）移动通信系统的结构示意图，可以看到 GSM 移动通信系统主要由移动台（手机等移动设备）、基站（BS）、移动业务交换中心（MSC）及电话网（PSTN）等几部分组成，它是将一个大的无线服务区，划分成许多蜂窝状无线小区，每个蜂窝状无线小区都设有一个基站（BS）。它通过移动通信收发天线发射和接收电磁波与移动台（手机等移动设备）进行通信。在整个大的无线服务区中，所有的基站（BS）都与移动业务交换中心（MSC）进行有线或无线连接。基站（BS）将接收到的移动台（手机等移动设备）的信号送往移动业务交换中心（MSC）进行处理，再由移动交换中心将信号发射到基站，由基站送到移动台。这样实现了手机与手机之间的无线通信。

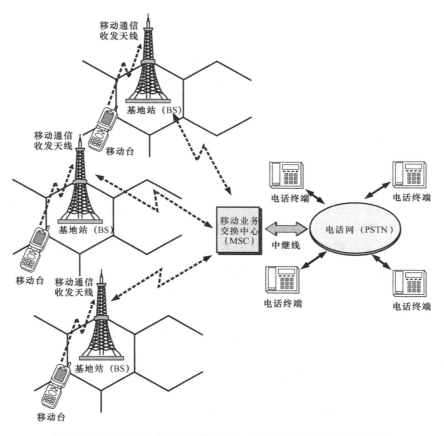

图 10-2　GSM（全球移动通信系统）移动通信系统的结构示意图

此外，移动交换中心（MSC）还通过中继线直接与电话网（PSTN）相连，使得手机与固定电话之间也可以进行通信。

在进行无线移动通信的过程中，为了识别移动台（手机等移动设备）身份，即在通信时能够找到所要寻找的用户，每部手机都有一个用户识别码（IMSI），该识别码包括移动通信国家码、移动网号、移动用户识别码和国内移动用户识别码，而在实际使用中，为了便于操控，常常用临时用户识别码（TMSI）来代替（IMSI）。TMSI 和 IMSI 这两个识别码都存于

SIM 卡内，在手机入网时，IMSI 和 TMSI 的识别信息就会发射到基站，然后由基站转发到移动业务交换中心（MSC）进行确认，这样，手机就相当于具有了合法身份，可以自由使用了。

10.1.2 手机的通信方式

手机的各种通信方式如图 10-3 所示，主要有三种方式，即频分多址传输方式（Frequency Division Multipe Access，FDMA）、时分多址传输方式（Time Division Multipe Access，TDMA）、码分多址传输方式（Code Division Multipe Access，CDMA）。

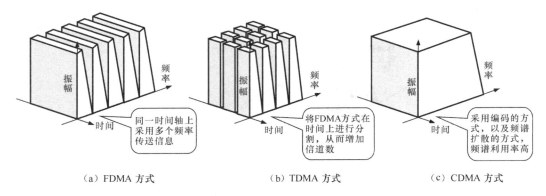

图 10-3　手机的各种通信方式

数字手机的信号处理过程如图 10-4 所示。在发送状态，话筒信号经 A/D 转换器转换成数字信号，然后进行数字编码，为了进行误码校正，要采取数据信号的交叉交织及数据转换等处理过程。帧处理是电路对信号采用时分多重（TDMA）或是码分多重（CDMA）等手机特有的信号处理方式。经帧处理后，再进行数字编码和数字调制处理，即完成 D/A 转换和正交转换，最后经数字调制的信号进行功率放大和发射。

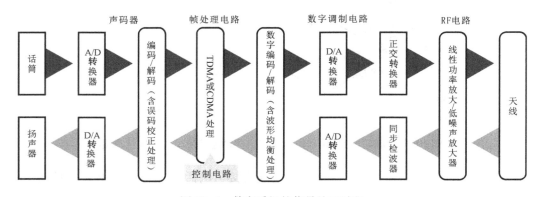

图 10-4　数字手机的信号处理过程

对手机发来的信号，由天线接收后进行相反的处理。天线接收的信号先进行低噪声放大，然后进行同步检波、A/D 转换，转换成数字信号后再进行数据解码（含波形均衡处理），接着进行 TDMA 或 CDMA 处理，还原出原语音数字信号，并进行误码校正处理（即去

第 10 章 高频电子技术在移动通信系统中的应用

交叉交织处理),最后经 D/A 转换器转换成模拟音频信号去驱动扬声器。

10.1.3 CDMA 移动通信系统

CDMA 移动通信系统与 GSM 移动通信系统的工作原理基本相同,只是多址技术的实现方法不同,CDMA 采用码分多址技术。在 CDMA 系统中每一个移动用户终端都被分配一个独立的随机码序列。

图 10-5 是 CDMA 手机的发送系统结构框图,语音信号经声码器转换成数字音频信号,它在处理时与辅助数据信号一起送入编码器进行数字编码,然后将编码的数字信号进行交叉交织处理。这是为了在接收时进行误码、漏码检测和纠错处理。因为手机使用的环境不同,信号传输时受到的干扰也不同,而且传输过程中还会受到建筑物、大型输变电设备、雷电等干扰,可能出现使手机传输的信号产生错误及信号丢失等情况。手机发送信号前的处理就是为了提高可靠性、提高抗干扰性等所采取的措施。手机数字处理电路还包括维氏变换器、仿真噪声编码产生器、数据增强随机化电路,最后进行信号合成,再调制到射频载波上发射出去。

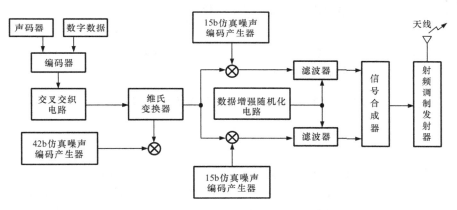

图 10-5　CDMA 手机的发送系统结构框图

图 10-6 是 CDMA 手机的接收系统框图,天线接收到基站转发的对方手机信号,将信号送到高频解调器,高频解调器是由低噪声放大器、滤波器、混频器等构成的,高频解调器将数字信号从射频载波上提取出来(解调出来),然后再对解调出来的信号进行解码处理。信号经滤波器(指状电路)分别提取数字信息,并经去交织交叉处理、维特比解码(维氏解码)恢复发射前的数字信号。再经声码器、D/A 转换输出语音信号,同时分离出辅助数据信号(显示等)。

在接收电路中还设有频率调谐和频率跟踪电路使接收的信号频率准确。

输出功率控制电路是产生频率控制信号和输出功率控制信号的电路,该电路通过对频率和功率的检测形成自动控制电压,在环境因素变化的情况下也能保证整个电路稳定工作。

信号检索电路产生导频信号的位置信息为微处理器提供参考信息。

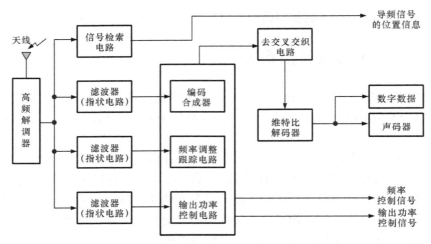

图 10-6　CDMA 手机的接收系统框图

10.1.4　手机的制式和移动通信技术

移动通信技术是整个移动通信系统的核心。移动通信网络的模式、信息的传输速度及数据安全和其他功能的拓展等都是由移动通信技术决定的。

1. 第 1 代移动通信技术（1G）和第 2 代移动通信技术（2G）

在移动通信的初期采用的是第 1 代移动通信技术（1G），其代表为已经淘汰的模拟移动网络。

目前，正在广泛采用的是第 2 代移动通信技术（2G），该技术的代表就是全球移动通信系统（Global System for Mobile Communications，GSM），它是以数字语音传输技术为核心的。

GSM 系统具有防盗拷能力佳、网络容量大、手机号码资源丰富、通话清晰、稳定性强、不易受干扰、信息灵敏、通话死角少、手机耗电量低等特点。它包括 GSM900（900MHz）、GSM1800（1800MHz）及 GSM1900（1900MHz）等几个频段。其中，GSM900 发展的时间较早，其频谱较低，波长较长，穿透力较差，但传送的距离较远。相对而言，GSM1800 的频谱较高，波长较短，穿透力佳，但传送的距离相对较短。

我们现在所使用的手机很多都是 GSM 制式的手机。早期，GSM 制式的手机多采用 GSM900 的频段，后来，随着 GSM1800 频段的使用，许多 GSM 制式的手机都具有双频功能，即可以自由地在 GSM900 和 GSM1800 两个频段间切换。随着 GSM1900 频段的使用（欧洲国家普遍采用），现在已经出现了可以在 GSM900、GSM1800、GSM1900 三个频段间自由切换的三频手机。真正实现了手机的全球通。

2. 第 2.5 代移动通信技术（2.5G）

随着用户对移动通信容量、品质和服务内容的需求不断增加，在第 2 代移动通信技术（2G）的基础上又出现了第 2.5 代移动通信技术（2.5G）。它是第 2 代移动通信技术（2G）

第 10 章　高频电子技术在移动通信系统中的应用

和第 3 代移动通信技术（3G）之间的过渡类型。它可以使用现有的 GSM 网络轻易地实现数据的高速分组和简便接入，其传输速度和带宽都在 2G 的基础上有所提高。CDMA、GPRS、HSCSD、EDGE 等技术都是第 2.5 代移动通信技术的代表。

（1）CDMA。CDMA（Code Division Multiple Access 译为"码分多址分组数据传输技术"）与 GSM 的系统结构基本类似，但由于新技术的应用，使得 CDMA 能够满足市场对移动通信容量和品质的高要求，具有频谱利用率高、语音质量好、保密性强、掉话率低、电磁辐射小、容量大、覆盖广等特点。

与 GSM 制式的手机相比，CDMA 制式的手机由于采用了 CDMA 中所提供的语音编码技术，可以把用户对话时周围环境的噪声降低，使通话更为清晰；同时 CDMA 展频通信技术的使用，不仅可以减少手机之间的干扰，不易掉话，而且手机的功率也相对较低，手机的使用时间更长，电磁波的辐射也更小。此外，CDMA 带宽的扩展，也使得手机可以用来传输影像等多媒体资源。

目前，为了适应市场的需要，手机生产厂商推出了双模手机，这种手机可以同时支持 GSM 及 CDMA 两个网络通信技术，它可以根据环境或者是实际操作的需要来从中做出选择，哪个网络技术更能发挥作用，就让手机切换到哪种模式下去工作，如果在一种模式下，手机通信质量不高或者是出现其他不良的通信现象，可以自由转到另外一个网络模式上工作，这不仅提升了手机的通话频率，而且大大提高了通信的稳定性。

（2）GPRS。GPRS 是 General Packet Radio Service（通用分组无线服务）的简称，它是在现有的 GSM 网络基础上开通的一种新型的高速分组数据传输技术。提供端到端的、广域的无线 IP 连接。

相对于原来的 GSM 以拨号接入的电路交换数据传送方式，GPRS 采用分组交换技术，在网络资源的利用率上有了很大的提高。而且可以同时进行语音和数据的传递。目前，GPRS 移动通信网的传输速度可达 115Kb/s。具有数据传输稳定、高效、信息量大等特点。

（3）HSCSD。HSCSD（High Speed Circuit Switched Data），即高速电路交换数据服务。它也属于 2.5G 的一种技术，是 GSM 网络的升级版本，能够透过多重时分同时进行传输，而不是只有单一时分而已，因此能够将传输速度大幅提升到平常的 2～3 倍。目前新加坡 M1 与新加坡电信的移动电话都采用 HSCSD 系统，其传输速度能够达到 57.6Kb/s。

（4）EDGE。EDGE 是 Enhanced Data Rate for GSM Evolution（增强数据速率的 GSM 演进）的简称，是速度更高的 GPRS 后续技术。EDGE 完全以目前的 GSM 标准为架构，不但能够将 GPRS 的功能发挥到极限，还可以透过目前的无线网络提供宽频多媒体的服务。可以应用在诸如无线多媒体、电子邮件、网络信息娱乐及电视会议中。

3. 第 3 代移动通信技术（3G）

第 3 代移动通信技术主要的目标在于为用户提供更好的语音、实时视频、高速多媒体及移动 Internet 访问业务，如图 10-7 所示。

它的主要优点是能极大地增加系统容量、提高通信质量和数据传输速率。此外，利用在不同网络间的无缝漫游技术，可将无线通信系统和 Internet 连接起来，从而可对移动终端用户提供更多、更高级的服务。可以看出，3G 制式的手机功能更强大，它能够处理图像、语音、视频流等多种媒体形式，提供包括网页浏览、电话会议、电子商务等多种信息服务。

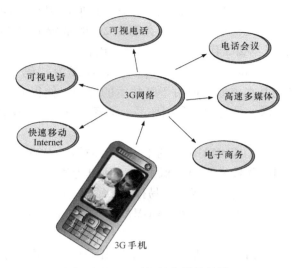

图 10-7　3G 手机的多媒体传输

目前，W－CDMA、TD－SCDMA、CDMA2000－3X 技术都是第 3 代移动通信技术（3G）的代表。

（1）W－CDMA。W－CDMA（Wideband CDMA，译为宽频分码多重存取）是由 GSM 网发展出来的 3G 技术规范，它可支持 384Kb/s 到 2Mb/s 不等的数据传输速率，在高速移动的状态，可提供 384Kb/s 的传输速率，在低速或是室内环境下，则可提供高达 2Mb/s 的传输速率。

W－CDMA 是采用频谱扩散技术的新一代通信方式，各手机之间通信可以使用同一频带，W－CDMA 是以 DS－CDMA（Direct Sequence－Code Division Multipe Access，直接扩散编码分址数据传输技术）方式为基础的天线连接方式。由于各手机在同一时间可以使用同一频率，根据扩散编码的不同可以对各手机进行识别，其原理如图 10-8 所示。

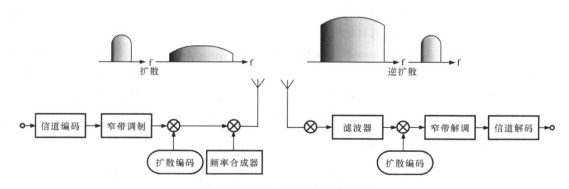

图 10-8　DS－CDMA 的工作原理

手机发送信号时，语音信号经过信道编码成为数字信号，首先进行窄带调制即数字调制，然后进行扩散处理形成手机的扩散编码，频带扩散即 5MHz。由于这种方式可以采用同一载波传输信息，因而蜂窝小区间相互干扰很小。

第 10 章 高频电子技术在移动通信系统中的应用

此外，在一些传输通道中，W-CDMA 还可以提供电路交换和分包交换的服务，消费者可以同时利用交换方式接听电话，然后以分包交换方式访问互联网，实现语音、数据的同时传输。在费用方面，W-CDMA 因为是借助分包交换的技术，所以，网络使用的费用不是以接入的时间计算，而是以消费者的数据传输量来定。

（2）TD-SCDMA。TD-SCDMA 全称 Time Division-Synchronous CDMA，该标准是由我国大唐电信公司提出的 3G 标准。该标准将智能无线、同步 CDMA 和软件无线电等当今国际领先技术融于一体。由于中国国内庞大的市场，该标准受到各大主要电信设备厂商的重视，全球一半以上的设备厂商都宣布可以支持 TD-SCDMA 标准。

（3）CDMA2000-3X。CDMA2000-3X 是由美国高通北美公司为主导提出的，是从窄频 CDMA2000-1X 数字标准衍生出来的。目前，虽然普及范围相对较小，但其发展速度较快。

10.2 手机的电路结构

手机电路是由多个处理不同信号的电路单元组成的，各单元电路之间有着密切的联系。随着手机技术的不断发展，市场上手机的种类、功能、款式和结构也不断发展变化。

10.2.1 手机的电路构成

有些手机的功能较为单一，一般只能用来接打电话，其电路结构如图 10-9 所示。该类手机中按其各部分电路功能，大致可将手机电路分为开机及电源电路、发射和接收电路、音频电路、控制及处理电路等几个部分。而在手机中，完成信号的控制、接收和发射等功能的部件大都为集成电路，它是整个机器的主要电路。

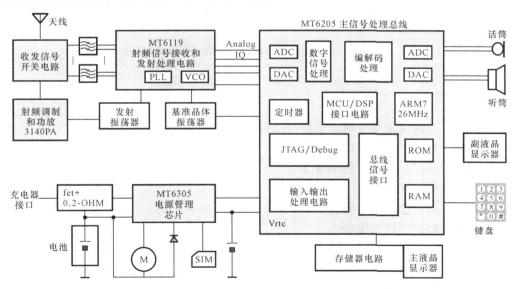

图 10-9 功能单一的手机电路结构框图

诺基亚 5500 手机作为一款典型的常见手机，包括接口电路、射频电路、音频处理电路、微处理器及数据处理电路、屏显及接口电路、供电电路等部分组成。下面以诺基亚 5500 为例介绍常见手机的各电路模块，如图 10-10 所示。

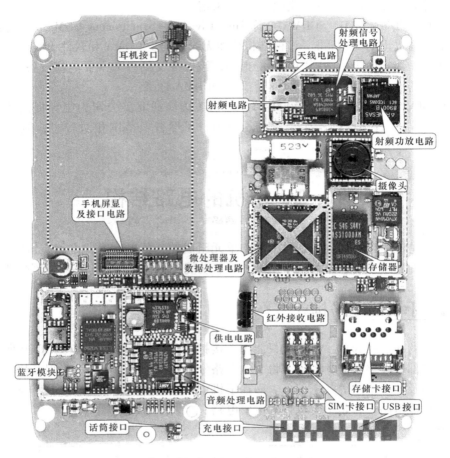

图 10-10　典型手机电路板上的电路（诺基亚 5500）

1. 接口电路

接口电路是连接设备与手机主电路板进行信号传输的电路。
（1）存储卡接口，连接存储卡。
（2）SIM 卡接口，连接手机 SIM 卡。
（3）耳机接口，连接耳机。
（4）充电接口，连接充电器。
（5）USB 接口，连接数据线。

2. 射频电路

射频电路是接收处理和发送信号的电路。

第10章 高频电子技术在移动通信系统中的应用

（1）天线电路，用于接收和发送信号。
（2）射频信号处理电路，处理来自射频接收电路的射频信号并发送到射频功放电路。
（3）射频功放电路，将来自射频处理电路的信号发送到天线电路。

3. 音频处理电路

音频处理电路是用于处理音频信号的电路部分，主要是由音频信号处理电路（P993Y107）、话筒接口、扬声器接口等部分构成。
（1）音频信号处理电路（P993Y107），对音频信号进行数字编/解码处理和 D/A 转换。
（2）话筒接口，连接话筒。

4. 微处理器及数据处理电路

微处理器及数据处理电路是手机的核心电路。
（1）微处理器（MAD2WDI），是整个手机的控制中心。
（2）存储器，存储手机的系统软件同时作为微处理器的外部存储器，用于存储工作程序和数据。

5. 屏显及接口电路

屏显及接口电路用于传输并显示手机的信号。
（1）液晶显示屏，显示来自主电路板的手机的信号。
（2）液晶屏屏线接口，传输手机数据到液晶显示屏。

6. 供电电路

供电电路主要是由微处理器电路进行控制，当按下电源启动开关后，开机信号送入微处理器，由微处理器输出控制信号到稳压控制集成电路，完成手机的启动。

【知识扩展】

随着电子制作及其生产技术的日益成熟，以及人们对手机功能的要求不断提高，手机更新换代的时间越来越短，所能实现的功能也不仅仅局限于接打电话和收发短信，如今，很多手机都增设了 MP3/MP4 音乐播放电路、数码摄像/照相电路、FM 收音电路、蓝牙模块、红外接收电路、上网及 GPS 定位电路等一些新的电路。因此这类手机所包含的电路功能模块也相对较复杂，图10-11 为一款典型的功能全面的手机整机电路结构框图。

【典型手机电路实例】

不同品牌、不同型号的手机电路结构各有差异。市场上常见的国外品牌手机除诺基亚外还有三星、摩托罗拉、索尼爱立信、西门子等，下面通过简单介绍几种典型手机的功能和电路模块的位置，认识不同品牌手机的结构，如图10-12～图10-17 所示。

常见的国产品牌手机有多普达、天语等，下面选取两个典型机型对国产品牌手机做简单介绍，如图10-18～图10-19 所示。

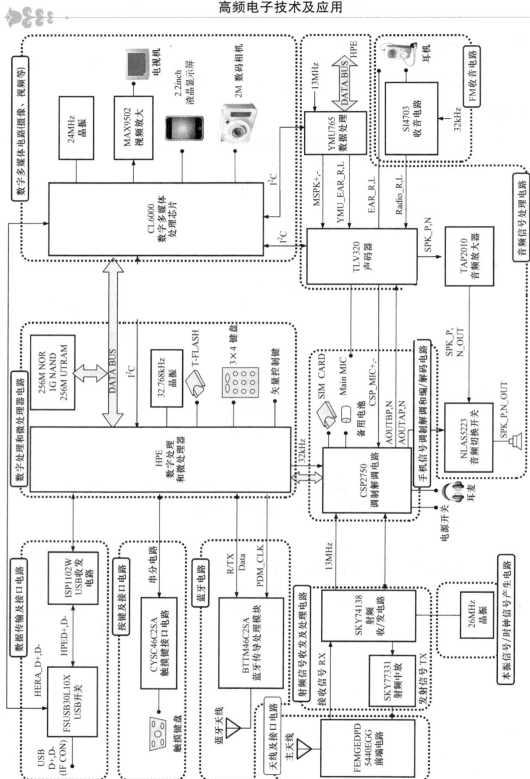

图 10-11 一款典型的功能全面的手机整机电路结构框图（三星 E848）

第 10 章　高频电子技术在移动通信系统中的应用

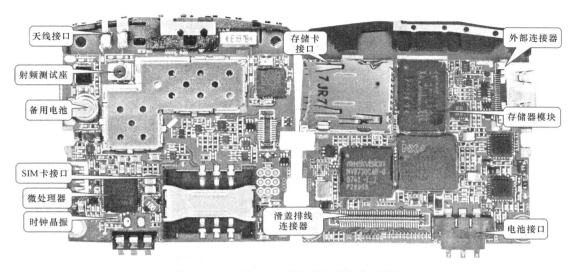

图 10-12　三星 G608 手机的整机电路板结构

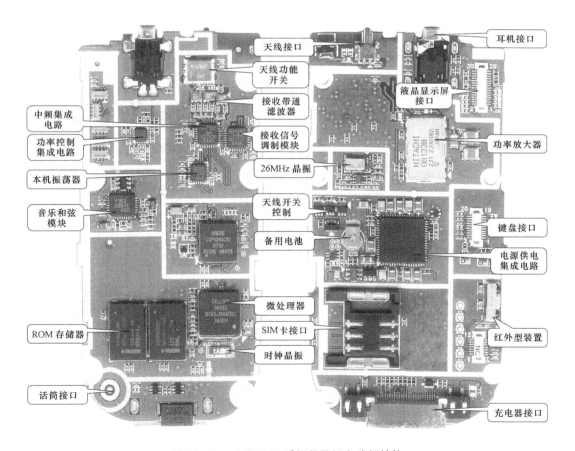

图 10-13　三星 S105 手机的整机电路板结构

高频电子技术及应用

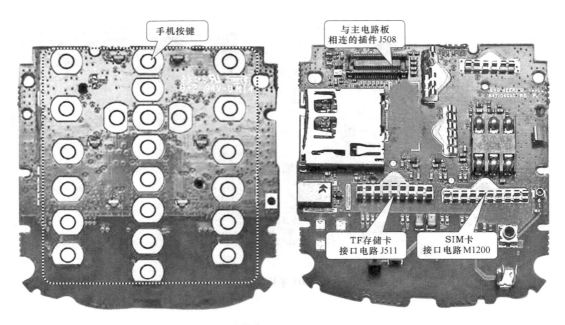

(a) 按键板部分的基本结构图

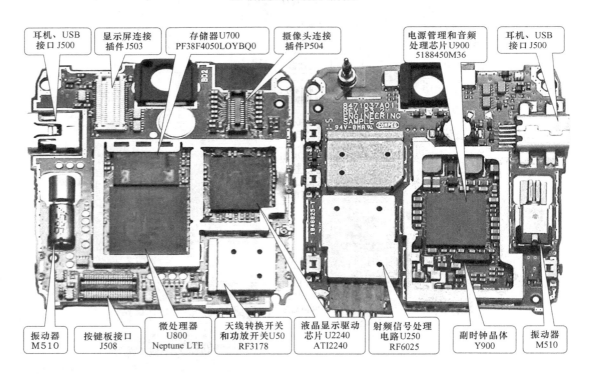

(b) 主电路板部分的基本结构图

图 10-14 摩托罗拉 L7 手机的整机电路板结构

第 10 章　高频电子技术在移动通信系统中的应用

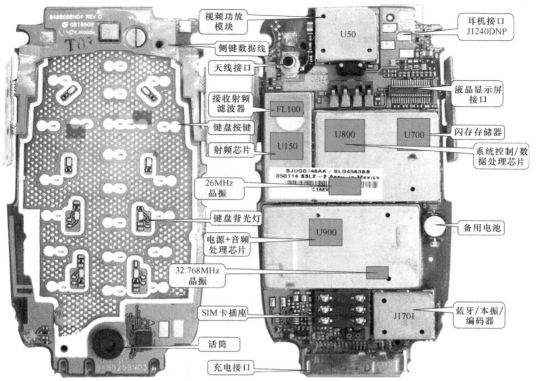

图 10-15　摩托罗拉 V500 手机的整机电路板结构

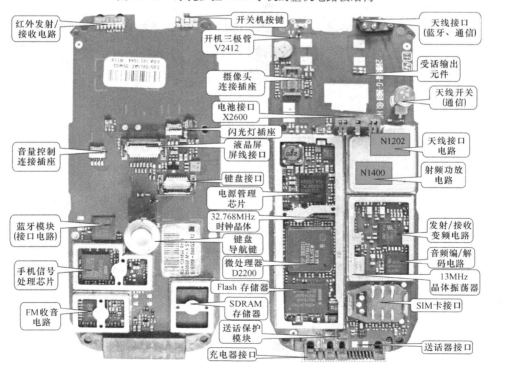

图 10-16　索尼爱立信 K700C 手机的整机电路板结构

高频电子技术及应用

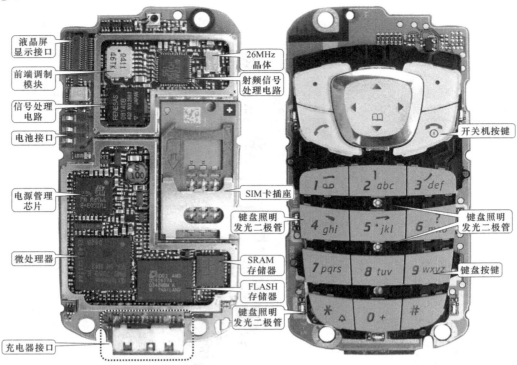

图 10-17 西门子 CF62 手机的整机电路板结构

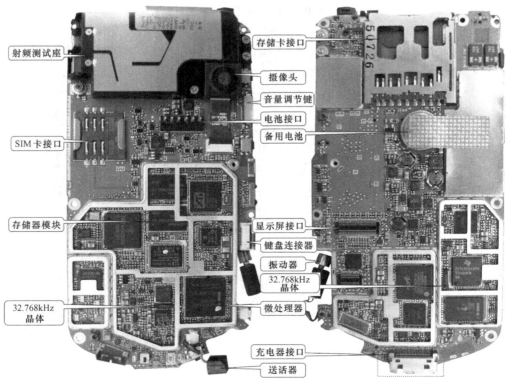

图 10-18 多普达 D700 手机的整机电路板结构

第 10 章 高频电子技术在移动通信系统中的应用

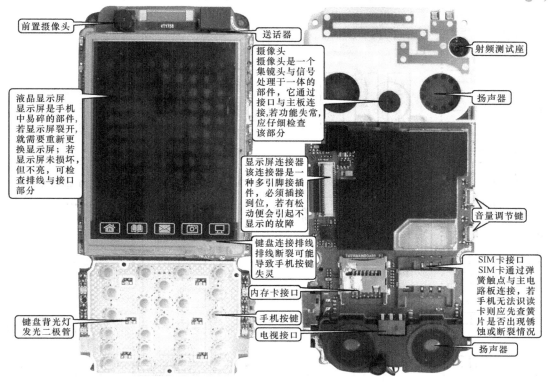

图 10-19 天语 A620 手机的整机电路板结构

10.2.2 手机接收和发射电路的信号处理过程

手机从信号流程来说,主要是接收信号的流程和发射信号的流程。在通话的过程中实际上是收发信号双向同时传送和处理的过程。而且射频信号处理电路中,某些元器件是发射和接收电路的共用部分,如天线功能开关、射频信号处理电路等。另外还有一些信号属于辅助信号,如时钟信号、本振信号、控制信号、显示信号等。

图 10-20 为典型手机的整机信号流程图,它给出了手机在接收状态和发射状态的信号处理过程。

1. 手机接收信号的处理过程

在接听对方手机信号的情况下,手机的天线接收附近基站天线发射的电磁波,并感生出电流送入天线开关。

接收的信号频率正常是 900MHz 左右和 1800MHz 左右(双频手机),这两个信号分别经两个高频带通滤波器滤除干扰和噪波,然后进行低噪声放大(LNA)将微弱的信号放大到足够的强度,再送到混频电路中进行差频处理。一本振的信号作为外差信号送到混频电路与接收的信号进行合成,这样混频电路会产生多种频率的信号。其中我们需要的是两者之差,混频电路的输出端接有中频滤波器,它的功能是提取差频信号而阻止其他频率的信号。

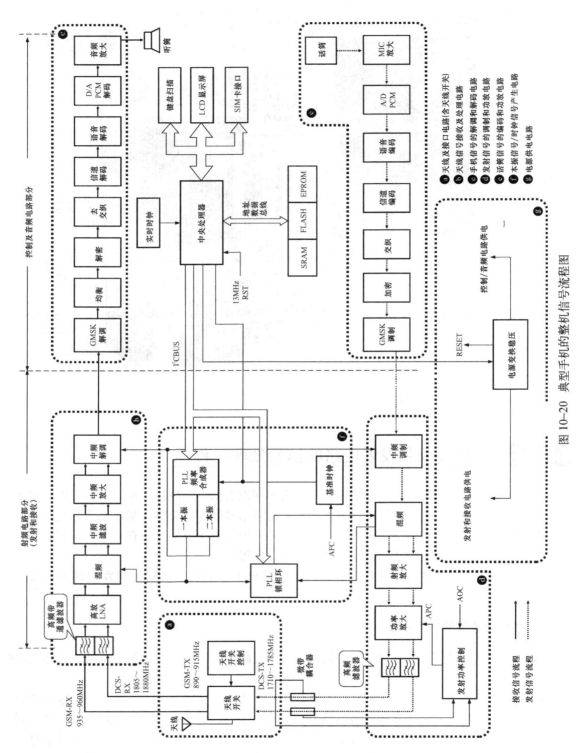

图 10-20 典型手机的整机信号流程图

第 10 章　高频电子技术在移动通信系统中的应用

中频滤波后的信号就是中频信号，即手机收到的载波变成了中频信号。中频信号中所调制的话音信息内容在这个变频过程中没有变化。中频信号经中频放大器进行放大，然后送入中频解调电路中进行解调处理。从中频载波中解调出基带信号（RX – I/O），并从信号电路中检测出场强信号（RISS）。所谓基带信号是指表示手机话音的最基本的数字信号。

手机接收的信号经中频解调后取出基带信号，然后送到数字信号处理电路中进行解调、均衡（补偿）、解密（原发射前进行了加密处理，这是为保证通信安全所采取的技术手段）及去交织处理（目的是对传输的信号进行纠错处理）。

经上述处理后，再进行信道解码（信号在传输前进行了信道编码），还原出原编码信号。该信号再进行语音解码，恢复出原脉冲编码的音频数字信号（PCM），最后进行 PCM 解码，即音频信号的 D/A 转换，将数字音频信号还原成模拟音频信号，经音频放大去驱动扬声器（或听筒）发声。

综上所述，对于手机的接收系统可以按图 10-21 所示进行理解。

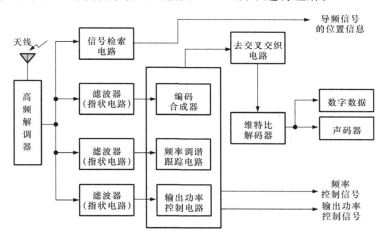

图 10-21　手机的接收系统

总体流程为：天线接收到基站转发的对方手机信号，将信号送到高频解调器，高频解调器是由低噪声放大器、滤波器、混频器等电路构成的，将数字信号从射频载波上提取出来（解调出来），然后再对解调出来的信号进行解码处理；信号经滤波器（指状电路）分别提取数字信息，并经去交织交叉处理、维特比解码（维氏解码）恢复发射前的数字信号；再经声码器、D/A 转换输出话音信号，同时分离出辅助数据信号（显示等）。

在接收电路中还设有频率调谐和频率跟踪电路使接收的信号频率准确。

输出功率控制电路是产生频率控制信号和输出功率控制信号的电路，该电路通过对频率和功率的检测形成自动控制电压，在环境因素变化的情况下也能保证整个电路的稳定工作。

信号检索电路产生导频信号的位置信息为微处理器提供参考信息。

例如，图 10-22 为三星 T488 手机接收电路的信号流程图。该手机中使用了 4 个集成芯片：射频信号处理电路 U104 Si4200、中频信号处理电路 U105 Si4201、外差信号产生电路 U103 Si4133 – T 和数字信号处理电路 U406 VP40578。

图 10-23 为诺基亚 3105 手机的信号接收电路图。

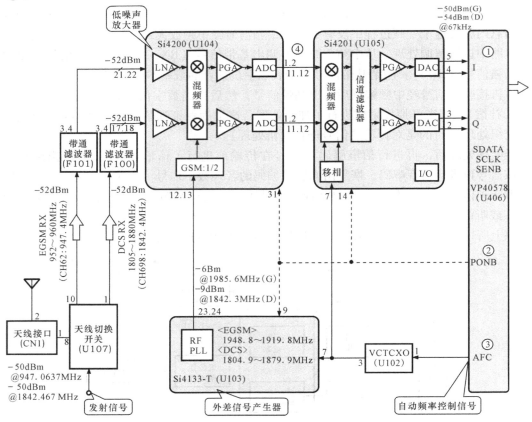

图 10-22　三星 T488 手机接收电路的信号流程图

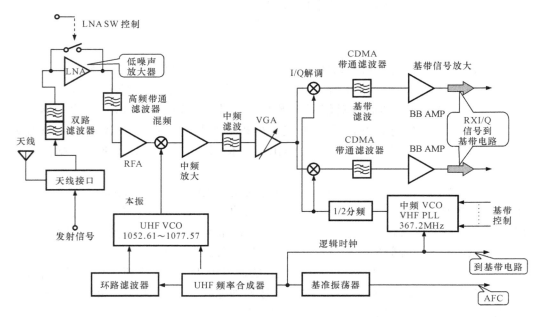

图 10-23　诺基亚 3105 手机的信号接收电路图

图 10-23 中标出了电路结构和信号处理过程：天线接收的射频信号经天线接口和双路滤波器（900MHz/1800MHz），将收到的射频载波信号送到低噪声放大器（LNA）中进行放大，SW 是增益控制开关，SW 接通时增益降低；LNA 的输出经高频带通滤波器滤除干扰和噪波后，送入射频信号放大器（RFA）放大，接着进行混频处理与本振送来的射频载波信号进行差频，将射频信号变成中频信号，经中频放大和中频滤波提取中频信号；中频信号送入 VGA（压控增益放大器）；中频信号放大后再进行 I/Q 解调；中频压控振荡器（VCO）输出的信号给 1/2 分频器形成中频本振信号，送入 I/Q 解调器中将数字语音信号从中频载波中解调出来；经两路 CDMA 带通滤波器滤除数字信号中的干扰和噪波后，经基带（BB）放大后，再送往基带信号处理电路进行数字处理。

2. 手机发射信号的处理过程

发射信号是指向对方的手机发送信号，其信号处理过程可参照图 10-20。

用户讲话的声音由话筒（MIC）变成电信号，经话筒放大器将微弱的电信号进行放大，然后经 A/D 转换器将模拟语音信号变成脉冲编码信号，即 PCM 信号，PCM 信号是数字音频信号，该信号经语音编码和信道编码处理，是为了便于传输数字信号。信道编码后的数字信号再进行交织处理，以便进行纠错，防止传输错误，同时为了通信安全（防窃听）进行加密处理。然后进行数字调制即 GMSK 调制处理，调制后的信号再送到中频调制电路中调制到中频载波上，中频载波就是二本振输出的信号，中频调制信号再送到混频电路中与一本振的信号进行混频处理，即将中频载波变成射频载波，射频载波指 900MHz 左右和 1800MHz 左右的信号。混频输出的信号进行射频放大和功率放大，射频放大是进行电压放大，功率放大是对信号的电流放大，即能量放大，目的是为天线提供足够的能量使其能传输到基站的天线。在这些电路中设有发射功率控制电路能自动检测发射功率，自动控制功率，过大的功率会加速电池的消耗。射频（RF）功率放大的输出经双路滤波器和微带耦合器送到天线开关，经天线开关再送到天线上并发射出去。天线是接收和发射共用的部分。

微处理器是手机工作中的指挥中心，它接收用户的按键指令信号，根据程序对各种电路进行控制。

存储器是存储手机的工作程序和数据。

10.3　手机射频电路的功能与结构

10.3.1　手机射频电路的功能

手机射频电路的功能如图 10-24 所示。该电路具有发射和接收两项主要功能。拨打电话时，将数字处理后的信号在射频电路中经变频转换成射频信号，经滤波器和射频功放后，再经天线开关切换由天线发射出去。接听电话时，来自基站的射频信号经天线、天线开关、高频放大器和双路滤波器，将信号送入射频信号处理电路，在射频电路中进行变频、放大和解调处理将恢复出的数字信号送往音频解码电路进行还原处理。

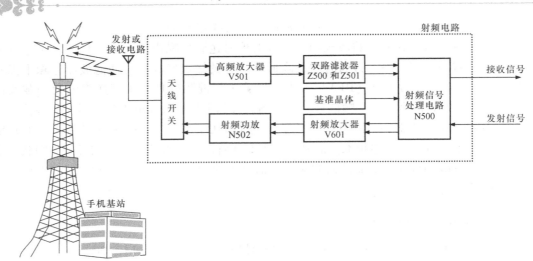

图 10-24 手机射频电路的功能示意图

10.3.2 手机射频电路的结构

手机中的发射和接收电路主要是由发射电路、接收电路及射频电路等部分组成。图 10-25 为诺基亚 3390 型手机的射频信号处理电路实物外形图。该电路主要是由天线功能开关 Z502 (0508A)、射频放大器 V601、射频信号处理集成电路 N500（NMP90731）、本机振荡器 G500、晶体振荡器 G502、双路滤波器 Z500 和 Z501、高频放大器 V501 等组成。

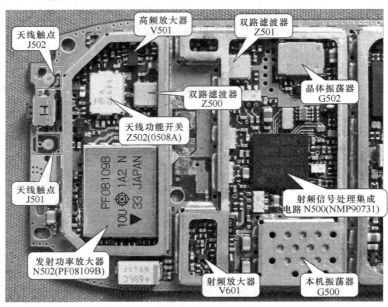

图 10-25 诺基亚 3390 型手机的射频信号处理电路实物外形图

1. 天线功能开关

图 10-26 为天线功能开关 Z502（0508A）的实物外形图，天线功能开关为手机中的接

第 10 章　高频电子技术在移动通信系统中的应用

收电路和发射电路共用，主要用来切换手机的接收和发射状态。

2. 发射功率放大器

发射功率放大器 N502（PF08109B）主要是用来放大待发射的射频信号，其实物外形如图 10-27 所示。

图 10-26　天线功能切换开关 Z502 的实物外形图

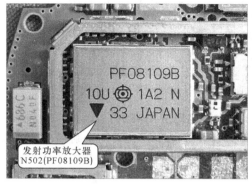

图 10-27　发射功率放大器 N502 的实物外形图

【知识扩展】

有些手机中将天线开关、发射功率放大器及其外围电路集成到一起，称为前端调制器。图 10-28 为诺基亚 7370 手机中前端调制器。

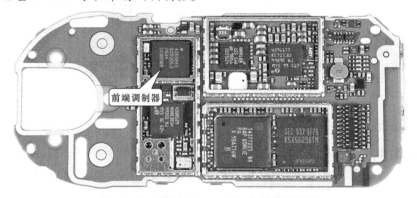

图 10-28　诺基亚 7370 手机中前端调制器

3. 射频放大器

在诺基亚 3390 型手机中，使用一个晶体管 V601 作为射频放大器，其外形如图 10-29 所示，射频放大器主要是用来放大待发射的射频信号。

4. 射频信号处理集成电路

射频信号处理集成电路 N500（NMP90731）的主要功能是用来处理射频信号，是发射和接收共用的电路，射频信号和本振信号在射频信号处理电路中相差得到的中频信号，在内部进行频率变换和解调处理；当该电路发射信号时，发射信号也采用混频电路对信号进行升频变换，图 10-30 为射频信号处理集成电路 N500（NMP90731）的实物外形图。

图 10-29 射频放大器 V601 的实物外形图

图 10-30 射频信号处理集成电路 N500 的实物外形图

【射频电路应用实例】

在有些手机中，使用两个射频信号处理电路，其中一个作为射频信号的接收处理电路，另一个作为信号的发射处理电路，如图 10-31 所示。

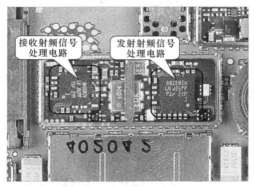

图 10-31 发射和接收射频信号处理电路分开的芯片

5. 本机振荡器

图 10-32 为本机振荡器 G500 和晶体振荡器 G502 的实物外形图，这两个元件的主要功能就是为射频信号处理集成电路 N500 提供振荡信号，该器件一般置于屏蔽外壳内。

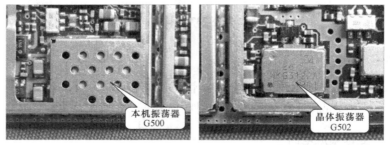

图 10-32 本机振荡器 G500 和晶体振荡器 G502 的实物外形图

6. 双路滤波器

诺基亚 3390 型手机中使用两个双路滤波器 Z500、Z501 来滤除发射和接收电路中的干扰信号，提取 900MHz/1800MHz 的射频信号，其实物外形如图 10-33 所示。

第 10 章 高频电子技术在移动通信系统中的应用

图 10-33 双路滤波器 Z500、Z501 的实物外形图

7. 高频放大器

高频放大器 V501 主要是用来放大由天线功能切换开关送来的射频信号，放大到足够的幅度后送往后级电路进行处理，其实物外形如图 10-34 所示。

图 10-34 高频放大器 V501 的实物外形图

10.3.3 典型射频电路的结构和信号流程

图 10-35 为典型手机射频信号处理电路的组成框图，由图可知，天线接收的射频信号及发射的信号都被送往射频信号处理电路中进行处理，然后被送往相应的电路。

天线接收的射频信号首先经天线功能开关进行选择，然后进入接收电路部分，经两级放大和滤波后，送往射频信号处理电路中，进行频率转换及解调等处理，转换为 RXI/Q 接收信号后送往后级电路进行处理；而发射信号 TXI/Q 送往射频信号处理电路中进行调制处理，然后经滤波、射频放大及功率放大等处理后，送往天线功能开关，经天线发射出去。

10.3.4 手机射频电路的实例分析

对于手机中的射频电路，主要分为天线和天线开关电路、射频接收电路、射频信号处理电路和射频发射电路等几部分，下面以诺基亚 3390 手机为例对其电路进行分析。

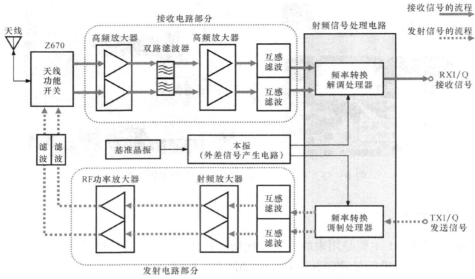

图 10-35 典型手机射频信号处理电路的组成框图

1. 天线和天线开关电路

天线及天线开关电路是手机中射频电路的前端部分，一般情况下，手机一开机，天线开关电路就开始进入工作状态，实际上天线和开关电路是工作在双向传输信号的状态，由天线接口发送或接收射频信号，图 10-36 为诺基亚 3390 手机中天线及天线开关电路图。

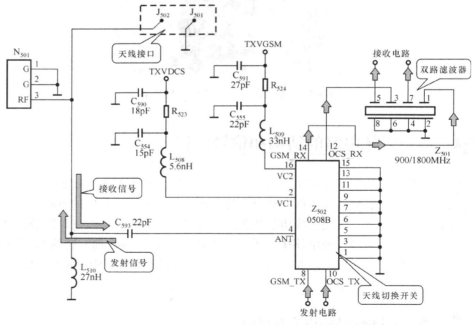

图 10-36 诺基亚 3390 手机中天线及天线开关电路图

在通话的接收状态时，天线 J_{501}、J_{502} 接收到的电磁波信号变为电信号后送往天线功能切换开关的 4 引脚，经内部电路切换后由 12、14 引脚输出两路信号，送入 900/1800MHz 的双

第 10 章　高频电子技术在移动通信系统中的应用

路滤波器 Z_{501} 中进行滤波，然后由 5 引脚和 7 引脚输出，送往接收电路。在通话的发送状态，将射频电路处理和放大器放大的射频载波信号送入 Z_{502} 的 8 引脚和 10 引脚，经内部电路切换后，由 4 引脚输出送往天线 J_{501} 和 J_{502}，然后发射出去。

2. 射频接收电路

图 10-37 为诺基亚 3390 型手机的射频接收电路，天线接收的双频载波经双路滤波器 Z_{501} 输出的 900MHz 和 1800MHz 的射频信号分两路输出，其中 900MHz 的信号被送入高频放大器 VT_{501} 的 2 引脚，经内部晶体管放大后由 4 引脚输出送往双路滤波器 Z_{500} 的 5 引脚；1800MHz 的信号被送入射频放大器 VT_{500} 的 6 引脚，经处理后由 3 引脚输出，送往双路滤波器 Z_{500} 的 7 引脚。900MHz 和 1800MHz 的信号被送往变压器 T_{501} 和 T_{500} 中，变压器再将射频信号送入集成电路 N_{500} 中。

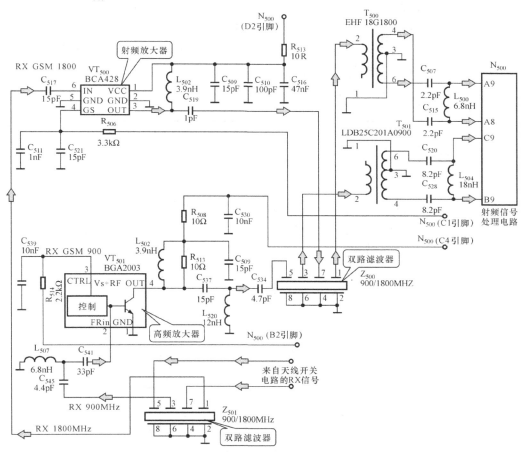

图 10-37　诺基亚 3390 型手机的射频接收电路图

3. 射频信号处理电路

图 10-38 为诺基亚 3390 型手机的射频信号处理电路，该电路以射频信号处理电路 N_{500} 为核心，其主要的射频信号处理过程都是在 N500 内进行的，该电路同时具有处理接收和发射信号的功能。

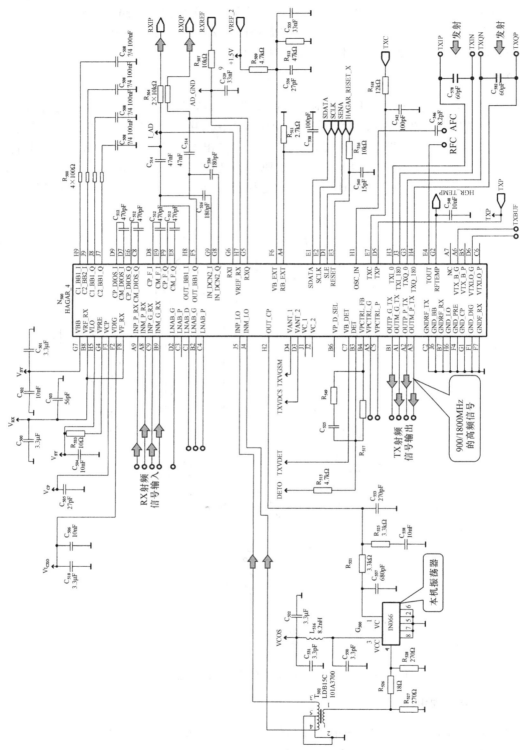

图 10-38 诺基亚 3390 型手机的射频信号处理电路图

由接收电路送来的射频信号进入 N_{500} 的 A9、A8、C9、B9 引脚内，经内部电路进行频率转换（降频）、解调等处理后由 H8、F5 引脚输出中频信号，送往后级电路进行处理。此外由话筒送来的音频信号经微处理器或信号处理电路进行数字压缩后，也送到射频信号处理集成电路 N_{500} 的 H3、J3、G3、H4 引脚，在内部进行调制和频率转换（升频）等处理，然后由 B1、A1、A2、A3 引脚输出 900MHz 和 1800MHz 的高频信号，送往发射电路进行处理。

此外，由本机振荡器 G_{500} 产生的本机振荡信号也被送入 N_{500} 中，与内部电路进行混频，混频是对载波信号的频率进行变换，也就是说将本振信号与欲发射的信号进行混频然后送往发射电路。

4. 射频发射电路

射频发射电路的主要功能是将输入的射频信号进行放大，然后送往天线接口电路后由天线发射出去，图 10-39 为诺基亚 3390 型手机的射频发射电路，该电路主要是由射频功率放大器 N_{502} 及滤波器等部分组成。

该机采用双频率的工作方式，900MHz 的射频信号被送入滤波器 Z_{503} 中进行滤波，然后将 900MHz 的射频信号送往射频放大器 VT_{601} 的基极，VT_{602} 为 VT_{601} 基极提供偏压，信号经放大后由集电极输出，送往发射功率放大器 N_{502} 的 9 引脚。1800MHz 的射频信号被送往滤波器 Z_{504} 中进行滤波，然后送往发射功率放大器 N_{502} 的 12 引脚。这两路信号经 N_{502} 放大后，由 3 引脚和 6 引脚输出，经 L_{515} 后送往天线切换开关 Z_{502} 的 8 引脚和 10 引脚，然后由天线发射出去。

10.4　手机射频电路的检测方法

手机中的射频电路是手机发射和接收信号的关键部位，其中有些部件的电路较复杂，容易出现故障，需要根据故障机的故障现象对相关的部件或元器件进行检测，从而判断故障点的位置，对故障机进行检修。

10.4.1　天线功能开关的检测方法

天线功能开关是手机射频电路中发射和接收信号的公共通道部分，当手机出现无法接听或拨打电话的故障时，应重点对天线功能开关进行检测，这里以诺基亚 3390 手机为例进行介绍。

【实训演练】

对于天线功能开关，可以用检测其输出的 RX 射频信号、输入的 TX 射频信号及供电电压的方法来判断其好坏，天线功能开关的检测方法如图 10-40 所示。

在供电电压正常的情况下，若天线功能开关的 TX 端（GSM_TX 和 OCS_TX）有射频信号输入，而 ANT 端无法输出射频信号；若 ANT 端可以接收射频信号，但天线开关的 RX 端无射频信号输出，则证明天线功能开关 Z_{502} 可能损坏。

高频电子技术及应用

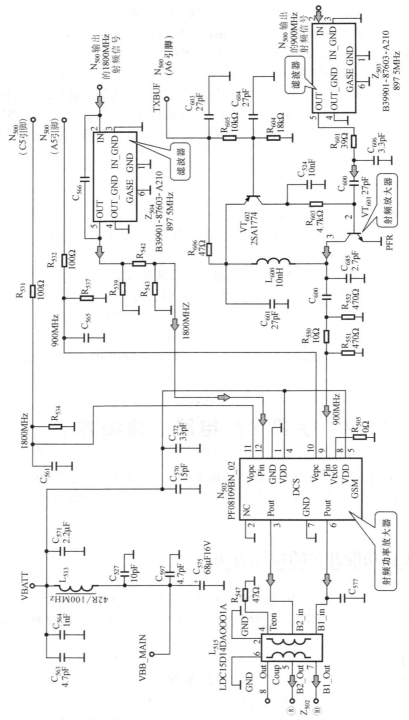

图 10-39 诺基亚 3390 型手机的射频发射电路图

第 10 章 高频电子技术在移动通信系统中的应用

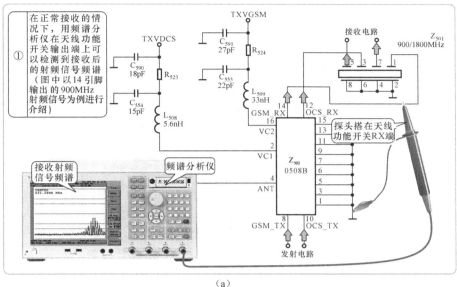

(a)

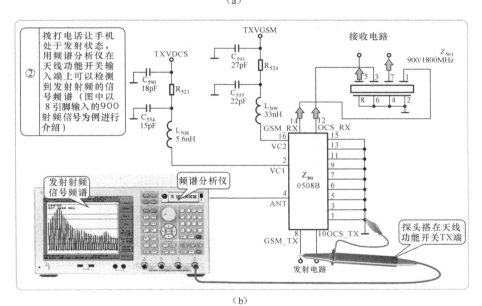

(b)

图 10-40 天线功能开关的检测方法

10.4.2 射频接收电路的检测方法

射频接收电路中有损坏的元器件时，则可能会造成手机无法接听电话的故障，应重点对双路滤波器及射频放大器等元器件进行检测，这里以诺基亚 3390 手机为例进行介绍。

【实训演练】

对于射频接收电路，可用检测其重点元器件 RX 发射射频信号波形的方法来判断其好坏。例如，检测双路滤波器输入端和输出端的 RX 发射射频信号，双路滤波器的检测方法如图 10-41 所示。

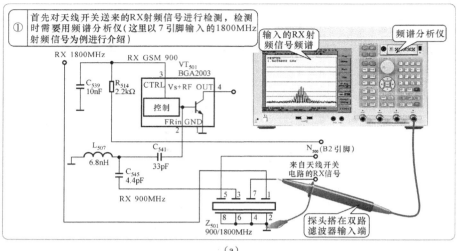

(a)

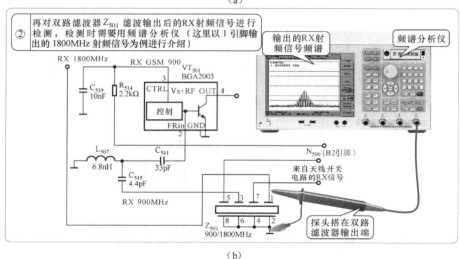

(b)

图 10-41 双路滤波器的检测方法

对检测结果进行判断，若双路滤波器输入的 RX 射频信号正常，而无 RX 射频信号输入或输出的射频信号不正常，则可能是滤波器已经损坏。

滤波后的 RX 信号须经射频放大器进行放大，再经滤波后送往射频信号处理电路，因此除了对双路滤波器进行检测，还需要对射频放大器进行检测。

【实训演练】

射频放大器的检测方法与双路滤波器基本相同，也是通过检测其输入和输出的 RX 接收射频信号频谱来判断其好坏，射频放大器的检测方法如图 10-42 所示。

若射频放大器 VT_{501} 输入的 RX 射频信号正常，而输出的射频信号不正常，则可能是该元器件已经损坏。

第 10 章 高频电子技术在移动通信系统中的应用

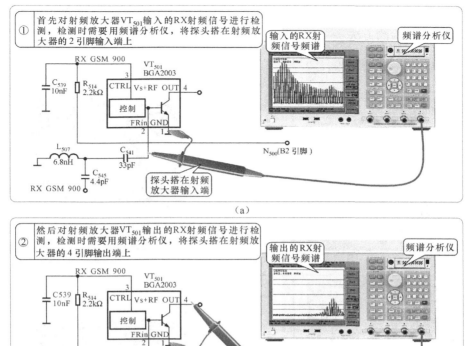

图 10-42 射频放大器的检测方法

10.4.3 射频信号处理电路的检测方法

射频信号处理电路是处理接收和发射射频信号的关键元器件，若损坏，则可能会造成无法发送或接收信号、不能接听或拨打电话的故障，下面以诺基亚 3390 型手机为例来介绍射频信号处理电路的检测方法，该电路的电路图参照前面章节。

【实训演练】

射频信号处理电路可用检测其输入和输出的射频信号（接收射频 RX 和发射射频 TX），以及其振荡信号波形的方法来判断其好坏，射频信号处理电路的检测方法如图 10-43 所示。

根据检测结果进行判断，在供电电压和本振信号正常的情况下，若射频信号处理电路的输入的 RX 射频信号正常，而无 RXIQ 信号输入或输出不正常；若射频信号处理电路输入的 TXIQ 信号正常，而无 TX 射频信号输出，则说明该电路本身可能损坏。

10.4.4 射频发射电路的检测方法

射频发射电路中若有元器件损坏，则可能会造成手机可以开机、可入网但无法拨打电话的故障，此时重点对射频功率放大器进行检测，下面以诺基亚 3390 手机的射频发射电路为例来介绍该电路的检测方法。

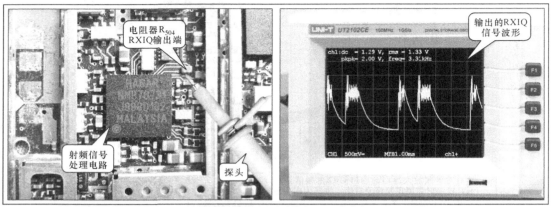

（a）检测射频信号处理电路输出 RXIQ 信号波形

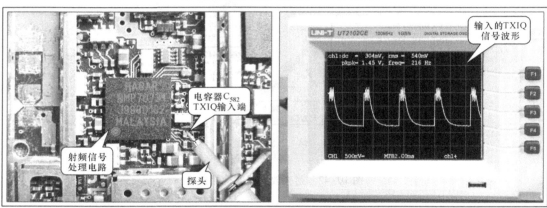

（b）检测射频信号处理电路输入 TXIQ 信号波形

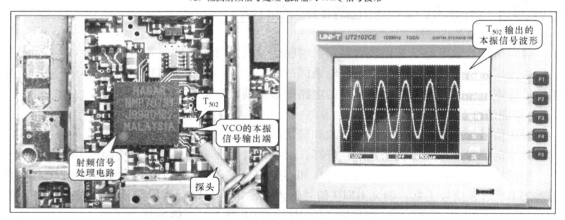

（c）检测射频信号处理电路的本振信号波形

图 10-43　射频信号处理电路的检测方法

【实训演练】

对于射频发射电路，主要可以用检测其输入的 TX 射频信号和输出的 TX 射频信号的方法来判断其好坏,射频发射电路(射频功率放大器)的检修方法如图10-44所示。

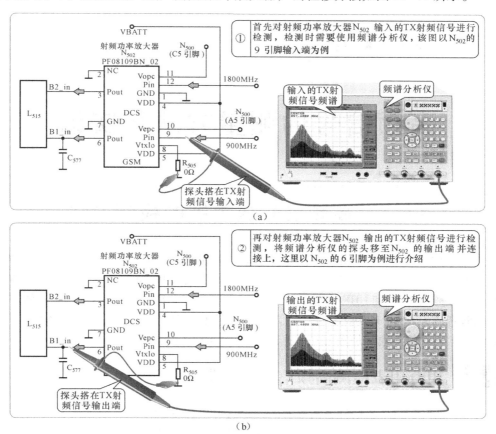

图10-44 射频发射电路(射频功率放大器)的检修方法

根据检测,若射频功率放大器输入的 TX 发射射频信号正常,而输出的 TX 信号不正常,则可能是射频功率放大器本身损坏。

第 11 章

高频信号的测量方法与实训

11.1 高频信号放大器的检测方法

高频信号放大器是放大高频信号的电路,如收音机、电视机、手机等产品中的高放电路,这些放大器的工作频率很高,例如,手机的高频放大器放大 900MHz 和 1800MHz 的射频信号,电视机的高放放大 VHF 和 UHF 频道的信号,FM 收音机放大 88~108MHz 的调频立体声广播信号,中波收音放大 500~1650kHz 的高频信号,短波收音机的高频放大 1.5~30MHz 的高频信号。高频放大器的检测通常是使用万用表、扫频仪、场强仪或频谱分析仪等仪表。

11.1.1 用万用表检测高频信号放大器

图 11-1 是典型的高频信号放大器实例,对这种电路的检测通常是使用万用表检测放大器中晶体管的直流工作点,通过对工作点的检测判别放大器是否正常,是否处于线性放大状态。如果偏置元器件或高放晶体管变质,直流工作点会有明显的变化。直流工作点有变化表明高频放大器工作失常,会导致放大器所输出的信号失真。

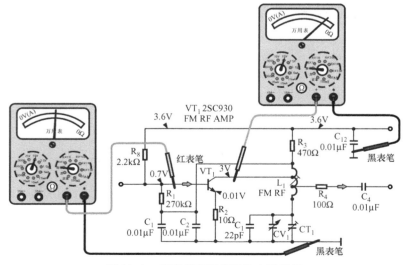

图 11-1 典型的高频信号放大器实例

11.1.2 用扫频仪测量高频放大器的频率特性

高频放大器在很多产品中都需要有一定的频带宽度,测量频带宽度的仪表之一是扫频仪。扫频仪中具有一个扫描信号发生器,它可以连续输出一系列频率从低到高的信号,将这些信号送入高频信号放大器中,经放大后输出,再送回扫频仪中,由扫频仪接收这些信号,并测量出所接收信号的频带宽度,测量的结果由屏幕显示出来,其连接和测量方法如图 11-2 所示。

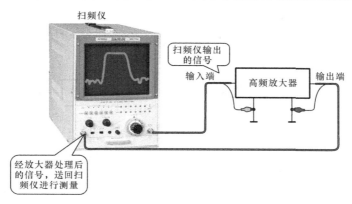

图 11-2 用扫频仪测量高频放大器

11.1.3 用频谱分析仪检测高频放大器

用频谱分析仪检测高频放大器通常是检测处于工作状态的放大器。例如,对有线电视系统中的干线放大器输出信号的测量可以使用频谱分析仪,干线放大器或分支分配放大器都是一个宽频带放大器,有线电视系统中的各频道电视信号都由它进行放大,然后再经分路、分支电路送往用户。在工作状态,将干线放大器的输出端或信号检测端的信号送给频谱分析仪,频谱分析仪对输入的信号成分进行分析和测量,将信号中包含的各种频率成分检测出来,并以频率谱线的形式显示出来。显示屏上所显示的频谱谱线的高低表示信号的强弱,如图 11-3 所示。通过检测可以了解所有频道的信号电平是否满足接收要求,放大器本身的特性是否正常。如果需要检测干线放大器的性能,可用频谱分析仪检测干线放大器输入端的频谱,再检测干线放大器输出端的频谱,通过比较便可以发现干线放大器本身的特性是否良好。

11.1.4 电视信号的测量及仪表

在城市或某地区可能有多家电视台同时播放几个不同频道的电视节目,各个频道的发射天线不在同一方向,即便在同一方向也会因各频道频率的不同,使得信号到达接收点的场强值差别较大。因此,虽然接收天线经过挑选,但也难以保证接收各信号输出电平没有差异。这样就需要对这些信号在进入前端设备之前或在前端设备之中进行必要的处理,对强度信号进行衰减,对弱信号进行放大,以使各频道信号电平基本相同。

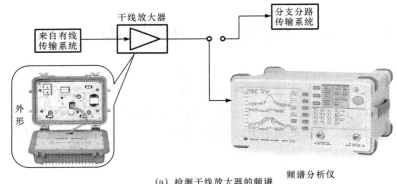

(a) 检测干线放大器的频谱

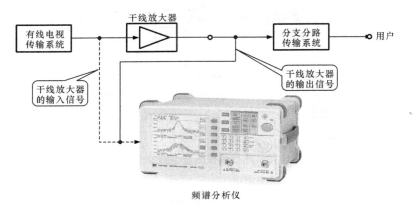

(b) 检测干线放大器输入和输出信号的频谱

图 11-3 用频谱分析仪测量高频放大器

空间中电视信号的场强是有线电视系统设计的重要依据，也是对电视信号采取何种处理的依据。确定电视信号场强的方法通常有测量法、目测法和估算法。

测量法是指使用场强仪或信号电平表测量用半波振子天线（增益为 0）接收的信号电平，这种方法是一种既简便、直观又比较准确的方法。

用于测量信号电平的仪器有很多种，如早期的 LFG - 944D、945D 场强仪，近期国产德力牌 DS1130 手持场强仪，有线电视综合测试仪、DS1120 手持式数字场强仪、DS1870 型电视信号电平表等。

图 11-4 为国产 DS1870 型有线电视信号电平表的外形图。该仪器频率测量范围是 45～870MHz；电平测量范围是 30～120dBμV，误差小于 ±1.5dBμV；输入阻抗为 75Ω；可采用直流供电。

由于 DS1870 具有多个频道记忆功能，使用它测量电视信号电平非常简便。下面以测量 6 频道场强为例说明其测量过程。

（1）开机仪器自检完毕，按下 SET/DOWN 键，同时旋动多功能调节旋钮（右上方）到 PLAN 指示灯处，停止按键和旋动，使仪器进入国家制式选择工作状态。

（2）旋动多功能调节旋钮至液晶显示为 CHINA 处停止旋动，按下 SET/DOWN 键，设置中国电视频道为工作频道，此时仪器将显示第一频道 "01 - CH"。（若仪器已设置在中国

电视频道，则第（1）、（2）两步可以省略）

（3）将 8 频道天线馈线接入仪器的 RF INPUT 射频输入口，旋动多功能调节钮至液晶显示为 08-CH 或 184.25MHz 处停止。

（4）此时测量值为 6 频道的电平值，如果电平表（左上方）读数为 45dBμV，而此时输入衰减指示 +40dB 处灯亮，则实际电平值为

$$E = 45 + 40 = 85 \text{dB}\mu\text{V}$$

此时测量的电平值实际上包括了天线的增益，若要得到接收点 6 频道空间场强，则需要减去天线增益。

有线电视系统中，对接收电视信号进行处理，通常是依据天线馈线接入前端时的信号电平值进行。

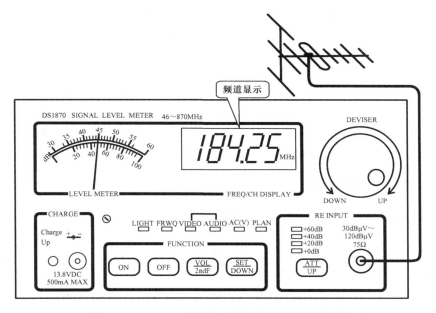

图 11-4　DS1870 型有线电视信号电平表的外形图

11.2　高频信号常用检测仪器

11.2.1　场强仪

电视场强测量仪，简称场强仪，是测量电磁波辐射场强和有线电视系统中各点电平的仪器。场强仪工作的基本原理是：利用适当的接收天线，把空中高频电磁波变为电缆中的高频电流和高频电压，或者直接检测系统中各点的信号功率和电流，把它输入到场强仪中的一个高灵敏度接收机中，经过选频放大后送入检波及指示系统，然后以表头或数字方式显示出被测信号的大小。

1. 场强仪的内部结构

场强仪的内部结构可以分为三部分。

（1）校准源部分。校准源是一个标准信号源，用来校准仪器，测量电平和频率的精度。DS204 型场强仪的校准源是一个晶体振荡器产生的标准正弦波信号，其频率为 57.750MHz，频率准确度可达 1/1000，其电平为 30dBμA，误差不超过 1dB。

（2）接收机部分。接收机部分是场强仪的核心部分，由高频衰减器、变频器、高频调谐器、中频放大器、混频器、中频滤波器等组成。需测试的射频信号首先进入高频衰减器，通过衰减的测试信号直接进入高频调谐器。高频调谐器实际上也是一个变频器，把从外界输入的 46~960MHz 的信号混频，得到 39.6MHz 的第一中频信号。第一中频信号经过中频放大，再进入混频器，与由本振电路输入的 50.4MHz 本振信号混频，产生 10.8MHz 的第二中频信号，进入一带宽为 30 kHz 的中频滤波器，进一步滤除测量信号以外的干扰信号。

（3）检波显示部分。检波显示部分包括峰值检波器、A/D 转换器、显示电路和液晶显示屏等。从中频滤波器输出的中频信号需要进行检波，变成直流信号控制显示电路。场强仪中的检波部分一般采用峰值检波方式。采用峰值检波，所得到检波电压不随图像信号而变，与电视信号图像载波电平的定义相一致。峰值检波输出的信号经过一个 A/D 转换器，转换为数字信号，通过微处理器去控制高频衰减器、变频器、高频调谐器、锁相环、峰值检波器等电路的工作，并控制显示电路显示电平值和频道（或频率）数。

2. DS1872 场强仪的使用

（1）面板结构。图 11-5 是 DS1872 场强仪面板示意图。

面板按键可分为三个区域：一是功能设定区；二是测量工作区；三是辅助功能区。

功能设定区有功能设置键（SET）和回车键（ENTER）。

测量工作区有单频道电平模式键（LEVEL/TV）、点频率电平模式键（LEVEL/FM）、自动扫描测量键（SCAN）、斜率测量键（TILT）、载噪比测量键（C/N）、电压测量键（VOLT）、测量数据保存键（SAVE）、测量数据调出键（LOAD）。

辅助功能区有电源开关键（ON/OFF）、上方向键（UP）、下方向键（DOWN）和背景灯开关；扬声器开关及选择键。

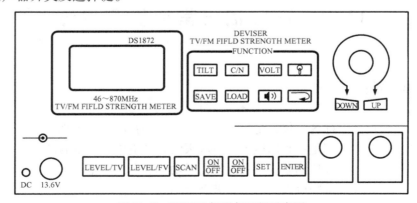

图 11-5　DS1872 场强仪面板示意图

(2) 技术参数。

频率范围：46~870MHz。

频道范围：中国标准 1~56CH（仪器显示 CH001~CA056）；中国增补 Z1~Z43CH（仪器显示 CH101~CH143）。

频率精度：$\pm 20 \times 10^{-6}$（25 ± 5）°C。

分辨率：10kHz。

测量带宽：（280 ± 50）kHz。

测量范围：30~120dBμV。

测量精度：± 1.5dB（20 ± 5）°C；± 2.5dB（$-10 \sim 40$°C）。

分辨率：0.1dB。

检波方式：峰值检波。

输入阻抗：75Ω（不平衡、F形接头）。

扫描频道数量：最多100个（46~870MHz全频段覆盖）。

扫描速度：约3个频道/秒。

记忆单元：可存储100个频道的测量值。

载噪比（C/N）范围：20~50dB。

电压测量范围：0~100V 交流或直流（AC/DC）。

(3) 使用注意事项。

① 场强仪充电。仪器由内部的 12V/1.3Ah 铅酸蓄电池供电，由于采用了多项低耗电技术，在一次充足电的情况下，平均可连续不关机使用 4~6.5h。按下电压测量键"VOLT"可测量仪器内部的供电电压（BATT DC），电池电压低于10V，仪器会自动关机。在空闲时间内，应给电池充电，一般不要低于10V时才充电。因为铅酸蓄电池的寿命与放电深度有直接关系，至少6个月放电一次。如果放电深度为30%、50%、100%，则电池循环寿命次数对应为1500、400、180。

② 电平单位设置。按下功能设置键（SET），仪器进入设置方式，液晶显示屏出现"LEVEL"、"UNIT"，转动旋轮或按上、下方向键，选择"dBμV"作为测量信号电平单位。

③ 选择电视频道。按下功能设置键，显示屏显示"USER PLAN"字样，转动旋轮或按上、下方向键，选择"CHINA"标准。

④ 测量方式选择。该仪器既可测量单频道电平，也可测量点频率电平，可按"LEVEL/TV"与"LEVEL/FM"来选择。

⑤ 图像、伴音、A/V 比测量。按下单频道电平模式键"LEVEL/TV"，仪表进入单频道电平测量模式，连续按下此键可分别测量图像载波电平、伴音载波电平或 A/V 比。

⑥ 载噪比测量。按下载噪比测量键（C/N）即可测量传输系统的载噪比，此时图像载波电平必须大于85dB，若低于80dB，则测不出 C/N。

⑦ 斜率测量。按下斜率测量键（TILT）即可测量三个频道间的电平差（即斜率）显示屏上的"L"、"M"、"H"分别代表低、中、高频道，其后面数字表示测量的三个频道号。显示屏左下角的三条竖线代表三个频道图像载波电平高度，右下角显示高、低频道电平差。

11.2.2 有线电视分析仪

有线电视分析仪是测量有线电视系统各项指标的测试仪器,如美国生产的有线电视分析仪 HP8591C 可测量有线电视系统绝大多数指标,并可对放大器、电缆、分支器、分配器等有源和无源器件的频率特性进行测量。下面对其进行简单介绍。

1. 面板结构

图 11-6 为 HP8591C 的外形示意图。在其面板上,左上方是液晶屏幕,用来显示测量图形及数值结果。屏幕右方是上下排列的菜单条,共有 6 个软键分别与其对应,按相应的软键即选中了该菜单条的内容。屏幕下面的长方形是软键盘插入孔。最左边的 LINE 键是电源开关,右边的 TVIN 是 107 选件的输入插头,旁边 VOL INTEN 是屏幕显示的电视信号音量、亮度调节钮,CALOUT 是自检信号输出口,最右边 INPUT 是射频信号输入口。

仪器右半部分面板上有许多按键,可分为 6 部分。第 1 部分有 FREQUENCY(频率)、SPAN(频率跨距)和 AMPLITUDE(振幅)3 个键。第 2 部分是窗口显示部分,第一排有 IN(打开)、NEXT(下一屏)、ZOOM(缩放)3 个键,下面是一个大的调节旋钮和向上向下两个步进调节键 STEP。第 3 部分是仪器状态(INSTRUMENT STATE)部分,包括 RESET(清零)、CONFIG(配置)、CAL(校正)、AUX CTRL(辅助控制)、COPY(复制)、MODE(模式)、SAVE(存储)、RECALL(调用)、MEAS/USER(测量/用户自定义)、SGL SWP(信号扫描)。第 4 部分是光标(MARKER)部分,包括 MKR(光标)、MKR→(光标移动)、MKR FCTN(光标功能)、PEAK SEARCH(峰值搜索)等。第 5 部分是控制(CONTROL)部分,包括 SWEEP(扫描)、BW(带宽)、TRIG(触发)、AUTO COUPLE(自动耦合)、TRACE(跟踪)、DISPLAY(显示)。第 6 部分是数字(DATA)部分,包括 10 个数字键、1 个小数点键、4 个单位键及 1 个 BKSP(回退)键和 1 个 ENTER(送入)键,其中 BKSP 键也是负号键,ENTER 键也是 Hz、μV、μs 的单位键。

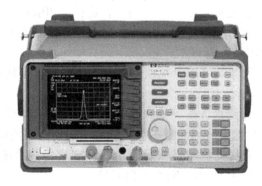

图 11-6 有线电视分析仪 HP8591C 的外形示意图

2. 系统调置

在正式测量前,要对输入方式、电视制式、电平单位、输入阻抗、差拍位置、噪声带宽等事先进行设置。

按仪器面板上的"MODE"键后,屏幕上出现第一层主菜单;按第二行"CABLE TV ANALYZER"对应的软键即出现第二层主菜单;按第一行"Setup"对应的软键,出现第二层主菜单,开始进行系统设置。在每一层菜单中一般都有"Prev Menu"栏,按其对应的软键即可回到上一层菜单。

3. 频道测量

频道测量是对各个频道的各项指标进行仔细、精确地测量。在第二层主菜单中选择第二行"CHANNEL MEAS"软键即进入频道测量状态。

频道测量共有 3 个主菜单,利用第 1 个主菜单可以进行载波电平与频率的测量;利用第 2 个主菜单可以进行载噪比、载波交流声比、交调比、复合二次失真、复合三次差拍、调制深度等的测量;利用第 3 个菜单可以进行系统频响、频道内频响、微分增益、微分相位、色度/亮度时延差及调频广播等的测量。

(1) 第 1 个主菜单中的测量。

① 输入待测频道。在第 1 个主菜单中按第一行"CHANNEL SELECT"对应的软键后,屏幕上将出现"CHANNEL?"的显示,应利用面板上的数字键,输入待测频道号数(如2),输入结束时按面板上的"ENTER"键,屏幕右侧将出现下一层菜单。选择第 5 行"BAND DS"对应的软键,表示待测频道是增补频道(Z_2)。

② 载波电平和频率的测量。在第 1 个菜单中按第 5 行"CARRIER LV & FRQ"对应的软键,屏幕上就会显示载波曲线、图像载波电平和图像、伴音载波电平差。这时若按菜单中第 3 行"FREQ ON OFF"对应的软键,使"ON"加上下划线,屏幕上还显示图像载波频率和伴音、图像载波频率差。

当信号比较弱时,可以按面板上"AMPLITUDE"键,这时将在屏幕上出现新的菜单,按"INT AMP ON OFF"对应的软键,在"ON"下面加上下划线,即打开频谱仪内部的放大器。此时只需按两次面板上的"MODE"键即回到载波电平与频率测量菜单。

(2) 第 2 个主菜单中的测量。

① 载噪比(C/N)的测量。在测量载噪比时,要求载波是未调制的信号,因而应在测量时关掉调制信号,但为了不影响用户正常收看,HP8591C 提供了一种不关掉调制信号的测量方法。

在第 2 个主菜单中按第一行"CARRIER/NOISE"对应的软键后,屏幕右边出现新的菜单,按第一行"GATE OF OFF"对应的软键,使"ON"加上下划线,又会出现新的菜单,按第一行"SELECT LINE"对应的软键,在屏幕上会出现新的波形,调整面板上"STEP"上方的大旋钮或按"STEP"下方的上下键,观看其他行的波形,选出类似于如图 11-7 所示的波形,该行称为静止线行。

利用面板上的数字键,输入静止线行数,输入结束时按面板上的"ENTER"键,按菜单第二行"FLD BOTH EVEN ODD"对应的软键,使"BOTH"加上下划线后,按菜单中最后一行"CONTINUE"对应的软键即可从屏幕上得到测量结果。这时,若按菜单中第五行"MORE INFO"对应的软键,还可得出关于载噪比指标的详细信息。

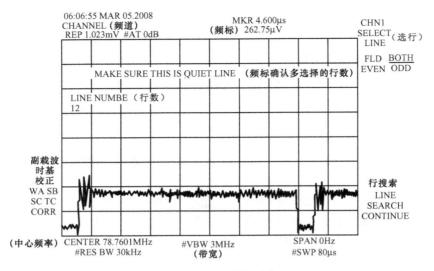

图 11-7 静止线行图形

② 载波交流声比的测量。在第 2 个主菜单中选择第二行 "HUM" 对应的软键，在关掉载波的调制信号后即可进行载波交流声比的测量。按 "MORE INFO" 对应的软键可以得到更详细的信息。

③ 交调比的测量。在第 2 个主菜单中选择第三行 "CROSS MOD" 对应的软键，关掉调制后即可在屏幕上显示交调比的测量结果。

④ CSO 和 CTB 的测量。一般在 CSO 和 CTB 的测量中应关掉载波信号，但在 HP8591C 中可以像测载噪比一样，通过打开时间闸门 "GATEON"，选择静止线来测 CSO。但因为 CTB 主要集中在图像载频附近，故在测量 CTB 时一定要从前端关掉待测频道的载波。

⑤ 视频调制度的测量。在第 2 个主菜单中按第五行 "DEPTH MOD" 对应的软键即可在屏幕下方显示出视频调制度。若按菜单中 "TV LINE" 对应的软键，并输入欲测电视线数，按 "MORE INFO" 对应的软键即可测量任一电视线的调制度。

（3）第 3 个主菜单中的测量。在第 2 个主菜单中按 "Main 2 of 3" 对应的软键即可进入第 3 个主菜单。

① 系统内幅频特性的测量。对系统内幅频特性的测量，首先应对前端输出的信号进行测量，把结果存储在仪器之中，再到系统指定点进行同样的测量，比较两次测量的结果即得出有线电视传输系统本身的幅频特性。

② 频道内幅频特性（频道内频率响应特性，In Channel Response）的测量。对频道内幅频特性的测量需要有测试信号发生器发生的测试信号，但也可以利用待测频道内包含的测试信号。

③ 微分增益和微分相位的测量。在第 3 个菜单中按第二行 "DIF GAIN PHAZ" 对应的软键，则出现下一层菜单；先按第一行 "SELECT LINE" 对应的软键，用数字键输入所要求的测试线数，按面板上的 "ENTER" 键后，再按菜单第二行 "FIELD ODD EVEN" 对应的软键，使 "EVEN" 加上下划线，并按 "Prev Menu" 对应的软键，回到上一层菜单；再按菜单最后一行 "CONTINUE" 对应的软键，即在屏幕上显示测试结束；若按 "MOREINFO"

第 11 章　高频信号的测量方法与实训

对应的软键,可得到详细的测量结果。

④ 色度/亮度时延差的测量。在第 3 个主菜单中按第四行"CLDI"对应的软键后,首先要在下一层菜单中按第一行"SELECT LINE"对应的软键,用数字键输入所要求的测试线数(如 17),按面板上的"ENTER"键后,再按菜单第二行"FIELD ODD EVEN"对应的软键,使"ODDL"中加上下划线,按"Prev Menu"对应的软键,回到上一层菜单;按最后一行"CONTINUE"对应的软键进行测试,按"MORE INFO"对应的软键可得到更详细的测试结果。

(4) 系统测试。HP8591C 不仅可以在有线电视系统安装、调试、验收、正式开通等场合,由技术人员测量各项指标,还可以在长时间内进行无人测试,即在运行过程中,由仪器按照事先编制好的测试计划(在仪器中还可以存储 5 个测试计划),自动对图像与伴音电平、图像与伴音频率、调制度、CSO、载噪比、载波交流声比、微分相位、色度/亮度时延差、频道内幅频特性等指标进行定期测量,并自动打印出包括测试时间、检测地点、测试温度、测试结果在内的测试报告,供维修人员进一步分析。

(5) 有源和无源器件的测量。HP8591C 有线电视分析仪不仅可以对有线电视系统的各项指标进行测量,而且还可以测量放大器、电缆、分支器、分配器等有源、无源有线电视器件的幅频特性。在测量器件幅频特性时,HP8591C 和器件的连接方式如图 11-8 所示。

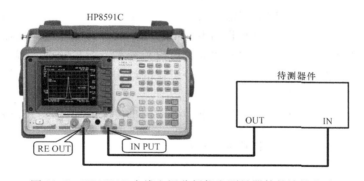

图 11-8　HP8591C 有线电视分析仪和测量器件的连接方式

操作步骤:按图 11-8 连接好设备,对于放大器等有源且有输入、输出之分的器件必须接通器件的电源,同时将分析仪的"RFOUT"端接器件的输入端,器件输出端接分析仪的"INPUT"端;对于电缆等无输入、输出之分的器件则直接相连;然后打开 HP8591C 有线电视分析仪的电源,按"AUXCTRL"键,接着按"Track Gen"软键,再按"SRCPWR ON/OFF"软键使"ON"带上下划线(即 SRCPWR ON/OFF),这样就可以在显示屏幕上看到类似如图 11-9 所示的器件幅频特性曲线,从该曲线上可以很清楚地读出该器件的带宽。应该指出的是,像电缆等器件应至少测 100m 长度的电缆才可看出电缆的衰减特性。此时,若 HP8591C 接有打印机,也可插入 85720ARAM 存储卡,按"SAVE"键,再按"Display→Card"键,然后输入 1~40 的序号即可将图形存入存储卡。若要调出该曲线,按"RECALL"键,再按"Card→Display"键,输入该图形的序号,即可调出该曲线并显示在屏幕上,同时还可以进行打印。

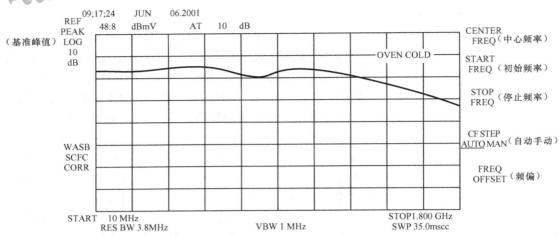

图 11-9 被测器件（如分配器）幅频特性曲线

11.2.3 频谱分析仪的功能及应用

频谱分析仪用于测量在一定的频段范围内有多少信号，每种信号的强度及所占的带宽有多少，并可进行全景显示。早期的频谱分析仪实质上是一台扫频接收机，输入信号与本地振荡信号在混频器变频后，经过一组并联的不同中心频率的带通滤波器，使输入信号显示在一组带通滤波器限定的频率轴上。初期的频谱分析仪很笨重，而且频率分辨率不高。使用快速傅里叶变换电路代替低通滤波器，可使频谱分析仪的结构简化，频率范围扩大，测量时间缩短，分辨率提高，这就是现代频谱分析仪的优点。

下面我们以不同型号的频谱分析仪为例，介绍这类仪器的功能特点及应用。

1. AV4033 系列微波频谱分析仪的功能和应用

（1）AV4033 系列微波频谱分析仪的功能。AV4033 系列微波频谱分析仪是中国电子科技集团推出的高性能频谱分析仪，它采用四次变频的超外差式扫频接收机体制，具有灵敏度高、频带宽、动态范围大等特点，能够测量在时域测量中不易得到的信息，如频谱纯度、信号失真、寄生、交调、噪声边带等各种参数，其外形如图 11-10 所示。

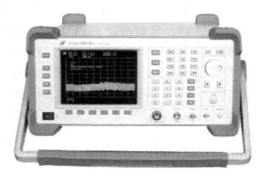

图 11-10 AV4033 系列微波频谱分析仪外形图

第 11 章　高频信号的测量方法与实训

AV4033 系列微波频谱分析仪具有宽频带、高分辨率、高灵敏度、低相噪、大动态范围的特点，可对多种类型的信号进行测量与分析。内部有温度传感器，可根据温度变化，进行多参数校准和补偿，减小环境影响，提高测量精度。后面板提供了参考、中频、视频、扫描等多种模拟输入/输出接口，并带有 GP-IB 等通用数据总线接口，便于组件测试系统。

AV4033 系列微波频谱分析仪针对通信系统的生产调试、维护维修过程中经常遇到的测试项目，提供了一些方便的测量功能，如相位噪声测试、调频调幅解调、信道功率测量、领道功率测量、毫米波扩频、信号识别、调制信号测量、谐波失真测量、快速时域扫描、延迟扫描测试、时间门频谱分析、时分复用信号测试等。

（2）AV4033 系列微波频谱分析仪的前面板及键钮的功能。图 11-11 是 AV4033 系列微波频谱分析仪的前面板，面板共分成 10 个功能区。

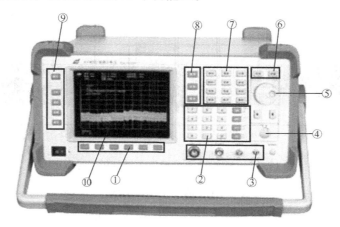

图 11-11　AV4033 系列微波频谱分析仪前面板的结构

1）软键控制区：每个按键都与屏幕显示的软键相对应，按下某个按键就激活对应的软键菜单。

2）数据输入区：用数字键可以输入一个确切的值或从一个值快速变换到另一个值。

3）端口区：前面板端口包括 50Ω 射频输入端口、300MHz 校准信号输出端口、第一本振输出端口、310.7MHz 中频输入端口和辅助输出端口。

4）音量旋钮：音量旋钮用于调节内置扬声器输出音量的大小。

5）步进键和旋钮：步进键和旋钮用于改变当前参数的数值。步进键用于按照预先定义好的增量变换数值。在某些功能中该增量由用户选择；旋钮可以将大多数参数调整到最佳值。

6）校准和测量区：校准功能可对仪器随时间和环境变化产生的测量误差进行修正，测量功能用于扩展仪器的功能，方便用户使用。

7）状态控制区：仪器状态功能影响的不仅仅是某一单一功能的状态，而是整个频谱仪的状态，如用于调整分辨带宽和视频带宽、扫描时间、显示及控制频谱仪测量性能的其他参数。频标功能用于读出频谱仪显示迹线的频率和幅度，可进行相对测量，自动标明迹线的最大值，并能使频谱仪自动跟踪信号。

8）基本参数区：频率、扫宽和幅度是大多数测量的基本参数。

9）系统控制区：具有复位、存储、调用、配置和复制等系统控制功能，用于对系统默认初始状态、内存和外设通信方式的设置。

10）显示区：如图 11-12 所示显示区共有 20 个小点，以下是 20 个小点的详细说明。

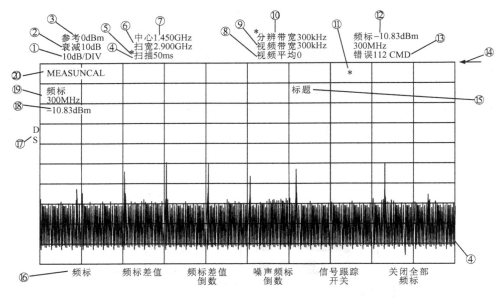

图 11-12　AV4033 系列微波频谱分析仪显示区

① 纵坐标每格对应的对数或线性幅度值（10dB/DIV）。
② 输入衰减器值（内部混频）或变频损耗值（外部混频）。
③ 参考电平（0dB）。
④ 扫描时间、分辨带宽、视频带宽或输入衰减等处于非自适应状态的标志。
⑤ 扫描时间（50Ms）。
⑥ 扫频宽度或终止频率。
⑦ 中心频率或起始频率。
⑧ 视频平均次数。
⑨ 视频带宽。
⑩ 分辨带宽。
⑪ 数据无效标志，在频谱仪完成一次完整地扫描之前改变设置时显示。
⑫ 频标处幅度和频率值。
⑬ 错误信息区。
⑭ 在归一化模式中的参考电平位置标志。
⑮ 标题区。
⑯ 软键菜单。
⑰ 当前特殊功能。下列字符出现在垂直格线旁边，其所表示的信息如下（也可按"显示"、"注释帮助"键访问这些信息）。

A = 中频调整已经关闭；D = 检波器工作模式设置为取样检波、负峰值检波或正峰值检波；C = 选择直流匹配；E = 正在使用特殊扫描时间因子（参考跟踪源菜单）；F = 频率偏移低于或高于 0 Hz；G = 内部跟踪源正工作；K = 信号跟踪开启；M = 迹线运算开启；N = 归一化开启；R = 参考电平偏移低于或高于 0dB；S = 单次扫描模式；T = 触发模式设置为线性触发、视频触发或外部触发。

⑱ 活动功能区。

⑲ 频标标志。

⑳ 信息区。

2. GSP-827 频谱分析仪的功能和应用

GSP-827 频谱分析仪如图 11-13 所示。

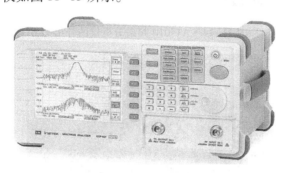

图 11-13　GSP-827 频谱分析仪

GSP-827 频谱分析仪的功能特点：
- 频率范围为 9kHz ~ 2.7 GHz
- 输入范围为 -100 ~ 20dBm
- 平均杂讯位准为 -130dBm/Hz
- 4.5kg 轻巧设计
- AC/DC/Battery 操作模式
- 100 组量测波形/操作状态记忆体，并可于储存档案同时记录日期/时间
- 提供宽广的外部参考时脉输入端为 64kHz、1 ~ 19.2MHz

3. AT5010 频谱分析仪的功能和应用

AT5010 频谱分析仪可以对遥控器、无绳电话、有线电视 CATV 及通信机等有线、无线系统进行故障检查及信号频率的分析比较。它可以检测手机射频电路的本振信号、中频信号、发射信号等。用 AT5010 频谱分析仪检修手机的不入网故障及圈定故障点十分快捷和准确，其外形如图 11-14 所示。

AT5010 频谱分析仪还可以测量从各种电子设备上发射的有害电磁波；另外，从 PHONE（耳机）插孔还可以输出 AM/FM 检波信号，用于识别被噪声影响的广播信号。

4. 频谱分析仪在电视系统中的应用

频谱分析仪可以测量天空中传输的电磁波的强度及其频谱分布。将天线安装到频谱分析仪上，调整测试频移的带宽，可以分别测量信号的频谱，如图 11-15 所示。

高频电子技术及应用

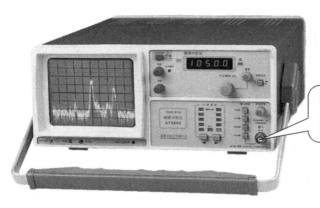

被测信号输入端,例如可将有线电话终端的信号输入至此,进行频道检测,检查频道的信号电平是否符合设计要求

图11-14 AT5010频谱分析仪的外形图

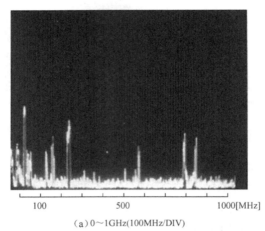

(a)0~1GHz(100MHz/DIV)

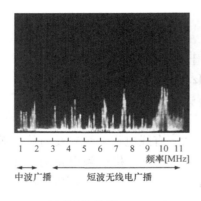

(b)从中波到短波[1MHz/DIV]

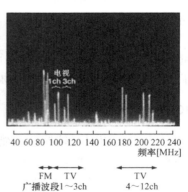

(c)VHF频段[10MHz/DIV]

图11-15 用频谱分析仪测量天空中的无线电信号频谱

习 题

习 题 1

1. 判断题

（1）交流信号的频率越高，其波长越短。（   ）

（2）无线电信号的传输速度与频率无关。（   ）

（3）不同载波也能传输广播节目。（   ）

（4）有线电视信号必须通过电缆或光缆转输。（   ）

（5）无线电波就是电磁波。（   ）

2. 选择题

（1）电视信号的传输方式有（   ）。

A. 电视塔发射方式　　　　　　　B. 有线传输方式

C. 卫星转播方式　　　　　　　　D. 宽带网络传输方式

（2）电磁波是一种交变的无线电信号，它的极化方式有（   ）。

A. 垂直极化　　B. 水平极化　　C. 圆极化　　D. 环形极化

（3）如下哪种信号可以穿透电离层（   ）？

A. 卫星发射的信号　　　　　　　B. 大于 30MHz 的信号

C. 大于 800MHz 的信号　　　　　D. 小于 30MHz 的信号

习 题 2

1. 判断题

（1）纯电阻对交流信号和直流信号的阻碍作用相同。（   ）

（2）在超高频电路中所使用的电阻应注意其附带电容和电感的影响。（   ）

（3）电容的充放电需要有一个过程，因而它两端的电压不会突变，而电流则可突变。（   ）

（4）电感会因电流的通过产生感应电动势，因而它具有阻碍电流变化的特性，通过电感的电流不会产生突变，而电压会产生突变。（   ）

（5）阻值相同的电阻并联起来合成电阻的阻值会增大。（   ）

（6）容值相同的电容并联起来合成电容的值会增大。（   ）

（7）在高频信号提升电路中的电容具有增强信号的功能。（   ）

（8）在低频信号提供电路中电阻具有增强信号的功能。（   ）

2. 选择题

（1）低频提升电路的特点是（   ）。

A. 电路对低频信号的衰减相对较小　　　B. 电路对高频信号的衰减相对较大

C. 电路对低频信号的阻碍较大　　　　　D. 电路对高频信号的阻碍较大

（2）高频提升电路的特点是（   ）。

A. 高频信号受到的衰减小　　　　　　　B. 低频信号通过该电路后衰减大

C. 高频信号通过该电路衰减大

D. 多种分量的信号通过该电路后其中高频信号的幅度高于低频信号

（3）带通滤波器的特点是（   ）。

A. 带通滤波器具有某频段的选频特性　　B. 带通滤波器对某一频段的信号阻抗高
C. 带通滤波器对某一频段的信号阻抗低　　D. 带内的信号易于通过带通滤波器
（4）带阻滤波器的特点是（　　）。
A. 带阻滤波器对某一段频率的信号阻抗很小
B. 带阻滤波器对某一段频率的信号阻抗很高
C. 带内的信号易于通过带阻滤波器
D. 带外的信号易于通过带阻滤波器

习 题 3

1. 判断题

（1）晶体管放大器正常工作的条件是必须有直流电源供电。（　　）
（2）在放大电路中有很多元器件但只有晶体管或场效应管才有信号放大功能。（　　）
（3）场效应晶体管易受静电的作用而损坏。（　　）
（4）晶体管放大器中的电阻和阻值都有严格的要求。（　　）
（5）高频宽带放大器最好采用共基极放大器。（　　）
（6）高频分路放大器应采用射极跟随器。（　　）
（7）高频负反馈放大器可以选择共发射极放大器。（　　）

2. 选择题

（1）晶体管放大器中的耦合电容有如下作用（　　）。
A. 传输交流信号　　B. 放大交流信号　　C. 隔离直流电压　　D. 对低频信号的阻抗较大
（2）场效应晶体管的作用（　　）。
A. 放大电压信号　　B. 放大电流信号　　C. 阻止信号通过　　D. 放大电源电压

习 题 4

1. 判断题

（1）振荡电路只要加上电源就能自动产生信号。（　　）
（2）不加直流电压晶体管振荡器也能工作。（　　）
（3）振荡电路中必须有放大器件。（　　）
（4）晶体在振荡电路中具有放大信号的功能。（　　）
（5）晶体振荡器具有稳定性高的特点。（　　）

2. 选择题

（1）收音机中的本机振荡器具有如下特点（　　）。
A. 通常是由LC谐振电路构成的　　B. 本机振荡器的频率是可以改变的
C. 本机振荡器需要与交频谐振电路同步变化　　D. 本机振荡器的工作也需要直流电源
（2）以下哪些产品中使用高频振荡电路（　　）。
A. 录音机　　B. 收音机　　C. 电视机　　D. 卫星接收机

习 题 5

1. 判断题

（1）调幅波的信号频率是不变的。（　　）
（2）调频波的载波频率是不变的。（　　）
（3）收音机中的检波电路是处理调幅信号的电路。（　　）
（4）收音机中的鉴频电路是处理调频信号的电路。（　　）
（5）直方式收音机中没有本振电路。（　　）

2. 选择题
(1) 音频广播信号采用以下调制方式（　　）。
A. 调幅（AM）方式　　B. 调频（FM）方式　　C. 调相方式　　D. 调压方式
(2) 以下数字调制方式中属于相位调制的有（　　）。
A. ASK 调制方式　　　　　　　　　　　　B. 差动相位调制方式（DPSK）
C. 正交调幅方式（QAM）　　　　　　　　D. 四相调制方式（QPSK）
(3) 传输数字电视信号的方式如下（　　）。
A. 卫星转播方式　　B. 电视塔发射方式　　C. 有线传输方式　　D. 宽带网络方式
(4) 以下哪些调制方式可以用于传输数字信号（　　）。
A. 数字幅度调制方式　　B. 相位调制方式　　C. 正交频分多重方式　　D. 正交调幅方式

习　题　6

1. 判断题
(1) 收音机的高频放大器都具有选频功能。（　　）
(2) 收音机中的混频电路实际上是降频电路。（　　）
(3) 收音机的本机振荡器的频率随声音增大而变化。（　　）
(4) 收音机的电路中本振电路输出的信号频率通常低于高频放大器的频率。（　　）
(5) 收音机的检波电路是从载波上检出音频信号的电路。（　　）

2. 选择题
(1) 以下哪些是调频立体声广播技术采用的方式（　　）。
A. 调频（FM）方式　　B. 立体声编码方式　　C. 调相方式　　D. 数字编码方式
(2) 调频（FM）收音机的中频频率如下（　　）。
A. 10.7MHz　　B. 465kHz　　C. 38MHz　　D. 108MHz
(3) 以下哪些电路可以用在短波收音机之中（　　）。
A. 高频选频放大器　　B. 混频电路　　C. 中频放大器　　D. 本机振荡器

习　题　7

1. 判断题
(1) 电视机中的调谐器和中频电路是处理高频信号的电路。（　　）
(2) 变容二极管和线圈并联相当于 LC 并联谐振电路。（　　）
(3) 电视机调谐器输出的中频信号也属于高频信号的范围。（　　）
(4) 射频电视信号中既包含调幅信号（图像），又包含调频信号（伴音）。（　　）

2. 选择题
(1) 电视机调谐器中的高放晶体管的工作频率应为（　　）。
A. 30～800MHz　　B. 30～300MHz　　C. 30～600MHz　　D. 30～38MHz
(2) 高频信号的传输可以采用如下方式（　　）。
A. 电容耦合　　B. 线圈互感耦合　　C. 电阻互感方式　　D. 二极管传输
(3) 变频电路中以下器件是不可缺少的（　　）。
A. 晶体管　　B. 耦合电容　　C. 开关二极管　　D. 晶闸管

习　题　8

1. 判断题
(1) 目前的有线电视系统既传输数字电视节目也传输模拟电视节目。（　　）
(2) 有线电视系统最大的优点是抗干扰能力强。（　　）

（3）有线电视传输系统中，信号传输的距离增大信号会有衰减，因而长距离传输时需要增加接力放大器。（   ）

（4）光缆比同轴电缆对信号的衰减小。（   ）

2. 选择题

（1）以下哪些环境适合采用有线电视系统传输电视节目（   ）。

　　A. 居民集中的城镇地区　　B. 居民分散的山区　　C. 移动车船　　D. 地下建筑

（2）以下哪些信号可作为有线电视系统的信号源（   ）。

　　A. 电视天线接收的本地电视节目　　　　B. 卫星接收机接收的电视节目

　　C. 自制的电视节目　　　　　　　　　　D. 光盘和录像节目

习 题 9

1. 判断题

（1）数字卫星接收机顶盒必须配相应的卫星接收天线。（   ）

（2）卫星传输的电视信号与有线传输的电视信号其调制方法不同。（   ）

（3）卫星天线接收的超高频信号需要进行两次变频再进行解调和解码。（   ）

（4）在偏远山区利用卫星接收系统欣赏电视节目是优选的方式。（   ）

（5）在车船上安装卫星接收系统，必须安装自动跟踪天线。（   ）

2. 选择题

（1）卫星接收机顶盒可以与下列设备配接（   ）。

　　A. 电视机　　　　B. 录像机　　　　C. 音响设备　　　　D. 电话机

（2）数字卫星接收机顶盒设有以下解调电路（   ）。

　　A. EFM 解调　　　B. MMF 解调　　　C. QAM 解调　　　D. QPSK 解调

（3）以下哪些电路是数字有线电视机顶盒和数字卫星接收机顶盒都有的电路（   ）。

　　A. 高频放大器　　B. 音频 D/A 转换器　　C. QAM 解调器　　D. QPSK 解调器

习 题 10

1. 判断题

（1）手机与手机之间的通信要经过基地站天线及相关设备的处理。（   ）

（2）手机与座机的通信，其信号要经过移动通信设备和有线通信设备。（   ）

（3）手机电路中既有处理低频信号的电路也有处理高频信号的电路。（   ）

（4）手机发送的信号和接收的信号都需要进行变频处理。（   ）

（5）手机的信号是在空中传输的。（   ）

2. 选择题

（1）手机中有很多电路，以下哪些是属于高频电路（   ）。

　　A. 天线开关　　　B. 本机振荡器　　　C. 双路滤波器　　　D. 电源管理芯片

（2）手机中射频功率放大器的功能是（   ）。

　　A. 放大要发送的射频信号　　　　　　B. 放大天线接收的射频信号

　　C. 为天线提供激励信号　　　　　　　D. 为解码芯片提供信号

（3）手机电路板上的射频集成电路的功能是（   ）。

　　A. 对要发射的信号进行变频处理　　　B. 对所接收的信号进行变频处理

　　C. 对屏显信号进行处理　　　　　　　D. 对电源信号进行处理